高职应用数学

主　编
冯秋芬

副主编
钟　平　潘红艳　李代绪

参　编
刘晓寒　杨玉红　余健伟

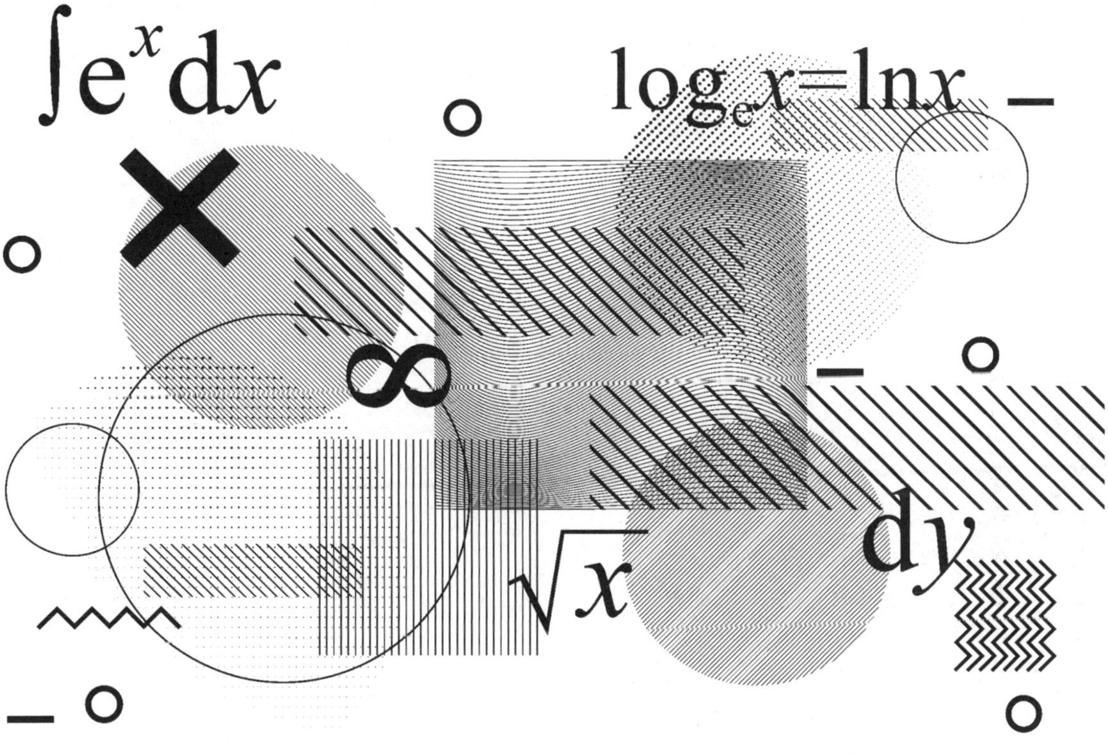

西南师范大学出版社
国家一级出版社　全国百佳图书出版单位

图书在版编目(CIP)数据

高职应用数学 / 冯秋芬主编. — 重庆 ：西南师范大学出版社，2021.7
ISBN 978-7-5697-0972-8

Ⅰ. ①高… Ⅱ. ①冯… Ⅲ. ①应用数学—高等职业教育—教材 Ⅳ. ①O29

中国版本图书馆 CIP 数据核字(2021)第 106203 号

高职应用数学

GAOZHI YINGYONG SHUXUE

主　编 冯秋芬

副主编 钟　平　潘红艳　李代绪

责任编辑：张燕妮
责任校对：袁　理
封面设计：观止堂_未 氓
出版发行：西南师范大学出版社
地址：重庆市北碚区天生路 2 号
邮编：400715　市场营销部电话：023-68868624
印　　刷：重庆长虹印务有限公司
幅面尺寸：185mm×260mm
印　　张：14.25
字　　数：412 千字
版　　次：2021 年 8 月　第 1 版
印　　次：2021 年 8 月　第 1 次印刷
书　　号：ISBN 978-7-5697-0972-8

定　　价：48.00 元

前 言

数学是一门重要的课程，强调应用性、工具性，在学数学的同时，更侧重于用数学.

本书所学习的内容涉及高等数学的一些基础知识，生产生活中特别是经济管理中常见的一些数学问题，如函数、极限与连续、导数、积分等.其思想和方法广泛应用于生产和生活的各个领域，对学生的素质培养、知识迁移、专业学习和职业发展有着极其重要的作用.

随着科学技术的发展，时代的进步，教学手段的日益更新，高等数学的学习也进入了电脑时代.本教材将从一个全新的角度，展示一种更高效、实用的数学学习的方法.本教材在介绍高等数学和经济数学的一些基础知识和基本方法的同时，更借助于数学软件“MATLAB”学习数学，将学生从数学的繁复演算和推导中解放出来，充分体验数学的博大精深、优雅精妙的内在之美.

本教材初稿作为长沙商贸旅游职业技术学院公共课部教改课程的校本教材，在使用中三易其稿，日趋完善。面对高职高专学生的实际状况，作者利用丰富的一线教学经验使本书具有天然的高职高专特色.全书既注重经济管理类高等数学基础知识的完备性、逻辑性，又兼顾高职高专学生接受能力、专业要求及学业上的可持续发展；强调数学基础知识、基础技能的教学，淡化数学技巧；强调数学的应用性、实践性，淡化数学的理论性.与时代的发展同步，将先进的计算机技术融入数学学习中，将数学实验的内容不着痕迹地植入教材，以此实现数学课程教学实用、够用、必需的原则，达到简化数学计算，培养应用能力，让学生学好数学更要用好数学的目的.

本教材由长沙商贸旅游职业技术学院数学课程组集体编写.本教材以高职高专人才培

养目标和课程目标为依据，围绕学生的个体能力和知识水平进行设计。本教材可作为高职高专学生高等数学教学用书或专升本参考教材.

本教材在组织编写和统稿过程中，参考了大量相关资料，在此向这些资料的作者表示衷心的感谢.

由于编者水平有限，书中不足之处在所难免，衷心欢迎广大教师和同学们批评指正.

编　者

2021 年 2 月

目 录

第一章　函数

初等函数是在初等数学中所学习的幂函数、指数函数、对数函数、三角函数、反三角函数的基础上建立起来的概念，是今后我们学习微积分时的主要研究对象.本章将先建立初等函数的概念，介绍几个经济分析中的常见函数，然后学习数学软件 MATLAB 的基本用法，为后面的学习提供基础.

1.1　函数

“函数”一词是转译词，是我国清代数学家李善兰在翻译《代数学》一书时，把“function”译成“函数”的.

中国古代“函”字与“含”字通用，都有着“包含”的意思.李善兰给出的定义是：“凡式中含天，为天之函数.”中国古代用天、地、人、物 4 个字来表示 4 个不同的未知数或变量.这个定义的含义是：“凡是公式中含有变量 x，则该式子叫作 x 的函数.”所以“函数”是指公式里含有变量的意思.

函数(function)的定义通常分为传统定义和近代定义，函数的两个定义本质是相同的，只是叙述概念的出发点不同，传统定义是从运动变化的观点出发，而近代定义是从集合、映射的观点出发.

1.1.1 函数的概念

1.函数的定义

定义 1.1.1　设有两个变量 x 和 y，D 是非空数集，若对每一个 $x\in D$，按照对应法则 f，都有一个确定的实数 y 与之对应，则称 y 是 x 的**函数**，称这个法则 f 为定义在 D 上的函数，记作

$$y=f(x),x\in D.$$

其中，称 x 为**自变量**，y 为**因变量**；D 为函数的**定义域**.

一般地，我们把函数的定义域、值域、自变量与因变量的对应法则这三者称为构成函数的**三要素**。

例 1.1.1　设函数 $f(x)=2x^2+3x-5$，求 $f(0)$，$f(-1)$及 $f(-x)$.

解 $f(0)=2\times0^2+3\times0-5=-5$

$f(-1)=2\times(-1)^2+3\times(-1)-5=-6$

$f(-x)=2\times(-x)^2+3\times(-x)-5=2x^2-3x-5$

注意 如果两个函数的定义域、对应法则均相同,则两个函数为同一函数.

例 1.1.2 判断下列函数是否为同一函数.

(1)$f(x)=\sin^2x+\cos^2x$,$g(x)=\frac{x}{x}$;

(2)$f(x)=5\ln x$,$g(x)=\ln x^5$.

解 (1)因为函数 $f(x)=\sin^2x+\cos^2x$ 的定义域为$(-\infty,+\infty)$,而函数 $g(x)=\frac{x}{x}$ 的定义域为$(-\infty,0)\cup(0,+\infty)$,所以两个函数不是同一函数.

(2)因为两个函数的定义域和对应法则都相同,所以两个函数为同一函数.

例 1.1.3 求下列函数的定义域.

(1)$f(x)=\frac{1}{1-x^2}$; (2)$f(x)=\sqrt{1-x}+\ln(1+x)$.

解 (1)因为 $1-x^2\neq0$,解得 $x\neq-1$ 且 $x\neq1$,
所以函数的定义域为 $(-\infty,-1)\cup(-1,1)\cup(1,+\infty)$.

(2)因为$\begin{cases}1-x\geqslant0,\\1+x>0,\end{cases}$ 得$-1<x\leqslant1$,所以函数的定义域为$(-1,1]$.

2.函数的表示法

函数通常有三种不同的表示方法:解析法、列表法和图示法.

解析法:用数学表达式表示两个变量之间的对应关系,也称公式法.便于理论推导和计算.

列表法:用表格的形式表示两个变量之间的对应关系.

图示法:用图形表示两个变量之间的对应关系,形象直观,可以看到函数的变化趋势.

1.1.2 函数的性质

1.单调性

设函数 $y=f(x)$在区间 D 内有定义,若对区间 D 内的任意两点 x_1,x_2,

当 $x_1<x_2$ 时,有 $f(x_1)<f(x_2)$,则称 $y=f(x)$在区间 D 内单调增加,区间 D 称为单调递增区间;

当 $x_1<x_2$ 时,有 $f(x_1)>f(x_2)$,则称 $y=f(x)$在区间 D 内单调减少,区间 D 称为单调递减区间;

单调递增区间和单调递减区间统称为单调区间.

2.奇偶性

设函数 $y=f(x)$ 的定义域关于原点对称，

若对于任意的 $x\in D$，都有 $f(-x)=f(x)$，则称 $y=f(x)$ 为偶函数；

若对于任意的 $x\in D$，都有 $f(-x)=-f(x)$，则称 $y=f(x)$ 为奇函数；

不满足以上两种情况的函数，称为非奇非偶函数.

偶函数图像关于 y 轴对称，奇函数图像关于原点对称.

3.有界性

设函数 $y=f(x)$ 在区间 D 内有定义，如果存在一个正数 M，使得与任一 $x\in D$ 所对应的函数值 $f(x)$ 都满足不等式 $|f(x)|\leqslant M$，则称函数 $f(x)$ 在 D 内有界；如果这样的 M 不存在，则称函数 $f(x)$ 在 D 内无界.

4.周期性

设函数 $y=f(x)$ 在区间 D 内有定义，若存在常数 $T\neq 0$，对任意的 $x\in D$，恒有 $f(x+T)=f(x)$，则称 $f(x)$ 是以 T 为周期的周期函数.

1.1.3 基本初等函数

通常，我们把在初等数学中学习过的下列六种类型的函数，称为基本初等函数.

常数函数：$y=C(x\in(-\infty,+\infty))$；

幂函数：$y=x^{\mu}(\mu\in\mathbf{R}$ 且 $\mu\neq 0)$；

指数函数：$y=a^{x}(a>0$ 且 $a\neq 1)$；

对数函数：$y=\log_{a}x$（$a>0$ 且 $a\neq 1$，特别地，当 $a=\mathrm{e}$ 时，记为 $y=\ln x$）；

三角函数：$y=\sin x$，$y=\cos x$，$y=\tan x$，$y=\cot x$，$y=\sec x$，$y=\csc x$；

反三角函数：$y=\arcsin x$，$y=\arccos x$，$y=\arctan x$，$y=\operatorname{arccot} x$.

反正弦函数 $y=\arcsin x$ 是正弦函数 $y=\sin x$ 在区间 $\left[-\frac{\pi}{2},\frac{\pi}{2}\right]$ 上的反函数，其定义域为 $[-1,1]$，值域为 $\left[-\frac{\pi}{2},\frac{\pi}{2}\right]$.

反余弦函数 $y=\arccos x$ 是余弦函数 $y=\cos x$ 在区间 $[0,\pi]$ 上的反函数，其定义域为 $[-1,1]$，值域为 $[0,\pi]$.

反正切函数 $y=\arctan x$ 是正切函数 $y=\tan x$ 在区间 $\left(-\frac{\pi}{2},\frac{\pi}{2}\right)$ 内的反函数，其定义域为 $(-\infty,+\infty)$，值域为 $\left(-\frac{\pi}{2},\frac{\pi}{2}\right)$.

反余切函数 $y=\operatorname{arccot}x$ 是余切函数 $y=\cot x$ 在区间 $(0,\pi)$ 内的反函数，其定义域为 $(-\infty,+\infty)$，值域为 $(0,\pi)$.

例如，$y=\sqrt{x}$，$y=\dfrac{1}{x}$，$y=\log_2 x$ 等都是基本初等函数.

我们今后研究的函数，都是由基本初等函数或常数构成的，一些常见的基本初等函数的定义域、值域、图像及性质可以在本书的附录 2 中查阅.

1.1.4 复合函数

定义 1.1.2 如果 y 是 u 的函数 $y=f(u)$，u 是 x 的函数 $u=g(x)$，D 是表示使得函数 $y=f(u)$和 $u=g(x)$都有定义的 x 的值的集合，当变量 x 任取 D 中的一个数时，都有唯一确定的 y 与之对应，则称 y 是 x 的**复合函数**，记作 $y=f[g(x)]$，其中 x 称为自变量，u 称为**中间变量**.

注意：函数 $u=g(x)$的值域应在函数 $y=f(u)$的定义域之内，否则不能构成复合函数.

例如，下列函数可以构成复合函数：由 $y=\sin u$，$u=2x+1$，复合得函数 $y=\sin(2x+1)$.

把函数 $y=\sqrt{u}$，$u=-x^2-1$ 复合后将得到：$y=\sqrt{-x^2-1}$.
它的定义域为空集，不可以构成复合函数.

为了研究的方便，我们常常把一个比较复杂的函数分解成几个简单函数，把它看成是由若干个基本初等函数或简单函数复合而成.要熟练地分解复合函数，必须把基本初等函数的形式记住.

例 1.1.4 指出下列函数的复合过程.

(1) $y=\sin^2 x$；　　(2) $y=\sin x^2$；

(3) $y=\sqrt{3^x-2}$；　　(4) $y=\ln\arcsin^3(x-1)$.

解 (1)函数 $y=\sin^2 x=(\sin x)^2$ 由函数 $y=u^2$ 和 $u=\sin x$ 复合而成.

(2)函数 $y=\sin(x^2)$由函数 $y=\sin u$ 和 $u=x^2$ 复合而成.

(3)函数 $y=\sqrt{3^x-2}$由函数 $y=\sqrt{u}$和 $u=3^x-2$ 复合而成.

(4)函数 $y=\ln\arcsin^3(x-1)$由函数 $y=\ln u$，$u=v^3$ 和 $v=\arcsin w$，$w=x-1$ 复合而成.

从上例中的第(1)和(2)中可以看出，同样的两个基本初等函数，由于复合的顺序不同，所得到的复合函数也不同.

1.1.5 初等函数和分段函数

1.初等函数

定义 1.1.3 由基本初等函数和常数经过有限次的四则运算或有限次的函数复合步骤所构成并可用一个式子表示的函数，称为**初等函数**.

例如 $y=\sqrt{1-x^2}$，$y=\sin^2 x$，$y=\sqrt{\cot\dfrac{x}{2}}$ 等都是初等函数.

2.分段函数

如果一个函数可以用解析式表示，但在不同的定义域范围有不同的解析式，那么，这样的函数，称为**分段函数**.

常见的分段函数有：

(1)符号函数(图 1-1).

$$\operatorname{sgn}(x)=\begin{cases}1, x>0.\\0, x=0,\\-1, x<0.\end{cases}$$

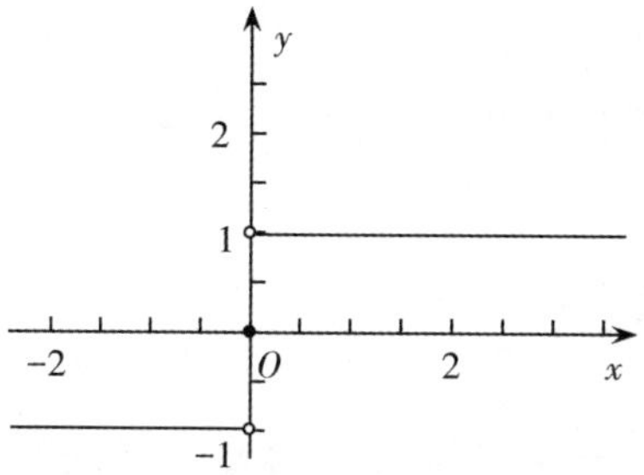

图 1-1

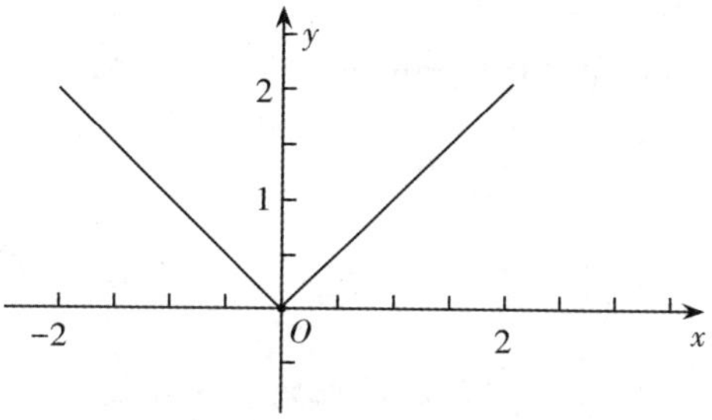

图 1-2

(2)绝对值函数(图 1-2).

$$y=\begin{cases}x, & x>0,\\0, & x=0,\\-x, & x<0.\end{cases}$$

这个函数可以写成 $y=|x|=\sqrt{x^2}$，它是由两个幂函数 $y=\sqrt{u}$ 和 $u=x^2$ 复合而成，所以它是一个复合函数，也就是一个初等函数.

注意：分段函数的定义域是各段自变量取值的并集，求分段函数的函数值时，自变量在哪个范围内，就用相应的表达式计算其函数值.

例 1.1.5　已知分段函数 $y=\begin{cases}x+5, x\leqslant 2,\\3-x, x>2.\end{cases}$

(1)求 $f(0), f(2), f(4)$；

(2)求其定义域.

解　(1) $f(0)=0+5=5$；

$f(2)=2+5=7$；

$f(4)=3-4=-1$.

(2)其定义域为 $(-\infty,2]\cup(2,+\infty)=(-\infty,+\infty)$.

习题 1.1

1.写出下列函数复合后的结果.

(1) $y=\arctan u, u=2x+1$；

(2) $y=\sqrt{u}, u=\sin v, v=x^2$;

(3) $y=u^3, u=\ln(x^2+1)$.

2.指出下列函数的复合过程.

(1) $y=\cot 2x$;

(2) $y=\ln\tan x$;

(3) $y=\cos^2(3x)$.

3.若分段函数 $f(x)=\begin{cases} x^2+1, x\leqslant -2, \\ -x+3, -2<x<1, \\ \ln x, x\geqslant 1. \end{cases}$

(1) 作出这个函数的图像;

(2) 求 $f(-3), f(0), f(\mathrm{e})$的值.

1.2 函数模型

用数学方法来分析经济变量间的关系,要求我们首先找出各经济变量间的函数关系,建立经济数学的模型.本节将介绍几个常用的经济函数.

1.2.1 常用经济函数

1.需求函数、价格函数

经济活动中,对商品的需求量影响最大的莫过于价格了,为简化问题的分析,我们常常将问题理想化,只考虑价格 P 对商品的需求量 Q 的影响,而忽略其他有可能影响商品的需求量 Q 的因素,如地域、气候、交通、消费水平等.

通常,将商品的需求量 Q 与价格 P 之间的函数关系称为**需求函数**,记为 $Q=f(P)$.

按市场的一般规律,需求量随价格的增加而减少,是一个减函数.

企业管理和经济学中常见的需求函数有:

线性需求函数:$Q=b-aP(a,b>0)$;

指数需求函数:$Q=A\mathrm{e}^{-bP}(A,b>0)$.

需求函数的反函数称为**价格函数**,记为:$P=f^{-1}(Q)$.

一般情况下,价格函数也是一个减函数,当需求(购买)量增加时,价格下降.

2.供给函数

影响市场中商品供给量的因素有很多,如该商品的原料供应、生产成本、生产能力等,在市场经济规律的作用下,影响商品供给量的重要因素是商品价格,若记商品的供给量为 Q,P 是商品的价格,则商品的供给量是价格的函数,称为**供给函数**,记为:$Q=Q(P)$.

一般地,与需求函数的情况相反,商品的供给量随商品的价格上涨而增加,供给函数是一个增函数.

需求函数与供给函数反映市场的变化规律,把某一商品的需求函数与供给函数的图像画在同一坐标系中，它们必然相交于一点 $M(P_0,Q_0)$（图 1-3），这个点是该商品的市场需求与供给达到平衡时的状态量，称为平衡点，P_0 称为**均衡价格**，Q_0 称为**均衡商品量**.

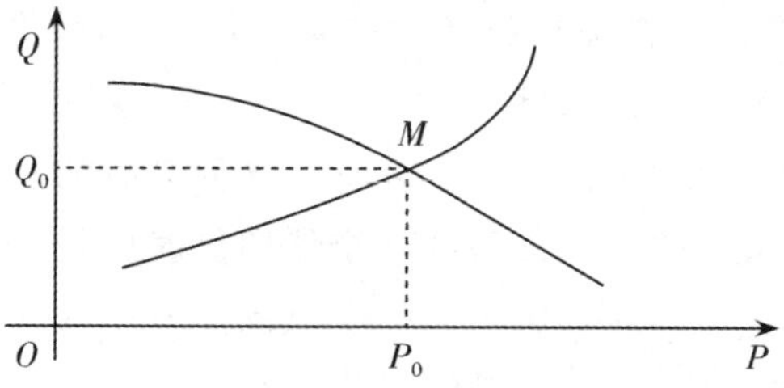

图 1-3

例 1.2.1　已知某商品的供给函数是 $Q=4P-5$，需求函数是 $Q=-6P+45$，试求该商品在市场平衡状态下的均衡价格与均衡商品量.

解　解方程组

$$\begin{cases} Q=4P-5, \\ Q=-6P+45. \end{cases}$$

得市场均衡价格 $P=5$，均衡商品量 $Q=15$.

3. 总成本函数

成本是生产者用于生产商品的费用.在经济活动中，生产某一商品的总成本 C 包括两部分，其一是由场地费、折旧费、人员工资及其他固定费用所组成的部分，称为**固定成本**，常用 C_0 表示；其二是随生产商品数量变化而产生费用的部分，称为**可变成本**，又称**变动成本**，常用 C_1 表示.

生产 q 个商品所产生的可变成本 C_1 与固定成本 C_0 之和，称为**总成本函数**，记为 $C=C(q)$，即

$$C=C(q)=C_0+C_1=C_0+C_1(q).$$

生产 q 个商品的**平均成本**用 $\overline{C}$ 表示，平均成本函数为

$$\overline{C}=\overline{C}(q)=\frac{C(q)}{q}.$$

一般情况下，总成本函数是一个单调增加的函数，平均成本函数是一个单调减少的函数.随着生产商品的数量增加，总成本越来越大，平均成本越来越小.

4.收入函数

生产者出售一定数量的产品所得收入 R 是销售量 q 的函数，称为**收入函数**，记为 $R=R(q)$，一般地，若所售产品的销售单价为 p，销售量为 q，则有

$$R=R(q)=pq.$$

显然，收入随着销售量增加而增加，收入函数是一个单调增加的函数.

5.利润函数

生产 q 件产品的利润 L 是在收入 R 中扣除总成本 C 后的部分，它是产品数量 q 的

函数，称为**利润函数**，记为 $L=L(q)$，即

$$L=L(q)=R(q)-C(q).$$

例 1.2.2 已知生产某种商品的固定成本为 2400 元，每生产一个商品，成本增加 20 元，每个产品的销售单价 35 元.试求：

(1)该商品的总成本函数，并计算生产 200 个该商品时的总成本和平均成本；

(2)该商品的收入函数，并计算销售 200 个该商品时所得的收入；

(3)该商品的利润函数，并计算销售 200 个该商品时所得的利润；

(4)销售该商品所得利润为 0 时，销售量为多少.

解 (1)生产 q 个该商品时，其总成本函数为

$$C=C(q)=C_0+C_1=2400+20q\ (元).$$

生产 200 个该商品时的总成本和平均成本分别为

$$C(200)=2400+20\times 200=6400\ (元)$$

$$\overline{C}(200)=\frac{C(q)}{q}=\frac{6400}{200}=32\ (元).$$

(2)该商品的收入函数及销售 200 个该商品时所得的收入分别为

$$R=R(q)=35q\ (元)$$

$$R(200)=35\times 200=7000\ (元)$$

(3)该商品的利润函数及销售 200 个该商品时所得的利润分别为

$$L=L(q)=R(q)-C(q)=35q-(2400+20q)=15q-2400\ (元)$$

$$L(200)=R(200)-C(200)=7000-6400=600\ (元).$$

(4)若销售该商品所得利润为 0，则有

$$L(q)=15q-2400=0$$

$$q=160\ (个).$$

这就是说，当销售该商品 160 个时，企业可以保持收支平衡，不盈不亏.

一般地，当利润函数 $L(q)=0$ 时，此时的生产或销售活动，称为无盈亏生产或销售，此时的生产量或销售量，通常称为**无盈亏点**，或称**保本点**.

1.2.2 工程技术中的函数模型

例 1.2.3 要造一个圆柱形油罐，其体积为定值 V，求油罐的表面积与底面圆半径的函数关系.

解 设油罐的底面圆半径为 r，油罐的高为 h，因 $V=\pi r^2 h$，故 $h=\dfrac{V}{\pi r^2}$.

又油罐的表面积为

$$S=2\pi rh+2\pi r^2.$$

将 $h=\dfrac{V}{\pi r^2}$代入上式得所求函数为

$$S=\frac{2V}{r}+2\pi r^2, r\in(0,+\infty).$$

例 1.2.4　弹簧在汽车悬吊系统中应用广泛，在弹性限度内，弹簧伸长量与受力大小成正比.现在有一弹簧受力 4 N，伸长了 0.01 m，求该弹簧的伸长量与受到的力之间的函数关系.

解　设弹簧受力为 F N 时，其伸长量为 l m，由题意可得

$$F=kl(k\text{ 为比例常数}).$$

将已知条件 $F=4$ 时，$l=0.01$ 代入上式，得

$$4=0.01k, k=400.$$

由此得该弹簧伸长量 l 与受到的力 F 之间的函数关系为

$$l=\frac{1}{400}F.$$

习题 1.2

1.“六一”儿童节前，某儿童商店以进价 80 元/件购进一批童装，根据以往资料测算出该童装的需求函数为 $Q=360-2P$，其中 Q 为销售量(单位:件)，P 为单价(单位:元/件)，试建立该批童装的收入函数和利润函数.

2.生产某产品的固定成本为 620 元，生产每件产品还需要另外耗费各种材料及工时折合约为 12 元，产品的出厂价是每件 16 元.

(1)求成本函数;

(2)求利润函数;

(3)至少产量达到多少时，企业才能保证不亏本?

本章知识小结

- 函数
  - 函数
    - 函数的概念
    - 函数的性质
    - 基本初等函数
    - 复合函数
    - 初等函数和分段函数
  - 函数模型
    - 常用经济函数
    - 工程技术中的函数模型

单元能力测验 A(基础篇)

1.填空题.

(1)基本初等函数是指______________________六类函数;

(2)______________________叫初等函数;

(3)在 MATLAB 中,要得到以分数形式出现的数字结果,可以输入命令________.

2. 指出下列函数的复合过程.

(1)$y=\cos^3(x+1)$;　　(2)$y=e^{\sin x}$;

(3)$y=\sqrt[3]{\ln\tan^2 x}$;　　(4)$y=\arctan(1-\sin^3 x)$.

3.某一商品的价格函数为 $P=10-2Q$,Q 为销售量(单位:件),P 为价格(单位:元/件),如果该商品的进价是 3 元/件,每销售一件该商品需要交税 t 元,求:

(1)交税后的成本函数;　　(2) 利润函数.

4.生产 q 吨某产品的总成本函数为 $C(q)=42+4q+0.4q^2$(万元),销售单价为 17(万元/吨),试求:

(1)利润函数;

(2)当 $q=20$ 时,平均成本;

(3)当 $q=20$ 时,平均利润.

单元能力测验 B(提高篇)

1.填空题.

(1)$\left(\dfrac{1}{2}\right)^{-2}+125^{\frac{2}{3}}-\left(\dfrac{1}{27}\right)^{-\frac{1}{3}}=$______________;

(2)所有指数函数的图像都经过点____________,所有对数函数的图像都经过点______________;

(3)若$\log_{0.5}a<\log_{0.5}b$,则 a____b(填“$>$”或“$<$”);

(4)不等式 $3+2x-x^2<0$ 的解集为______________________.

2.如果 $f(x)=\begin{cases}3x-2 & (x>0),\\ 1 & (x=0)\\ x^3 & (x<0).\end{cases}$,求 $f(0)$,$f(-\dfrac{1}{3})$,$f(\dfrac{1}{3})$.

3.下列函数是由哪些简单函数复合而成的?

(1)$y=\ln(2x-1)^3$;　　(2)$y=\sin^3(2x-1)$;

(3)$y=(1+\cos x)^5$;　　(4)$y=2-\lg^2(1+3x)$.

4.设生产与销售某产品的总收益 R 为产量 q 的二次函数,当 $q=0,2,4$ 时,$R=0,6,8$,试确定总收益 R 与产量 q 的函数式.

5.某学校用 56 米长的栅栏，一面靠墙围出一个矩形的花坛，要使花坛的面积不小于 360 平方米，则与墙平行的那一边的栅栏的长度为多少米？

数学实验一　MATLAB 简介

1. MATLAB 简介

MATLAB 是“Matrix Laboratory”的缩写，意为“矩阵实验室”，是目前很流行的科学计算软件.

信息技术、计算机技术发展到今天，科学计算在各个领域得到了广泛的应用.美国 Mathwork 软件公司推出的 MATLAB 软件，是为了给人们提供一个方便的数值计算平台而设计的.

MATLAB 是一个交互式的系统，系统提供了大量的矩阵及其他运算函数，可以方便地进行一些很复杂的计算，而且运算效率极高.MATLAB 命令和数学中的符号、公式非常接近，可读性强，容易掌握，还可利用它所提供的编程语言进行编程，完成特定的工作.除基本部分外，MATLAB 还为各专业领域中的特殊需要提供了许多可选的工具箱，如应用于自动控制领域的 Control System 工具箱，神经网络中的 Neural Network 工具箱等，有兴趣的同学可以利用课余的时间查阅相关的资料.

MATLAB 有各种版本，早期有 MATLAB 1.0 的 DOS 版本，后来逐步发展，目前 MATLAB 的版本已经升级到 R2015a.因为 MATLAB 7.0 使用方便，容量相对较小，界面美观，对计算机配置要求不高且能完全满足我们的学习需求，所以，我们选择它作为本书例题所使用的版本.

2. MATLAB 运算符号和常用函数

(1)运算符号

由于 MATLAB 通常用键盘输入数据，所以数学运算的符号必须与电脑键盘相适应，常用的数学运算符号有：

+加　　　-减　　　*乘　　　/右除　　　^幂

例 1　用 MATLAB 计算：$\dfrac{3^5+4}{25\times 47-1}$.

解　输入

```
(3^5+4)/(25*47-1)
```

得

```
ans=0.2104
```

所以　$\dfrac{3^5+4}{25\times 47-1}=0.2104$.

这里，ans 是 MATLAB 默认的结果变量，用来输出程序运行结果.如果我们想要得到一个用分数表示的数，可以输入命令：format rat，将其切换为有理数输出模式.再次输入 format 又将返回默认输出模式.

例如,输入

```
format rat
(3^5+4)/(25*47-1)
```

得

```
ans =247/1174
```

所以 $\frac{3^5+4}{25\times 47-1}=\frac{247}{1174}$.

再次输入 format,系统将返回到默认输出状态,得到它的近似值,$\frac{3^5+4}{25\times 47-1}\approx 0.2104$.

注意,MATLAB 的近似精度,可以有不同的设置,感兴趣的同学可以查阅相关的书籍或资料.本书中用 MATLAB 计算得出的数字结果,都是精确到 0.0001 的近似数,而且以"="标出,今后不再注明.

(2)常用函数

常用的数学函数,在 MATLAB 中有专门的函数名称与之对应,一般区别不大,对应如下表:

函数名称	数学解析式	在 MATLAB 中的表示
绝对值	$\lvert x\rvert$	abs(x)
算术平方根	$\sqrt{x}$	sqrt(x) = x^(1/2)
自然指数	e^x	exp(x)
自然对数	$\log_e x=\ln x$	log(x)
常用对数	$\log_{10} x$	log10(x)
以 2 为底的对数	$\log_2 x$	log2(x)

常用三角函数在 MATLAB 中表示如下表:

函数名称	数学解析式	在 MATLAB 中的表示
正弦函数	$\sin x$	sin(x)
余弦函数	$\cos x$	cos(x)
正切函数	$\tan x$	tan(x)
反正弦函数	$\arcsin x$	asin(x)
反余弦函数	$\arccos x$	acos(x)
反正切函数	$\arctan x$	atan(x)

常用的数学常数在 MATLAB 中表示如下表：

常数名称	符号	在 MATLAB 中的表示
圆周率	$\pi=3.14159\cdots$	pi
自然对数的底数	$e=2.71828\cdots$	exp(1)
无穷大	∞	inf
不定量	$\frac{0}{0}$	NaN

更多的 MATLAB 符号及数学函数，参见附录 2.

例 2　计算 $\left|\sin\frac{54\pi}{17}\right|-\ln 3\times e^3-\arctan 31^3$.

解　输入

```
>>clc                              % 清屏
>>abs(sin(54 * pi/17)) - log(3) * exp(3) - atan(31^3)
```

得

```
ans = -23.1105
```

所以 $\left|\sin\frac{54\pi}{17}\right|-\ln 3\times e^3-\arctan 31^3=-23.1105$.

注意，命令行后的“%”作为解释程序用，实际操作中不用输入，以后不再注明.

3.MATLAB 绘制函数图像

MATLAB 具有强大的作图功能，无论是二维图像还是三维图像，作图方法都非常简单，它是通过描点、连线来实现的，故在画一个曲线图形之前，必须先取得该图形上一系列点的坐标，然后将该点集的坐标传给 MATLAB 函数画图。我们主要介绍基本的平面图形和空间图形的绘制.

(1)在 MATLAB 软件中，plot 函数是绘制二维图像最常用的函数，它有多种语法格式，可以实现多种功能，最基本的语法格式是 plot(x,y).

例 3　绘制函数 $f(x)=\frac{\sin x}{x}$ 在区间[-10,10]的图像.

解　在命令窗口中输入程序如下：

```
>>x = -10:0.01:10;
>>y = sin(x)./x;
>>plot(x,y)
```

运行结果得到的图像如图 1-4 所示.

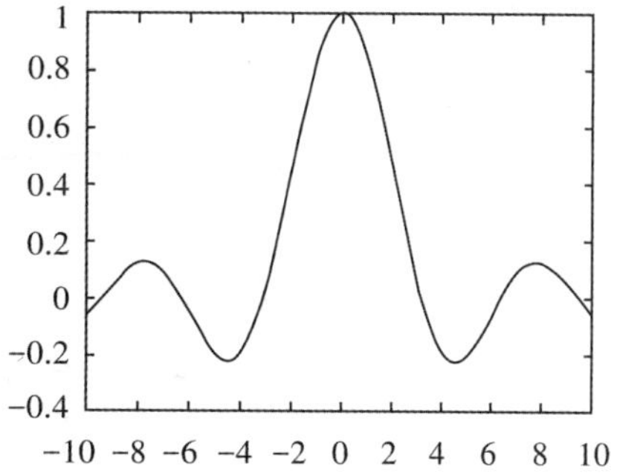

图 1-4

(2)在 MATLAB 软件中，使用 plot3 函数可以实现三维空间曲线的绘制，其功能和使用方法类似于绘制二维图像的函数，在绘制立体图像时，MATLAB 提供了用于生成三维数据的 meshgrid 函数，它的语法格式为：[x, y] = meshgrid(a,b).

例 4 绘制二元函数 $z=\dfrac{\sin\sqrt{x^2+y^2}}{\sqrt{x^2+y^2}}$ 的图像。

解 在命令窗口中输入程序如下：

```
>>x = -10:0.5:10;
>>y = -10:0.5:10;
>>[x,y] = meshgrid(x,y);
>>z = sin(sqrt(x.^2 + y.^2))./sqrt(x.^2 + y.^2);
>>plot3(x,y,z)        %绘制三维网格曲面图
>>mesh(x,y,z)
```

运行结果得到的图形如图 1-5 所示.

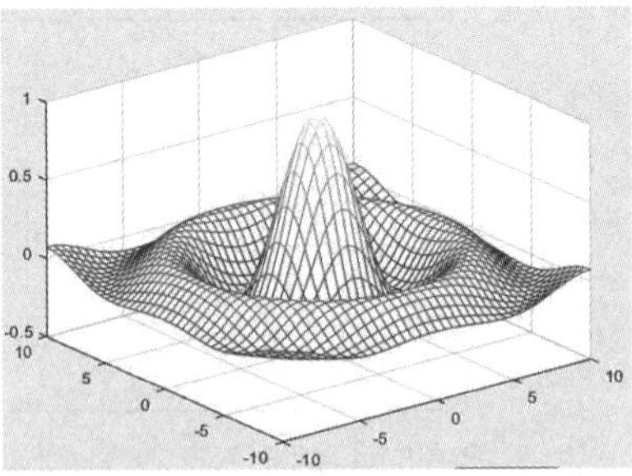

图 1-5

扫码获取
拓展资源

第二章 极限与连续

极限是微积分的基础，微积分的许多重要概念如连续、导数、定积分等都是在极限的基础上定义的，微积分的主要性质和法则也是通过极限方法推导出来的，且连续函数是微积分研究的主要对象，本章将在我们学习过的函数基础上，介绍极限和函数的连续性等基础知识.

2.1 极限的概念

扫码获取
拓展资源

2.1.1 数列的极限

引例 刘徽的割圆术

为了求得单位圆的面积即圆周率 π，人们用圆内接正 n 边形的面积 $A_n(n\geqslant 3)$ 去逼近它，以 A_n 作为 π 的近似值.随着 n 的增大，人们不断地改进 π 的近似值的精确程度，在不断改进的过程中，逐渐产生了朴素的极限概念.公元三世纪，我国数学家刘徽在《九章算术》中解释他的“割圆术”的时候说：“割之弥细，所失弥少；割之又割，以至于不可割，则与圆周合体而无所失矣.”这就是说，只要取 n 充分大，用 A_n 逼近 π 的误差可以任意小，A_n 的极限就是 π，即 $\lim\limits_{n\to\infty}A_n=\pi$.刘徽按照这个想法，从圆内接正六边形的面积算到圆内接正一百九十二边形的面积，得出圆周率 π 的近似值为 3.14.大约两个世纪以后，祖冲之又算出 π 介于 3.1415926 和 3.1415927 之间，这是我国古代的光辉成就之一.

观察下列两个数列：

$$\frac{1}{2},\frac{1}{4},\frac{1}{8},\cdots,\frac{1}{2^n},\cdots \qquad ①$$

$$\frac{1}{2},\frac{2}{3},\frac{3}{4},\cdots,\frac{n}{n+1},\cdots \qquad ②$$

归纳这两个数列的变化趋势，可知当 n 无限增大时，数列①中的项无限趋近于一个确定的常数 0，数列②中的项无限趋近于一个确定的常数 1.一般地，我们给出如下定义：

定义 2.1.1 当数列$\{a_n\}$的项数n无限增大时，如果a_n无限趋近于一个确定的常数A，那么就称这个数列存在极限A.记作

$$\lim_{n\to\infty}a_n = A.$$

读作"当n趋向于无穷大时，a_n的极限等于A.符号"→"表示"趋向于"，"∞"表示"无穷大"，"$n\to\infty$"表示"n无限增大".$\lim\limits_{n\to\infty}a_n = A$有时也记作当$n\to\infty$时，$a_n\to A$，或$a_n\to A\ (n\to\infty)$.

若数列$\{a_n\}$存在极限，也称数列$\{a_n\}$**收敛**；若数列$\{a_n\}$没有极限，则称数列$\{a_n\}$**发散**.

注 (1)一个数列是否有极限，应该分析随着项数的无限增大，数列中相应的项是否无限趋近于某个确定的常数，如果这样的常数存在，那么这个数就是所给数列的极限，否则数列的极限就不存在.

(2)常数数列的极限就是这个常数本身.

例 2.1.1 讨论下列数列的变化趋势，说明极限是否存在，若存在，请写出它们的极限.

(1)$x_n = \dfrac{n+1}{n}$；　　(2)$x_n = \dfrac{1}{2}[1+(-1)^n]$；　　(3)$x_n = \dfrac{1}{(-2)^n}$.

解 (1)$x_n = \dfrac{n+1}{n}$的项展开依次为$\dfrac{2}{1},\dfrac{3}{2},\dfrac{4}{3},\dfrac{5}{4},\cdots,\dfrac{n+1}{n},\cdots$，当$n$无限增大时，$x_n$无限接近于1，所以$\lim\limits_{n\to\infty}\dfrac{n+1}{n} = 1$.

(2)$x_n = \dfrac{1}{2}[1+(-1)^n]$的项展开依次为0，1，0，1，…，当$n$无限增大时，$x_n$在0与1之间交替，没有趋近于某一个固定常数，所以，该数列的极限不存在.

(3)$x_n = \dfrac{1}{(-2)^n}$的项展开依次为$-\dfrac{1}{2},\dfrac{1}{4},-\dfrac{1}{8},\dfrac{1}{16},\cdots$，当$n$无限增大时，$x_n$无限接近于0，所以$\lim\limits_{n\to\infty}\dfrac{1}{(-2)^n} = 0$.

2.1.2 函数的极限

在自变量x的变化过程中，如果x的绝对值$|x|$无限增大，记作$x\to\infty$；如果x无限接近于某一值x_0，或者说x趋向于x_0，记作$x\to x_0$.在此基础上，我们来讨论如下内容：

1.当$x\to\infty$时函数$f(x)$的极限

$x\to\infty$包含以下两种情况：

(1)x取正值，无限增大，记作$x\to+\infty$；

(2)x取负值，它的绝对值无限增大(即x无限减小)，记作$x\to-\infty$.

若 x 不指定正负，只是 $|x|$ 无限增大，则写成 $x\to\infty$.

例 2.1.2　讨论函数 $y=\dfrac{1}{x}+1$ 当 $x\to+\infty$ 和 $x\to-\infty$ 时的变化趋势.

解　用 MATLAB 作图(图 2-1)，观察可以知道，

当 $x\to+\infty$ 和 $x\to-\infty$ 时，$y=\dfrac{1}{x}+1\to1$，

因此，　当 $x\to\infty$ 时，$y=\dfrac{1}{x}+1\to1$.

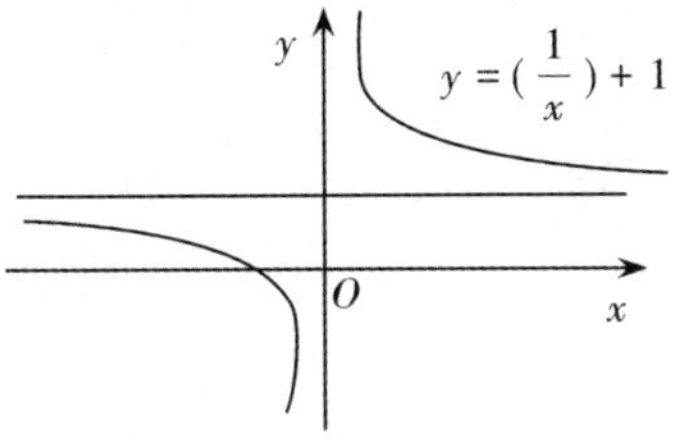

图 2-1

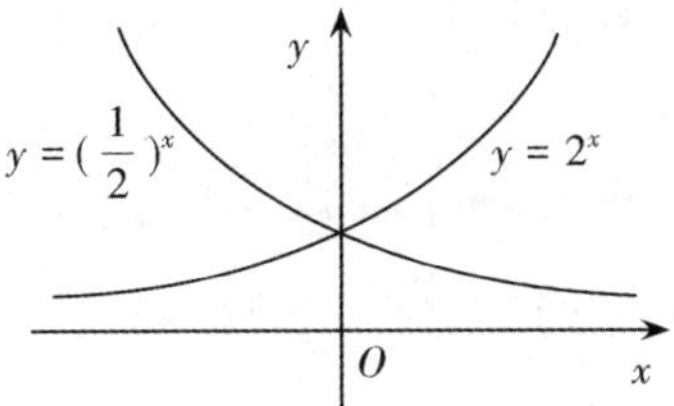

图 2-2

定义 2.1.2　如果当 $|x|$ 无限增大(即 $x\to\infty$)时，函数 $f(x)$ 无限地趋近于一个确定的常数 A，那么就称 $f(x)$ 当 $x\to\infty$ 时存在极限 A，称数 A 为当 $x\to\infty$ 时函数 $f(x)$ 的极限，记作

$$\lim_{x\to\infty}f(x)=A.$$

类似地，如果当 $x\to+\infty$(或 $x\to-\infty$)时，函数 $f(x)$ 无限地趋近于一个确定的常数 A，那么就称 $f(x)$ 当 $x\to+\infty$(或 $x\to-\infty$) 时存在极限 A，称数 A 为当 $x\to+\infty$(或 $x\to-\infty$)时函数 $f(x)$ 的极限.记作

$$\lim_{x\to+\infty}f(x)=A\text{(或}\lim_{x\to-\infty}f(x)=A\text{)}.$$

例 2.1.3　作出函数 $y=(\dfrac{1}{2})^x$ 和 $y=2^x$ 的图像，并判断下列极限：

(1) $\lim\limits_{x\to+\infty}(\dfrac{1}{2})^x$；　　(2) $\lim\limits_{x\to-\infty}2^x$.

解　由图 2-2，观察可以知道，

(1) $\lim\limits_{x\to+\infty}(\dfrac{1}{2})^x=0$；　　(2) $\lim\limits_{x\to-\infty}2^x=0$.

例 2.1.4　讨论下列函数当 $x\to\infty$ 时的极限：

(1) $y=1+\dfrac{1}{x^2}$；　　(2) $y=2^x$.

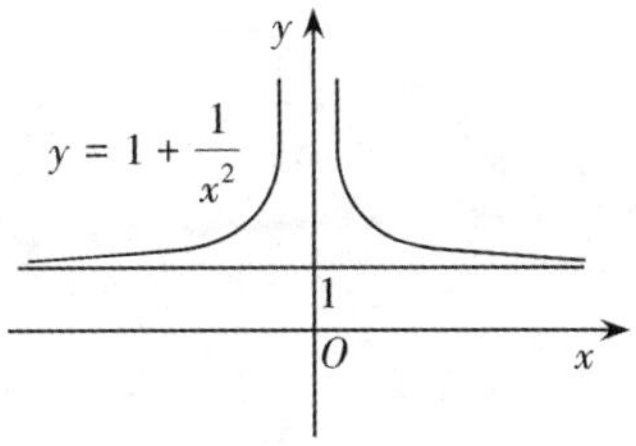

图 2-3

解　由图 2-3，观察可以知道：

(1) 当 $x\to+\infty$ 时，$y=1+\dfrac{1}{x^2}\to1$；当 $x\to-\infty$ 时，

$y=1+\dfrac{1}{x^2}\to1$.

因此，当$|x|$无限增大时，函数 $y=1+\frac{1}{x^2}$无限地接近于常数 1，即

$$\lim_{x\to\infty}(1+\frac{1}{x^2})=1.$$

(2) 观察(图 2-2)可知，当 $x\to+\infty$时，$y=2^x\to+\infty$；当 $x\to-\infty$时，$y=2^x\to0$.

因此，当$|x|$无限增大时，函数 $y=2^x$ 不可能无限地趋近某一个常数，即$\lim\limits_{x\to\infty}2^x$不存在.

一般地，当且仅当 $\lim\limits_{x\to+\infty}f(x)$和 $\lim\limits_{x\to-\infty}f(x)$都存在并且都为 A 时，$\lim\limits_{x\to\infty}f(x)$存在为 A，即

$$\lim_{x\to\infty}f(x)=A \quad\Leftrightarrow\quad \lim_{x\to+\infty}f(x)=\lim_{x\to-\infty}f(x)=A.$$

2.当 $x\to x_0$ 时，函数 $f(x)$的极限

$x\to x_0$包含以下两种情况：

(1)$x\to x_0^+$ 表示 x 从大于 x_0的方向趋近于 x_0；

(2)$x\to x_0^-$ 表示 x 从小于 x_0的方向趋近于 x_0.

$x\to x_0$表示 x 无限趋近于 x_0，对从哪个方向趋近没有限制.

例 2.1.5 讨论当 $x\to2$ 时，函数 $y=x+1$ 的变化趋势.

解 由图 2-4，观察可以知道，不论 x 从小于 2 的方向趋近于 2，或者从大于 2 的方向趋近于 2，函数 $y=x+1$ 的值总是随着自变量 x 的变化从两个不同的方向愈来愈接近于 3，所以说，当 $x\to2$ 时 $y=x+1\to3$.

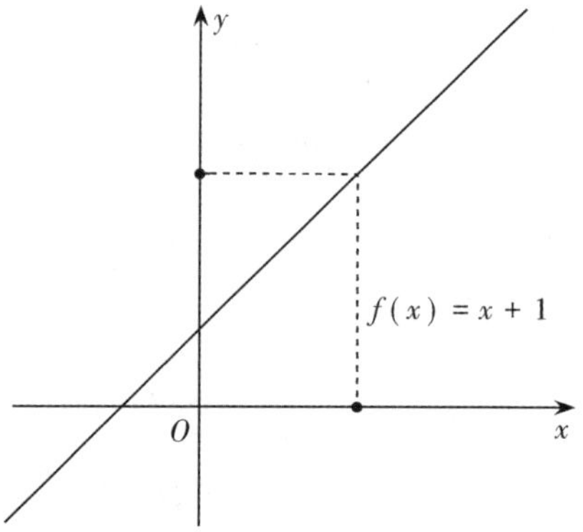

图 2-4

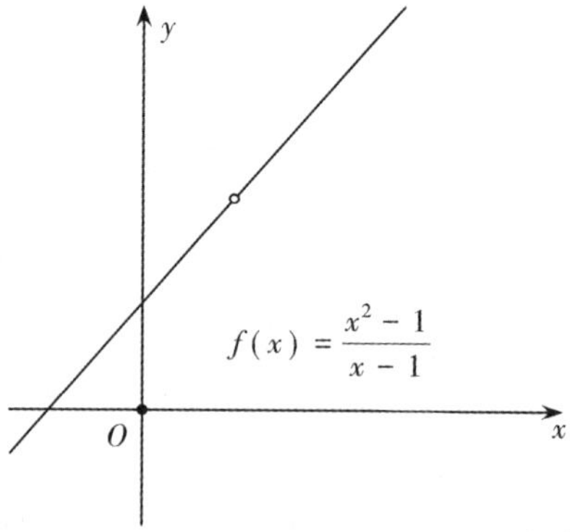

图 2-5

例 2.1.6 讨论当 $x\to1$ 时，函数 $y=\frac{x^2-1}{x-1}$的变化趋势.

解 由图 2-5，观察可以知道，函数的定义域为$(-\infty,1)\cup(1,\infty)$，在 $x=1$ 处函数没有定义，x 不论从大于 1 或从小于 1 两个方向趋近于 1 时，函数 $y=\frac{x^2-1}{x-1}$的值是从两个不同方向趋近于 2 的.因此，当 $x\to1$ 时，$y=\frac{x^2-1}{x-1}\to2$.

我们研究当 x 趋近于 1，函数 $y=\dfrac{x^2-1}{x-1}$ 的变化趋势时，并不计较函数在 $x=1$ 处是否有定义，而仅关心函数在 $x=1$ 的邻近的函数值的变化趋势，也就是说 $x\to1$ 与 $x\neq1$ 前者动而后者静，还是有区别的.

定义 2.1.3　如果当 $x\to x_0$ 时，函数 $f(x)$ 无限地趋近于一个确定的常数 A，那么就称当 $x\to x_0$ 时，$f(x)$ 存在极限 A；数 A 就称为当 $x\to x_0$ 时，函数 $f(x)$ 的极限，记作

$$\lim_{x\to x_0} f(x)=A.$$

例 2.1.7　求下列函数的极限 $\lim\limits_{x\to x_0} f(x)$.

(1) $f(x)=x$；　　　　(2) $f(x)=C$（C 为常数）.

解　(1) 因为当 $x\to x_0$ 时，$f(x)=x$ 的值无限趋近于 x_0，所以有 $\lim\limits_{x\to x_0} f(x)=\lim\limits_{x\to x_0} x=x_0$.

(2) 因为当 $x\to x_0$ 时，$f(x)$ 的值恒等于 C，所以有 $\lim\limits_{x\to x_0} f(x)=\lim\limits_{x\to x_0} C=C$. 由此可见，常数的极限是其本身.

定义 2.1.4　(1) 如果 x 从大于 x_0 的方向趋近于 x_0（即 $x\to x_0^+$）时，函数 $f(x)$ 无限地趋近于一个确定的常数 A，那么就称 $f(x)$ 在 x_0 处存在右极限 A，数 A 就称为当 $x\to x_0$ 时，函数 $f(x)$ 的**右极限**，记作 $\lim\limits_{x\to x_0^+} f(x)=A$；

(2) 如果 x 从小于 x_0 的方向趋近于 x_0（即 $x\to x_0^-$）时，函数 $f(x)$ 无限地趋近于一个确定的常数 A，那么就称 $f(x)$ 在 x_0 处存在左极限 A，数 A 就称为当 $x\to x_0$ 时，函数 $f(x)$ 的**左极限**，记作 $\lim\limits_{x\to x_0^-} f(x)=A$.

例 2.1.8　已知函数 $f(x)=\begin{cases} x-1, & x<0, \\ x^3, & x\geqslant0, \end{cases}$ 讨论当 $x\to0$ 时的极限.

解　由图 2-6，观察可以知道，$\lim\limits_{x\to0^-} f(x)=\lim\limits_{x\to0^-}(x-1)=-1$，

$$\lim_{x\to0^+} f(x)=\lim_{x\to0^+} x^3=0,$$

$$\lim_{x\to0^+} f(x)\neq\lim_{x\to0^-} f(x).$$

因而当 $x\to0$ 时 $f(x)$ 的极限不存在.

一般地，$\lim\limits_{x\to x_0} f(x)=A\Leftrightarrow\lim\limits_{x\to x_0^-} f(x)=\lim\limits_{x\to x_0^+} f(x)=A$.

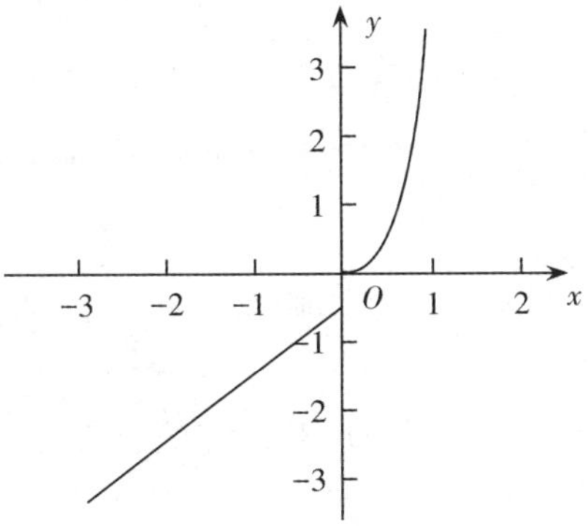

图 2-6

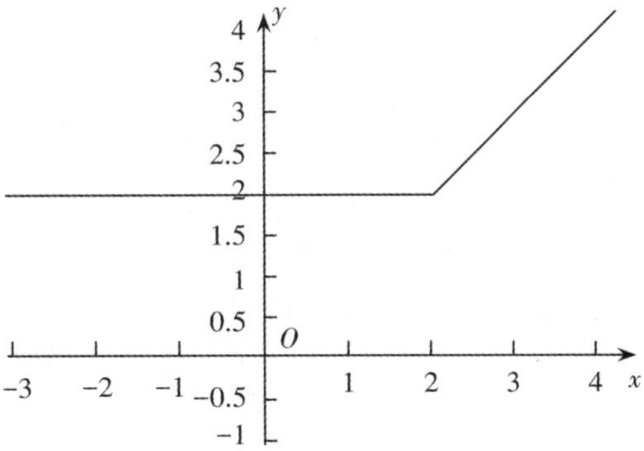

图 2-7

例 2.1.9 已知 $f(x)=\begin{cases}x, & x\geqslant 2,\\ 2, & x<2,\end{cases}$ 求$\lim\limits_{x\to 2}f(x)$.

解 由图 2-7,观察可以知道,因为

$$\lim_{x\to 2^+}f(x)=\lim_{x\to 2^+}x=2,\lim_{x\to 2^-}f(x)=\lim_{x\to 2^-}2=2,$$

即

$$\lim_{x\to 2^+}f(x)=\lim_{x\to 2^-}f(x)=2,$$

所以

$$\lim_{x\to 2}f(x)=2.$$

2.1.3 无穷小量和无穷大量

1.无穷小量

考察函数 $f(x)=x-1$,由图(图 2-8)可知,当 x 从左右两个方向无限趋近于 1 时,$f(x)$都无限地趋向于 0.

定义 2.1.5 如果当 $x\to x_0$(或 $x\to\infty$)时,函数 $f(x)$的极限为 0,那么就称函数 $f(x)$为 $x\to x_0$(或 $x\to\infty$)时的无穷小.记作$\lim\limits_{x\to x_0}f(x)=0$.

例如,因为$\lim\limits_{x\to 1}(x-1)=0$,所以函数 $x-1$ 是当 $x\to 1$ 时的无穷小.

例如,因为$\lim\limits_{x\to\infty}\dfrac{1}{x}=0$,所以函数$\dfrac{1}{x}$是当 $x\to\infty$时的无穷小.

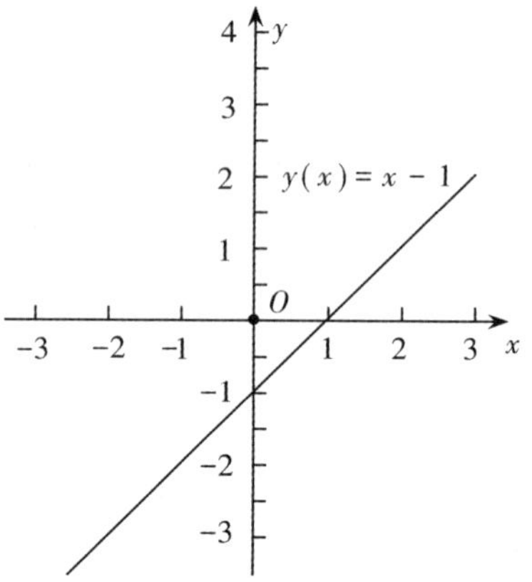

图 2-8

注 (1)一个函数 $f(x)$是无穷小,是与自变量 x 的变化过程紧密相连的,因此必须指明自变量 x 的变化过程.

(2)不要把绝对值很小的常数说成是无穷小.

无穷小表示的是一个函数,这个函数在自变量某个变化过程中的极限为 0;而绝对值很小的数无论自变量是何种变化过程,其极限都不是 0;只有常数 0 可以看成是无穷小,因为常数函数 0 在自变量的任何变化过程中的极限总是 0.

由无穷小的定义,可得到如下性质

设 $f_1(x),f_2(x),\cdots,f_n(x)$ 是 $x\to x_0$(或 $x\to\infty$)时的无穷小.

性质 1 $f(x)=\sum\limits_{i=1}^{n}a_if_i(x)\ (a_i\in\mathbf{R})$是 $x\to x_0$(或 $x\to\infty$)时的无穷小,即有限个无穷小的代数和仍然是无穷小.

性质 2 $f(x)=f_1(x)\cdot f_2(x)\cdot\cdots\cdot f_n(x)$是 $x\to x_0$(或 $x\to\infty$等)时的无穷小,即有限个无穷小的积仍然是无穷小.

一般地,如果函数 $f(x)$在区间 I 上有定义,且存在正数 M,对任意的 x 属于 I,总是满足

$$|f(x)|\leqslant M,$$

则称函数 $f(x)$ 是区间 I 上的有界函数，或称函数 $f(x)$ 在区间 I 上有界.如果这样的正数 M 不存在，则称函数 $f(x)$ 是区间 I 上的无界函数，或称函数 $f(x)$ 在区间 I 上是无界的.

性质 3　设 $g(x)$ 当 $x\to x_0$（或 $x\to\infty$）时是有界的，则 $g(x)\cdot f_i(x)(i=1,2,\cdots,n)$ 是 $x\to x_0$（或 $x\to\infty$）时的无穷小，即有界函数与无穷小的积是无穷小.

例 2.1.10　求 $\lim\limits_{x\to 0} x\sin\dfrac{1}{x}$.

解　因为 $\lim\limits_{x\to 0} x=0$，所以 x 是 $x\to 0$ 时的无穷小.

而 $\left|\sin\dfrac{1}{x}\right|\leqslant 1$，所以 $\sin\dfrac{1}{x}$ 是有界函数.

根据无穷小的性质 3，可知 $\lim\limits_{x\to 0} x\sin\dfrac{1}{x}=0$.

例 2.1.11　求 $\lim\limits_{x\to\infty}\dfrac{\sin x}{x}$.

解　因为 $\dfrac{\sin x}{x}=\dfrac{1}{x}\cdot\sin x$，

而 $\dfrac{1}{x}$ 是当 $x\to\infty$ 时的无穷小，且 $\sin x$ 是有界函数.

所以

$$\lim_{x\to\infty}\frac{\sin x}{x}=0.$$

一般地，如果 $\lim\limits_{x\to x_0}\alpha=0$，那么函数极限与无穷小的关系是

$$\lim_{x\to x_0} f(x)=A\Leftrightarrow f(x)=A+\alpha,$$

即当 $x\to x_0$ 时 $f(x)$ 以 A 为极限的充分必要条件是 $f(x)$ 能表示为 A 与一个 $x\to x_0$ 时的无穷小之和.

2.无穷大量

考察函数 $f(x)=\dfrac{1}{x-1}$.

由图 2-9 可知，当 x 从左右两个方向趋近于 1 时，$|f(x)|$ 都无限地增大.

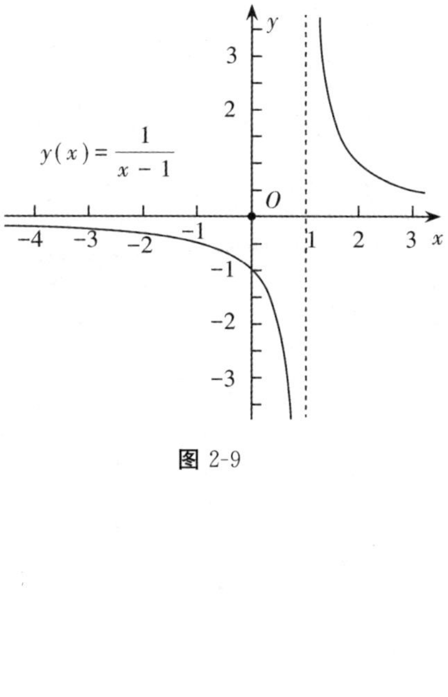

图 2-9

定义 2.1.6　如果当 $x\to x_0$（或 $x\to\infty$）时，函数 $f(x)$ 的绝对值无限增大，那么称函数 $f(x)$ 为当 $x\to x_0$（或 $x\to\infty$）时的无穷大.

如果函数 $f(x)$ 为当 $x\to x_0$ 时的无穷大，那么它的极限是不存在的.但为了便于描述函数的这种变化趋势，我们也说“函数的极限是无穷大”，并记作 $\lim\limits_{x\to x_0} f(x)=\infty$.

注 式中的记号“∞”是一个记号而不是确定的数，记号的含意仅表示“$f(x)$的绝对值无限增大”.

如果在无穷大的定义中，对于x_0左右近旁的x，对应的函数值都是正的或都是负的，即当$x \to x_0$时，$f(x)$无限增大或减小，就分别记作

$$\lim_{x \to x_0} f(x) = +\infty \text{ 或 } \lim_{x \to x_0} f(x) = -\infty.$$

例如，(1)当$x \to 1$时，$\left|\frac{1}{x-1}\right|$无限增大，所以$\frac{1}{x-1}$是当$x \to 1$时的无穷大，记作

$$\lim_{x \to 1} \frac{1}{x-1} = \infty.$$

定义可推广到$x \to x_0^+$，$x \to x_0^-$，$x \to \infty$，$x \to +\infty$，$x \to -\infty$时的情形.

注 (1)函数$f(x)$无穷大，是与自变量x的变化过程紧密相连的，因此必须指明自变量x的变化过程.

(2)不要把绝对值很大的数说成是无穷大.

无穷大表示的是一个函数，这个函数的绝对值在自变量某个变化过程中的变化趋势是无限增大；而绝对值很大的数无论在自变量何种变化过程，其极限都为常数本身，并不会无限增大或减小.

3.无穷大与无穷小的关系

定理 2.1.1 在自变量的同一变化过程中，无穷大的倒函数是无穷小；反之，非零无穷小的倒函数为无穷大.

例 2.1.12 求$\lim\limits_{x \to 1} \frac{x+4}{x-1}$.

解 因为$\lim\limits_{x \to 1} \frac{x-1}{x+4} = 0$，即$\frac{x-1}{x+4}$是当$x \to 1$时的无穷小，

根据无穷大与无穷小的关系可知，它的倒函数$\frac{x+4}{x-1}$是当$x \to 1$时的无穷大，

所以
$$\lim_{x \to 1} \frac{x+4}{x-1} = \infty.$$

习题 2.1

1.观察下列数列当$n \to \infty$时的变化趋势，如果有极限，写出它们的极限.

(1)$a_n = \frac{n}{n+5}$； (2)$a_n = (-1)^n \frac{1}{n}$；

(3)$a_n = \frac{1-(-1)^n}{2}$； (4)$a_n = 2^n$.

2.设函数 $f(x)=\begin{cases}x^2-5, x<0,\\ 1, \quad x=0,\\ 3-x, x>0,\end{cases}$ 作出这个函数的图像,并求 $\lim\limits_{x\to0^+}f(x)$, $\lim\limits_{x\to0^-}f(x)$, $\lim\limits_{x\to0}f(x)$.

3.设函数 $f(x)=\begin{cases}\cos x+1, x\geqslant0,\\ 5^x, \quad x<0,\end{cases}$ 讨论当 $x\to0$ 时,$f(x)$的极限是否存在.

4.判断下列函数在指定自变量变化过程中哪些是无穷小量,哪些是无穷大量.

(1)$\sin x(x\to0)$;

(2)$e^x(x\to+\infty)$;

(3)$3^x-1(x\to0)$;

(4)$\dfrac{x+5}{x-3}(x\to3)$.

5.求下列极限.

(1)$\lim\limits_{x\to0}x\cos\dfrac{1}{x}$;

(2)$\lim\limits_{x\to\infty}\dfrac{\sin x}{x}$;

(3)$\lim\limits_{x\to\infty}\dfrac{1}{x^2}$;

(4)$\lim\limits_{x\to1}\ln x$.

2.2　极限的运算

2.2.1 极限的性质

性质 1(唯一性)　如果函数 $f(x)$在某一变化过程中有极限,则其极限唯一.

性质 2(有界性)　如果函数 $f(x)$在 $x\to x_0$ 时存在极限,则必存在 x_0 的某一领域,使得 $f(x)$在该领域内有界.

性质 3(保号性)　若在 x_0 的左右近旁,恒有 $f(x)\geqslant0$(或 $f(x)\leqslant0$),且 $\lim\limits_{x\to x_0}f(x)=A$,则 $A\geqslant0$(或 $A\leqslant0$).

2.2.2 极限的四则运算

扫码获取
拓展资源

和、差、积、商的极限运算法则:

如果 $\lim\limits_{x\to x_0}f(x)=A$, $\lim\limits_{x\to x_0}g(x)=B$,那么

(1)$\lim\limits_{x\to x_0}[f(x)\pm g(x)]=\lim\limits_{x\to x_0}f(x)\pm\lim\limits_{x\to x_0}g(x)=A\pm B$;

(2)$\lim\limits_{x\to x_0}[f(x)\cdot g(x)]=\lim\limits_{x\to x_0}f(x)\cdot\lim\limits_{x\to x_0}g(x)=A\cdot B$;

特别地,$\lim\limits_{x\to x_0}C\cdot f(x)=C\cdot\lim\limits_{x\to x_0}f(x)=C\cdot A$,($C$ 为常数);

(3) $\lim\limits_{x\to x_0}\dfrac{f(x)}{g(x)}=\dfrac{\lim\limits_{x\to x_0}f(x)}{\lim\limits_{x\to x_0}g(x)}=\dfrac{A}{B}(B\neq 0)$.

说明：

(1)上述运算法则对于 $x\to\infty$ 等其他变化过程同样成立；

(2)法则 1、法则 2 可推广到有限个函数的情况，因此只要 x 使函数有意义，例如下面的等式也成立

$$\lim_{x\to x_0}[f(x)]^n=[\lim_{x\to x_0}f(x)]^n.$$

2.2.3 极限的求法

1.直接代入法

函数 $f(x)$ 和 $g(x)$ 在 x_0 点有定义，且 $g(x_0)\neq 0$，则有

$$\lim_{x\to x_0}f(x)=f(x_0)\text{或}\lim_{x\to x_0}\frac{f(x)}{g(x)}=\frac{f(x_0)}{g(x_0)}.$$

例 2.2.1 求 $\lim\limits_{x\to 2}(x^2+2x-3)$.

解 $\lim\limits_{x\to 2}(x^2+2x-3)=\lim\limits_{x\to 2}x^2+\lim\limits_{x\to 2}2x-\lim\limits_{x\to 2}3=[\lim\limits_{x\to 2}x]^2+2\cdot\lim\limits_{x\to 2}x-3=2\cdot 2+2\cdot 2-3=5$.

例 2.2.2 求 $\lim\limits_{x\to 1}\dfrac{x^2-2x+5}{x^2+6}$.

解 $\lim\limits_{x\to 1}\dfrac{x^2-2x+5}{x^2+6}=\dfrac{\lim\limits_{x\to 1}(x^2-2x+5)}{\lim\limits_{x\to 1}(x^2+6)}=\dfrac{4}{7}$.

2.倒数法($\dfrac{A}{0}$型)

扫码获取拓展资源

求分式 $\lim\limits_{x\to x_0}\dfrac{f(x)}{g(x)}$ 极限时，若分母极限为零，分子极限不为零，则采用此方法. 方法：由直接代入法，先求其倒数的极限 $\lim\limits_{x\to x_0}\dfrac{g(x)}{f(x)}=0$，再由无穷大与无穷小的关系得 $\lim\limits_{x\to x_0}\dfrac{f(x)}{g(x)}=\infty$.

例 2.2.3 求 $\lim\limits_{x\to 2}\dfrac{x^2+1}{x-2}$.

解 因为 $\lim\limits_{x\to 2}(x-2)=0$，且 $\lim\limits_{x\to 2}(x^2+1)=5$，

则有
$$\lim_{x\to 2}\frac{x-2}{x^2+1}=0,$$

所以由无穷大与无穷小的关系可得：$\lim\limits_{x\to 2}\dfrac{x^2+1}{x-2}=\infty$.

3.分解因式，消零因子法($\frac{0}{0}$型)

求分式$\lim\limits_{x \to x_0}\frac{f(x)}{g(x)}$极限时，若分子、分母极限均为零，则采用此法. 方法：将分子或分母分解因式，约去相同的极限为零的因子，再直接用代入法.

例 2.2.4　求$\lim\limits_{x \to 1}\frac{x^2-1}{x-1}$.

解　$\lim\limits_{x \to 1}\frac{x^2-1}{x-1}=\lim\limits_{x \to 1}\frac{(x-1)(x+1)}{x-1}=\lim\limits_{x \to 1}(x+1)=2.$

4.有理化法($\frac{0}{0}$型)

求分式$\lim\limits_{x \to x_0}\frac{f(x)}{g(x)}$极限时，若分子、分母极限均为零，且分子或分母中含有根号.方法：将分子或分母含有根号的先有理化，约去共同的零因子，再用直接代入法.

例 2.2.5　求$\lim\limits_{x \to -1}\frac{x+1}{\sqrt{3-x}-2}$.

解　$$原式=\lim_{x \to -1}\frac{(x+1)(\sqrt{3-x}+2)}{(\sqrt{3-x}-2)(\sqrt{3-x}+2)}$$

$$=\lim_{x \to -1}\frac{(x+1)(\sqrt{3-x}+2)}{3-x-4}=\lim_{x \to -1}-(\sqrt{3-x}+2)=-4.$$

扫码获取
拓展资源

5.无穷小分出法($\frac{\infty}{\infty}$型)

求分式$\lim\limits_{x \to \infty}\frac{a_0x^n+a_1x^{n-1}+\cdots+a_n}{b_0x^n+b_1x^{n-1}+\cdots+b_n}$极限时，分子、分母都趋于$\infty$.

方法：先将分子、分母同除x的最高次方，将分子、分母转化为无穷小，则有

$$\lim_{x \to \infty}\frac{a_0x^n+a_1x^{n-1}+\cdots+a_n}{b_0x^n+b_1x^{n-1}+\cdots+b_n}=\begin{cases}0, n<m, \\ \frac{a_0}{b_0}, n=m, \\ \infty, n>m.\end{cases}$$

例 2.2.6　求$\lim\limits_{x \to \infty}\frac{5x^3-7x+1}{7x^3+x^2-2}$.

解　$$原式=\lim_{x \to \infty}\frac{\frac{5x^3}{x^3}-\frac{7x}{x^3}+\frac{1}{x^3}}{\frac{7x^3}{x^3}+\frac{x^2}{x^3}-\frac{2}{x^3}}=\lim_{x \to \infty}\frac{5-\frac{7}{x^2}+\frac{1}{x^3}}{7+\frac{1}{x}-\frac{2}{x^3}}$$

$$=\frac{\lim\limits_{x \to \infty}(5-\frac{7}{x^2}+\frac{1}{x^3})}{\lim\limits_{x \to \infty}(7+\frac{1}{x}-\frac{2}{x^3})}=\frac{5-0+0}{7+0-0}=\frac{5}{7}.$$

例 2.2.7 求$\lim\limits_{x\to\infty}\dfrac{4x^2-7x+1}{3x^3+x^2-2}$.

解 原式$=\lim\limits_{x\to\infty}\dfrac{\dfrac{4x^2}{x^3}-\dfrac{7x}{x^3}+\dfrac{1}{x^3}}{\dfrac{3x^3}{x^3}+\dfrac{x^2}{x^3}-\dfrac{2}{x^3}}=\lim\limits_{x\to\infty}\dfrac{\dfrac{4}{x}-\dfrac{7}{x^2}+\dfrac{1}{x^3}}{3+\dfrac{1}{x}-\dfrac{2}{x^3}}$

$$=\frac{\lim\limits_{x\to\infty}\left(\dfrac{4}{x}-\dfrac{7}{x^2}+\dfrac{1}{x^3}\right)}{\lim\limits_{x\to\infty}\left(3+\dfrac{1}{x}-\dfrac{2}{x^3}\right)}=\frac{0-0+0}{3+0-0}=0.$$

例 2.2.8 求$\lim\limits_{x\to\infty}\dfrac{3x^3+x-4}{2x^2-x-2}$.

解 此题分子、分母均趋于∞,又因为分子最高次方为3,分母最高次方为2,由上面的结论可得

$$\lim_{x\to\infty}\frac{3x^3+x-4}{2x^2-x-2}=\infty.$$

6.∞ - ∞型

此种方法适用于$\lim[f(x)-g(x)]$,其中$\lim f(x)=\infty$,且$\lim g(x)=\infty$.方法:先通分化简,再利用前面几种方法求解.

例 2.2.9 求$\lim\limits_{x\to 1}\left(\dfrac{1}{1-x}-\dfrac{3}{1-x^3}\right)$.

解 原式$=\lim\limits_{x\to 1}\left[\dfrac{1+x+x^2}{(1-x)(1+x+x^2)}-\dfrac{3}{(1-x)(1+x+x^2)}\right]$

$$=\lim_{x\to 1}\frac{(x-1)(x+2)}{(1-x)(1+x+x^2)}=\lim_{x\to 1}\frac{-(x+2)}{(1+x+x^2)}=\frac{-(1+2)}{1+1+1^2}=-1.$$

注意:函数极限的运算法则及求法同样适用于数列极限;求极限时,先判断极限的类型,再确定用什么方法求解.

习题 2.2

求下列极限.

1. $\lim\limits_{x\to 3}(2x^3-5x+1)$.
2. $\lim\limits_{x\to 4}\dfrac{x^2+2}{x-2}$.
3. $\lim\limits_{x\to\sqrt{5}}\dfrac{x^2-5}{x^2+1}$.
4. $\lim\limits_{x\to 3}\dfrac{x+3}{x-3}$.
5. $\lim\limits_{x\to 3}\dfrac{x^2-9}{2x^2-5x-3}$.
6. $\lim\limits_{x\to 4}\dfrac{x^2-2x-8}{2x^2-5x-12}$.
7. $\lim\limits_{x\to 2}\dfrac{x-2}{\sqrt{x-1}-1}$.
8. $\lim\limits_{x\to 0}\dfrac{\sqrt{x+1}-\sqrt{1-x}}{x}$.

9. $\lim\limits_{x \to 2}\left(\frac{1}{x-2}-\frac{1}{x^2-4}\right)$.

10. $\lim\limits_{x \to 1}\left(\frac{1}{1-x}-\frac{3}{1-x^3}\right)$.

11. $\lim\limits_{x \to \infty}\frac{3x^2-x+1}{4x^2+x-3}$.

12. $\lim\limits_{x \to \infty}\frac{3x^3-2x+1}{2x^2+4x-5}$.

13. $\lim\limits_{x \to \infty}\frac{x^2-5x+11}{7x^3+6x-3}$.

14. $\lim\limits_{x \to \infty}\frac{4x^3+3x+1}{x^3-3}$.

15. $\lim\limits_{n \to \infty}\frac{1+2+\cdots+n}{n^2}$.

16. $\lim\limits_{n \to \infty}\left(1+\frac{1}{2}+\frac{1}{4}+\cdots+\frac{1}{2^n}\right)$.

2.3 两个重要极限及无穷小的比较

2.3.1 两个重要极限

扫码获取
拓展资源

1. $\lim\limits_{x \to 0}\frac{\sin x}{x}=1$

观察当 $x \to 0$ 时函数的变化趋势(见下表)：

x(弧度)	0.50	0.10	0.05	0.04	0.03	0.02	…
$\frac{\sin x}{x}$	0.9585	0.9983	0.9996	0.9997	0.9998	0.9999	…

当 x 取正值趋近于 0 时，$\frac{\sin x}{x} \to 1$，即 $\lim\limits_{x \to 0^+}\frac{\sin x}{x}=1$；

当 x 取负值趋近于 0 时，$-x \to 0$，$-x>0$，$\sin(-x)>0$.于是

$$\lim_{x \to 0^-}\frac{\sin x}{x}=\lim_{-x \to 0^+}\frac{\sin(-x)}{(-x)}.$$

综上所述，得

$$\lim_{x \to 0}\frac{\sin x}{x}=1.$$

这个极限的应用较广，一般称为重要极限，它的特点是：

(1)它是“$\frac{0}{0}$”型，即若应用商求极限的法则，得到的结果是 $\frac{0}{0}$；

(2)在分式中同时出现三角函数和 x 的幂；

(3)如果 $\lim\limits_{x \to a}\varphi(x)=0$($a$ 可以是有限数 x_0，$\pm\infty$ 或 ∞)，

则
$$\lim_{x \to a}\frac{\sin[\varphi(x)]}{\varphi(x)}=\lim_{\varphi(x) \to 0}\frac{\sin[\varphi(x)]}{\varphi(x)}=1.$$

例 2.3.1 求$\lim\limits_{x\to 0}\dfrac{\tan x}{x}$.

解 方法一：$\lim\limits_{x\to 0}\dfrac{\tan x}{x}=\lim\limits_{x\to 0}\dfrac{\frac{\sin x}{\cos x}}{x}=\lim\limits_{x\to 0}\dfrac{\sin x}{x}\cdot\dfrac{1}{\cos x}=\lim\limits_{x\to 0}\dfrac{\sin x}{x}\cdot\lim\limits_{x\to 0}\dfrac{1}{\cos x}=1\cdot 1=1.$

方法二：利用 MATLAB，输入

```
syms x
limit(tan(x)/x,x,0)
```

结果为

```
ans =1
```

本小节中下面的例题就只介绍方法一，用 MATLAB 解题的方法就不一一介绍了，同学们可以自己练习.

例 2.3.2 求$\lim\limits_{x\to 0}\dfrac{\sin 3x}{x}$.

解 $\lim\limits_{x\to 0}\dfrac{\sin 3x}{x}=\lim\limits_{x\to 0}\dfrac{3\sin 3x}{3x}$，令 $3x=t$，得 $3\lim\limits_{t\to 0}\dfrac{\sin t}{t}=3$.

例 2.3.3 求$\lim\limits_{x\to 0}\dfrac{1-\cos x}{x^2}$.

解 $\lim\limits_{x\to 0}\dfrac{1-\cos x}{x^2}=\lim\limits_{x\to 0}\dfrac{2\sin^2\frac{x}{2}}{x^2}=\lim\limits_{x\to 0}\dfrac{\sin^2\frac{x}{2}}{2\left(\frac{x}{2}\right)^2}=\lim\limits_{x\to 0}\dfrac{1}{2}\cdot\dfrac{\sin\frac{x}{2}}{\frac{x}{2}}\cdot\dfrac{\sin\frac{x}{2}}{\frac{x}{2}}=\dfrac{1}{2}.$

例 2.3.4 求$\lim\limits_{x\to 0}\dfrac{\arcsin x}{x}$.

解 令 $\arcsin x=t$，则 $x=\sin t$ 且 $x\to 0$ 时 $t\to 0$.

所以 $\lim\limits_{x\to 0}\dfrac{\arcsin x}{x}=\lim\limits_{t\to 0}\dfrac{t}{\sin t}=1.$

例 2.3.5 求$\lim\limits_{x\to 0}\dfrac{\tan x-\sin x}{x^3}$.

解
$$\lim_{x\to 0}\frac{\tan x-\sin x}{x^3}=\lim_{x\to 0}\frac{\frac{\sin x}{\cos x}-\sin x}{x^3}=\lim_{x\to 0}\frac{\sin x\cdot\frac{1-\cos x}{\cos x}}{x^3}$$
$$=\lim_{x\to 0}\frac{\sin x}{x}\cdot\lim_{x\to 0}\frac{1}{\cos x}\cdot\lim_{x\to 0}\frac{1-\cos x}{x^2}=\frac{1}{2}.$$

扫码获取
拓展资源

2. $\lim\limits_{x\to\infty}\left(1+\dfrac{1}{x}\right)^x=\mathrm{e}$

观察当 $x\to+\infty$时函数的变化趋势(见下表)：

x	1	2	10	1000	10000	100000	100000	…
$\left(1+\dfrac{1}{x}\right)^x$	2	2.25	2.594	2.717	2.7181	2.7182	2.71828	…

当 x 取正值并无限增大时，$(1+\frac{1}{x})^x$ 是逐渐增大的，但是不论 x 如何大，$(1+\frac{1}{x})^x$ 的值总不会超过 3.实际上如果继续增大 x.即当 $x\to+\infty$ 时，可以验证 $(1+\frac{1}{x})^x$ 是趋近于一个确定的无理数 $e=2.718281828\cdots$

当 $x\to-\infty$ 时，函数 $(1+\frac{1}{x})^x$ 有类似的变化趋势，只是它是逐渐减小而趋向于 e.

综上所述，得

$$\lim_{x\to\infty}(1+\frac{1}{x})^x=e.$$

如果令 $\frac{1}{x}=t$，则 $x\to\infty$ 时 $t\to0$，代入后得到一个与之等价的式子：

$$\lim_{t\to0}(1+t)^{\frac{1}{t}}=e.$$

亦即

$$\lim_{x\to0}(1+x)^{\frac{1}{x}}=e.$$

这也是一个应用比较广的极限，我们亦称为一个重要极限，它的特点是：

(1) $\lim(1+无穷小)^{无穷大}$；

(2)“无穷小”与“无穷大”的解析式互为倒数；

(3)若 $\lim\limits_{x\to a}\varphi(x)=\infty$($a$ 可以是有限数 x_0，$\pm\infty$ 或 ∞)，则

$$\lim_{x\to a}(1+\frac{1}{\varphi(x)})^{\varphi(x)}=\lim_{\varphi(x)\to\infty}\left[1+\frac{1}{\varphi(x)}\right]^{\varphi(x)}=e;$$

(4)若 $\lim\limits_{x\to a}\varphi(x)=0$($a$ 可以是有限数 x_0，$\pm\infty$ 或 ∞)，则

$$\lim_{x\to a}[1+\varphi(x)]^{\frac{1}{\varphi(x)}}=\lim_{\varphi(x)\to0}[1+\varphi(x)]^{\frac{1}{\varphi(x)}}=e.$$

如果在形式上分别对底和幂求极限，得到的是不确定的结果 1^∞，因此通常称为 1^∞ 不定型.

例 2.3.6 求 $\lim\limits_{x\to\infty}(1-\frac{2}{x})^x$.

解 令 $-\frac{2}{x}=t$，则 $x=-\frac{2}{t}$.

当 $x\to\infty$ 时 $t\to0$，

于是 $\lim\limits_{x\to\infty}(1-\frac{2}{x})^x=\lim\limits_{t\to0}(1+t)^{-\frac{2}{t}}=[\lim\limits_{t\to0}(1+t)^{\frac{1}{t}}]^{-2}=e^{-2}$.

例 2.3.7 求 $\lim\limits_{x\to\infty}(\frac{3-x}{2-x})^x$.

解 令 $\frac{3-x}{2-x}=1+u$，则 $x=\frac{1}{u}+3$.

当 $x\to\infty$ 时 $u\to0$，

于是$\lim\limits_{x\to\infty}\left(\dfrac{3-x}{2-x}\right)^{x}=\lim\limits_{u\to 0}(1+u)^{\frac{1}{u}+3}=\lim\limits_{u\to 0}\left[(1+u)^{\frac{1}{u}}\cdot(1+u)^{3}\right]$

$=\lim\limits_{u\to 0}(1+u)^{\frac{1}{u}}\cdot\lim\limits_{u\to 0}(1+u)^{3}=\mathrm{e}.$

例 2.3.8 求$\lim\limits_{x\to 0}(1+\tan x)^{\cot x}$.

解 设$t=\tan x$,则$\dfrac{1}{t}=\cot x$.

当$x\to 0$时$t\to 0$,

于是$\lim\limits_{x\to 0}(1+\tan x)^{\cot x}=\lim\limits_{t\to 0}(1+t)^{\frac{1}{t}}=\mathrm{e}.$

2.3.2 无穷小的比较

自变量同一变化过程的两个无穷小的代数和及乘积仍然是这个变化过程的无穷小.但是两个无穷小的商却会出现不同的结果.

如x,$3x$,x^2都是当$x\to 0$时的无穷小,而$\lim\limits_{x\to 0}\dfrac{x^2}{3x}=0$,$\lim\limits_{x\to 0}\dfrac{3x}{x^2}=\infty$,$\lim\limits_{x\to 0}\dfrac{3x}{x}=3$,产生这种不同结果的原因,是因为当$x\to 0$时三个无穷小趋于0的速度是有差别的.

定义 2.3.1 设α,β是当自变量$x\to a$(a可以是有限数x_0,可以是$\pm\infty$或∞)时的两个无穷小,且$\beta\neq 0$.

①如果$\lim\limits_{x\to a}\dfrac{\alpha}{\beta}=0$,则称当$x\to a$时$\alpha$是比$\beta$高阶的无穷小,或称$\beta$是比$\alpha$低阶的无穷小,记作$\alpha=o(\beta)$,$(x\to a)$;

②如果$\lim\limits_{x\to a}\dfrac{\alpha}{\beta}=A$,$(A\neq 0)$,则称当$x\to a$时$\alpha$与$\beta$是同阶无穷小;特别地,当$A=1$时,称当$x\to a$时$\alpha$与$\beta$是等价无穷小,记作$\alpha\sim\beta$,$(x\to a)$.

注 记号"$\alpha=o(\beta)$,$(x\to a)$"并不意味着α,β的数量之间有什么相等关系,它仅表示α,β是$x\to a$时的无穷小,且α是β的高阶无穷小.

例如,当$x\to 0$时,x^2是比x高阶的无穷小,记作$x^2=o(x)$,$(x\to 0)$;

因为$\lim\limits_{x\to 0}\dfrac{\sin x}{x}=1$,$\sin x$与$x$是$x\to 0$时的等价无穷小,所以$\sin x\sim x$,$(x\to 0)$;

因为$\lim\limits_{x\to 0}\dfrac{1-\cos x}{x}=0$,$\lim\limits_{x\to 0}\dfrac{\tan x}{x}=1$,$\lim\limits_{x\to 0}\dfrac{1-\cos x}{x^2}=\dfrac{1}{2}$,$\lim\limits_{x\to 0}\dfrac{\sqrt{1+x}-1}{\frac{1}{2}x}=1$,所以

$1-\cos x=o(x)$,$\tan x\sim x$,$\sqrt{1+x}-1\sim\dfrac{1}{2}x$,$(x\to 0)$.

而$1-\cos x$与x^2是$x\to 0$时的同阶无穷小.

下面我们列出一些当$x\to 0$时,常见的等价无穷小:

$$\sin x\sim x,\ \tan x\sim x,\ \arcsin x\sim x,\ \arctan x\sim x,\ 1-\cos x\sim\frac{1}{2}x^2,$$

$$\ln(1+x)\sim x,\ e^x-1\sim x,\ \sqrt[n]{1+x}-1\sim\frac{1}{n}x.$$

例 2.3.9　求$\lim\limits_{x\to 0}\dfrac{\sin 2x}{\tan 5x}$.

解　因为 $x\to 0$ 时，$\sin 2x\sim 2x$，$\tan 5x\sim 5x$，

所以$\lim\limits_{x\to 0}\dfrac{\sin 2x}{\tan 5x}=\lim\limits_{x\to 0}\dfrac{2x}{5x}=\dfrac{2}{5}$.

习题 2.3

1.求下列极限.

(1)$\lim\limits_{x\to 0}\dfrac{\sin 4x}{5x}$；

(2)$\lim\limits_{x\to 0}\dfrac{\sin\frac{x}{3}}{2x}$；

(3)$\lim\limits_{x\to 0}\dfrac{\tan x}{5x}$；

(4)$\lim\limits_{x\to 0}x\cot 3x$；

(5)$\lim\limits_{x\to\frac{\pi}{2}}\dfrac{\cos x}{\frac{\pi}{2}-x}$；

(6)$\lim\limits_{x\to 0}\dfrac{1-\cos 2x}{x\sin x}$；

(7)$\lim\limits_{x\to 4}\dfrac{\sin(x-4)}{x^2-16}$；

(8)$\lim\limits_{x\to 0}\dfrac{\sin 5x}{\sin 3x}$.

2.求下列极限.

(1)$\lim\limits_{x\to\infty}\left(1+\dfrac{3}{x}\right)^x$；

(2)$\lim\limits_{x\to\infty}\left(1-\dfrac{1}{5x}\right)^x$；

(3)$\lim\limits_{x\to 0}\left(1+\dfrac{x}{2}\right)^{\frac{1}{x}}$；

(4)$\lim\limits_{x\to 0}(1-3x)^{\frac{1}{x}}$；

(5)$\lim\limits_{x\to\infty}\left(1+\dfrac{1}{x}\right)^{x+2}$；

(6)$\lim\limits_{x\to\infty}\left(\dfrac{x+5}{x+1}\right)^x$.

3.利用等价无穷小，求下列极限.

(1)$\lim\limits_{x\to 0}\dfrac{\tan 7x}{\sin 2x}$；

(2)$\lim\limits_{x\to 0}\dfrac{\sin 6x}{\sin x}$；

(3)$\lim\limits_{x\to 0}\dfrac{1-\cos 2x}{x\sin x}$；

(4)$\lim\limits_{x\to 0}\dfrac{e^x-1}{\sin 5x}$；

(5)$\lim\limits_{x\to 0}\dfrac{\arctan 2x}{\ln(1+x)}$；

(6)$\lim\limits_{x\to 0}\dfrac{\sin x^4}{\tan x^3}$.

2.4 函数的连续性

2.4.1 函数在某一点的连续

如果函数 $y=f(x)$ 的自变量 x 由 x_0 变到 x，我们称差值 $x-x_0$ 为自变量 x 在 x_0 处的改变量(增量)，通常用符号 Δx 表示，即

$$\Delta x = x - x_0.$$

此时相应的函数值由 $f(x_0)$ 变到 $f(x)$，我们称差值 $f(x)-f(x_0)$ 为函数 $y=f(x)$ 在点 x_0 处的改变量或增量，记作 Δy，即

$$\Delta y = f(x) - f(x_0).$$

由于 $\Delta x = x - x_0$，所以 $x = x_0 + \Delta x$，因而，又有

$$\Delta y = f(x) - f(x_0) = f(x_0 + \Delta x) - f(x_0).$$

所谓“函数连续变化”，在直观上来看，它的图像是连续不断的，或者说“可以笔尖不离纸面一笔画成”；从数量上分析，当自变量的变化微小时，函数值的变化也是很微小的.

例如，函数(1) $y=x+1$，(2) $y=\begin{cases}x+1, x>1,\\ x-1, x\leqslant 1,\end{cases}$ (3) $y=\dfrac{x^2-1}{x-1}$，作出它们的图像(见图 2-10).

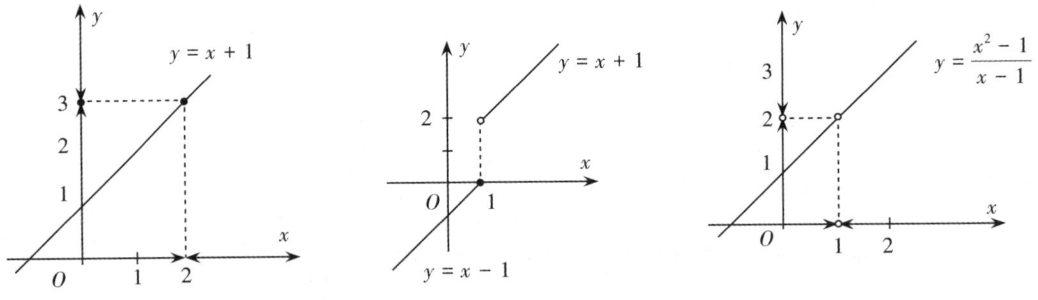

图 2-10

(1)函数 $y=x+1$ 在 $x=1$ 处有定义，图像在对应自变量 $x=1$ 点处是不间断的或者说是连续的.表现在数量上，函数在 $x=1$ 处的极限与函数值相等，即有 $\lim\limits_{x\to1} y=2$ 成立.

(2)函数 $y=\begin{cases}x+1, x>1,\\ x-1, x\leqslant 1,\end{cases}$ 在 $x=1$ 处有定义，图像在对应自变量 $x=1$ 点处是断开的或者说是不连续的.表现在数量上，y 在 $x=1$ 处的极限与函数值不等.进一步还可以看出：$\lim\limits_{x\to1^+} y$，$\lim\limits_{x\to1^-} y$ 存在却不相等，因此 $\lim\limits_{x\to1} y$ 不存在.

(3)函数 $y=\frac{x^2-1}{x-1}$ 在 $x=1$ 处无定义，图像在对应自变量 $x=1$ 点处是断开的或者说是不连续的.表现在数量上，y 在 $x=1$ 处的极限与函数值不等.进一步还可以看出：$\lim\limits_{x\to1}y=2$ 虽然存在，但 y 却无意义，所以两者都没有极限与函数值之间的相等关系.

定义 2.4.1 如果函数 $f(x)$在 x_0的某一邻域内有定义，且$\lim\limits_{x\to x_0}f(x)=f(x_0)$，就称函数 $f(x)$在 x_0处连续，称 x_0为函数 $f(x)$的连续点.

利用增量记号，$x\to x_0$等价于 $\Delta x=x-x_0\to0$，$\lim\limits_{x\to x_0}f(x)=f(x_0)$等价于 $\lim\limits_{x\to x_0}[f(x)-f(x_0)]=0$，上式又等价于

$$\lim_{\Delta x\to0}\Delta y=0.$$

例 2.4.1 研究函数 $f(x)=x^2+1$ 在 $x=2$ 处的连续性.

解 (1)函数 $f(x)=x^2+1$ 在 $x=2$ 的某一邻域内有定义；

(2)$\lim\limits_{x\to2}f(x)=\lim\limits_{x\to2}(2^2+1)=5$；

(3)$\lim\limits_{x\to2}f(x)=f(2)$.

因此，函数 $f(x)=x^2+1$ 在 $x=2$ 处连续.

注 从定义 2.4.1 可以看出，函数 $f(x)$在 x_0处连续必须同时满足以下三个条件：

(1)函数 $f(x)$在 x_0的某一邻域内有定义；

(2)极限$\lim\limits_{x\to x_0}f(x)$存在；

(3)极限值等于函数值，即$\lim\limits_{x\to x_0}f(x)=f(x_0)$.

定义 2.4.2 如果函数 $y=f(x)$在 x_0及其左邻域有定义，且 $\lim\limits_{x\to x_0^-}f(x)=f(x_0)$，则称函数 $y=f(x)$在 x_0处左连续.如果函数 $y=f(x)$在 x_0及其右邻域有定义，且 $\lim\limits_{x\to x_0^+}f(x)=f(x_0)$，则称函数 $y=f(x)$在 x_0处右连续.

一般地，有

$$y=f(x)\text{在 }x_0\text{处连续}\quad\Leftrightarrow\quad y=f(x)\text{ 在 }x_0\text{处既左连续又右连续.}$$

例 2.4.2 讨论函数 $f(x)=\begin{cases}1+\cos x, & x<\frac{\pi}{2},\\ \sin x, & x\geqslant\frac{\pi}{2},\end{cases}$ 在 $x=\frac{\pi}{2}$处的连续性.

解 (1)$f(\frac{\pi}{2})=1$；

(2)由于 $\lim\limits_{x\to\frac{\pi}{2}^-}f(x)=\lim\limits_{x\to\frac{\pi}{2}^-}(1+\cos x)=\lim\limits_{x\to\frac{\pi}{2}^-}(1+\cos\frac{\pi}{2})=1$，

$$\lim_{x\to\frac{\pi}{2}^+}f(x)=\lim_{x\to\frac{\pi}{2}^+}\sin x=\sin\frac{\pi}{2}=1.$$

有 $\lim\limits_{x\to\frac{\pi}{2}^-}f(x)=\lim\limits_{x\to\frac{\pi}{2}^+}f(x)$，

即 $\lim\limits_{x \to \frac{\pi}{2}} f(x) = 1.$

(3)且 $\lim\limits_{x \to \frac{\pi}{2}} f(x) = f(\frac{\pi}{2}),$

因此 $f(x)$在 $x = \frac{\pi}{2}$处连续.

2.4.2 连续函数及其运算

1. 连续函数

定义 2.4.3 如果函数 $y = f(x)$在开区间(a,b)内每一点都是连续的,则称函数 $y = f(x)$在开区间(a,b)内连续,或者说 $y = f(x)$是(a,b)内的连续函数.

如果函数 $y = f(x)$在闭区间$[a,b]$上有定义,在开区间(a,b)内连续,且在区间的两个端点 $x = a$ 与 $x = b$ 处分别是右连续和左连续,即

$$\lim_{x \to a^+} f(x) = f(a), \lim_{x \to b^-} f(x) = f(b).$$

则称函数 $y = f(x)$在闭区间$[a,b]$上连续,或者说 $f(x)$是闭区间$[a,b]$上的连续函数.

函数 $f(x)$在它定义域内的每一点都连续,则称 $f(x)$为连续函数.

2. 连续函数的运算

定理 2.4.1 如果函数 $f(x)$,$g(x)$在某一点 $x = x_0$处连续,则 $f(x) \pm g(x)$,$f(x) \cdot g(x)$,$\frac{f(x)}{g(x)}(g(x_0) \neq 0)$在点 $x = x_0$处都连续.

证明 因为 $f(x)$,$g(x)$在点 x_0处连续,所以

$$\lim_{x \to x_0} f(x) = f(x_0), \lim_{x \to x_0} g(x) = g(x_0).$$

由极限的运算法则,得到

$$\lim_{x \to x_0}[f(x) \pm g(x)] = \lim_{x \to x_0} f(x) \pm \lim_{x \to x_0} g(x) = f(x_0) \pm g(x_0).$$

因此,函数 $f(x) \pm g(x)$在点 x_0处连续.

同样可证明后两个结论.

注 和、差、积的情况可以推广到有限个函数的情形.

定理 2.4.2(复合函数的连续性) 设函数 $u = \varphi(x)$在点 x_0处连续,$y = f(u)$在 u_0处连续,$u_0 = \varphi(x_0)$,则复合函数 $y = f[\varphi(x)]$在点 x_0处连续,即 $\lim\limits_{x \to x_0} f[\varphi(x)] = f[\lim\limits_{x \to x_0} \varphi(x)] = f[\varphi(x_0)]$.

推论 设$\lim\limits_{x \to a} \varphi(x)$存在为 u_0,函数 $y = f(u)$在 u_0处连续,则$\lim\limits_{x \to a} f[\varphi(x)] = f[\lim\limits_{x \to a} \varphi(x)]$.

即极限符号“$\lim\limits_{x \to a}$”与连续的函数符号“f”可交换次序,即可以在函数内求极限.

3.初等函数的连续性

根据连续的定义，不难得出，基本初等函数在其定义区间内是连续的.同时，初等函数在其定义区间内是连续的.所以，在初等函数的定义域内求函数的极限，可以转换为求对应点处的函数值.

例 2.4.3 求$\lim\limits_{x\to 1}\sin(\pi x-\frac{\pi}{2})$.

解 $\lim\limits_{x\to 1}\sin(\pi x-\frac{\pi}{2})=\sin(\pi\cdot 1-\frac{\pi}{2})=\sin\frac{\pi}{2}=1$.

例 2.4.4 求$\lim\limits_{x\to a}\sqrt{1+\arctan^2\frac{x}{a}}$.

解 $\lim\limits_{x\to a}\sqrt{1+\arctan^2\frac{x}{a}}=\sqrt{1+\arctan^2\frac{a}{a}}=\sqrt{1+\arctan^2 1}=\sqrt{1+(\frac{\pi}{4})^2}=\frac{1}{4}\sqrt{16+\pi^2}$.

例 2.4.5 证明$\lim\limits_{x\to 0}\frac{\ln(1+x)}{x}=1$.

证明 $\lim\limits_{x\to 0}\frac{\ln(1+x)}{x}=\lim\limits_{x\to 0}\ln(1+x)^{\frac{1}{x}}=\ln[\lim\limits_{x\to 0}(1+x)^{\frac{1}{x}}]=1$.

2.4.3 函数的间断点

1. 间断点的概念

定义 2.4.4 如果函数 $y=f(x)$在点 x_0处不连续，则称 $f(x)$在 x_0处间断，并称 x_0为 $f(x)$的间断点.

$f(x)$在 x_0处间断有以下三种可能：

(1)函数 $f(x)$在 x_0处没有定义；

(2)$f(x)$在 x_0处有定义，但极限$\lim\limits_{x\to x_0}f(x)$不存在；

(3)$f(x)$在 x_0处有定义，极限$\lim\limits_{x\to x_0}f(x)$存在，但$\lim\limits_{x\to x_0}f(x)\neq f(x_0)$.

例如，(1)函数 $f(x)=\frac{1}{x}$在 $x=0$ 处无定义，所以 $x=0$ 是其的间断点；

(2)函数 $f(x)=\begin{cases}x^2, & x\geqslant 0,\\ x+1, & x<0,\end{cases}$ 在 $x=0$ 处有定义 $f(0)=0$，但 $\lim\limits_{x\to 0^+}f(x)=0$，$\lim\limits_{x\to 0^-}f(x)=1$，故$\lim\limits_{x\to 0}f(x)$不存在，所以 $x=0$ 是 $f(x)$的间断点；

(3)函数 $f(x)=\begin{cases}\frac{x^2-1}{x-1}, & x\neq 1,\\ 1, & x=1,\end{cases}$ 在 $x=1$ 处有定义 $f(1)=1$，$\lim\limits_{x\to 1}f(x)=2$ 极限存在但不等于 $f(1)$，所以 $x=1$ 是 $f(x)$的间断点.

2. 间断点的分类

设 x_0 是 $f(x)$ 的间断点，若 $f(x)$ 在 x_0 点的左、右极限都存在，则称 x_0 为 $f(x)$ 的**第一类间断点**；凡不是第一类的间断点都称为**第二类间断点**.

在第一类间断点中，如果左、右极限存在但不相等，这种间断点又称为**跳跃间断点**；如果左、右极限存在且相等（即极限存在），但函数在该点没有定义，或者虽然函数在该点有定义，但函数值不等于极限值，这种间断点又称为可去间断点.

函数 $y=\dfrac{1}{x}$ 在 $x=0$ 处间断.因为 $\lim\limits_{x\to0^+}\dfrac{1}{x}=+\infty$，$\lim\limits_{x\to0^-}\dfrac{1}{x}=-\infty$，所以 $x=0$ 是 $y=\dfrac{1}{x}$ 的第二类间断点.

例 2.4.6 讨论函数 $f(x)=\begin{cases}x-4, & -2\leqslant x<0,\\ -x+1, & 0\leqslant x\leqslant 2,\end{cases}$ 在 $x=1$ 与 $x=0$ 处的连续性.

解 (1)因为 $\lim\limits_{x\to1}f(x)=\lim\limits_{x\to1}(-x+1)$，而 $f(1)=0$，故 $\lim\limits_{x\to1}f(x)=f(1)$，因此 $x=1$ 是 $f(x)$ 的连续点.

(2)因为 $\lim\limits_{x\to0^+}f(x)=\lim\limits_{x\to0^+}(-x+1)=1$，$\lim\limits_{x\to0^-}f(x)=\lim\limits_{x\to0^-}(x-4)=-4$，则 $\lim\limits_{x\to0^+}f(x)\neq\lim\limits_{x\to0^-}f(x)$，所以有 $\lim\limits_{x\to0}f(x)$ 不存在.

因此 $x=0$ 是 $f(x)$ 的间断点，且是第一类的跳跃型间断点.如图 2-11.

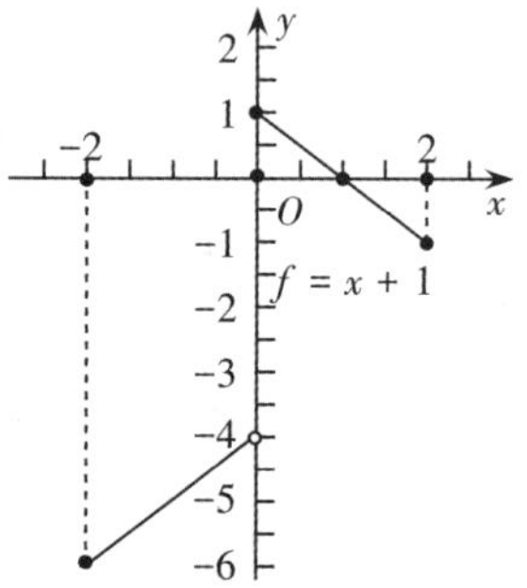

图 2-11

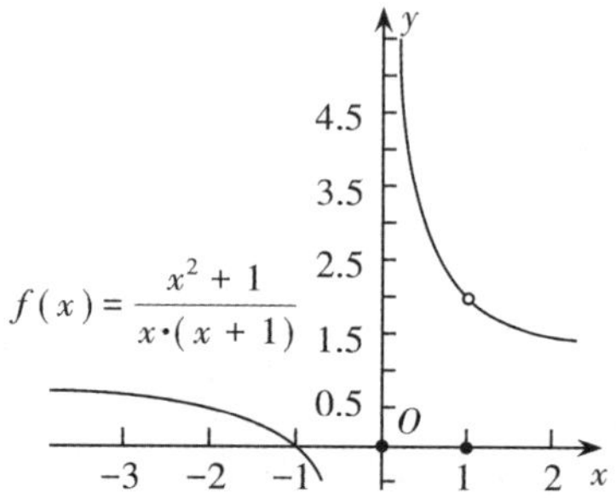

图 2-12

例 2.4.7 讨论函数 $f(x)=\dfrac{x^2-1}{x(x-1)}$ 的连续性，若有间断点，指出其类型.

解 在 $x=0$，$x=1$ 处间断.

在 $x=0$ 处，因为 $\lim\limits_{x\to0}f(x)=\lim\limits_{x\to0}\dfrac{x^2-1}{x(x-1)}=\infty$，所以 $x=0$ 是 $f(x)$ 的第二类间断点；

在 $x=1$ 处，因为 $\lim\limits_{x\to1}f(x)=\lim\limits_{x\to1}\dfrac{x^2-1}{x(x-1)}=\lim\limits_{x\to1}\dfrac{x+1}{x}=2$，所以 $x=1$ 是 $f(x)$ 的第一类可去间断点.如图 2-12.

2.4.4 闭区间上连续函数的性质

定理 2.4.3(最大值最小值定理) 闭区间上的连续函数必能取到最大值和最小值.

几何直观上看，因为闭区间上的连续函数的图像，是包括两端点的一条不间断的曲线，因此它必定有最高点 P 和最低点 Q，P 与 Q 的纵坐标正是函数的最大值和最小值，如图 2-13.

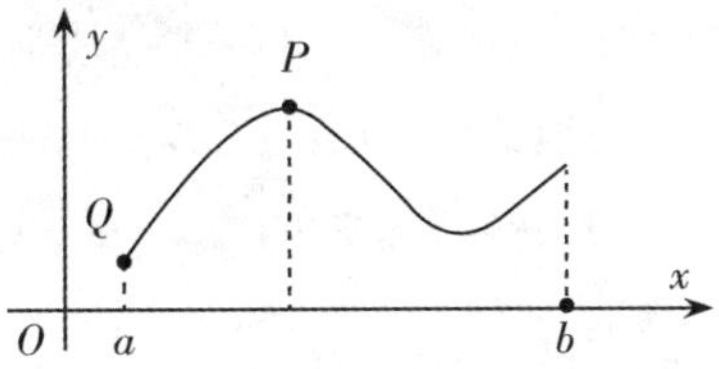

图 2-13

注　如果函数仅在开区间 (a,b) 或半闭半开的区间 $(a,b]$，$[a,b)$ 内连续，或函数在闭区间上有间断点，那么函数在该区间上就不一定有最大值或最小值.

例如，函数 $y=x$ 在开区间 (a,b) 内是连续的，这函数在开区间 (a,b) 内就既无最大值，又无最小值，如图 2-14.

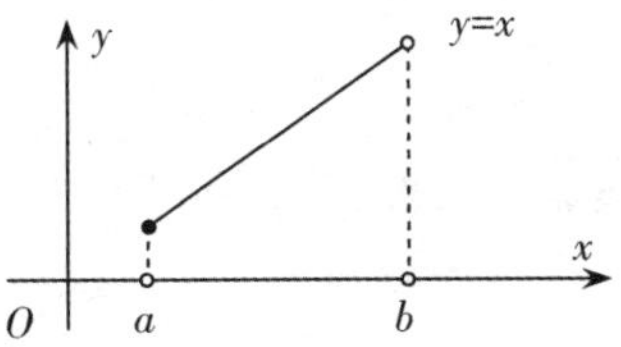

图 2-14

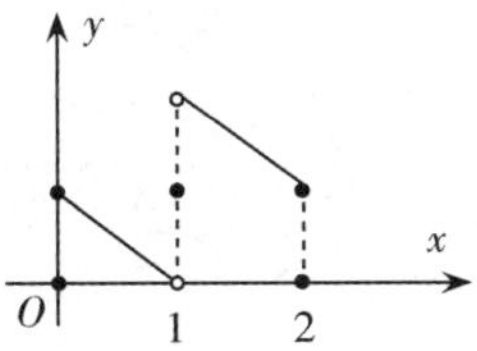

图 2-15

又如，函数

$$f(x)=\begin{cases}-x+1, & 0\leqslant x<1,\\ 1, & x=1,\\ -x+3, & 1<x\leqslant 2.\end{cases}$$

在闭区间 $[0,2]$ 上有间断点 $x=1$，它在闭区间 $[0,2]$ 上也是既无最大值，又无最小值，如图 2-15.

定理 2.4.4(介值定理)　若 $f(x)$ 在闭区间 $[a,b]$ 上连续，m 与 M 分别是 $f(x)$ 在闭区间 $[a,b]$ 上的最小值和最大值，u 是介于 m 与 M 之间的任一实数：$m\leqslant u\leqslant M$，则在 $[a,b]$ 上至少存在一点 ξ，使得 $f(\xi)=u$（如图 2-16）.

介值定理的几何意义：介于两条水平直线 $y=m$ 与 $y=M$ 之间的任一条直线 $y=u$，与 $y=f(x)$ 的图像曲线至少有一个交点.

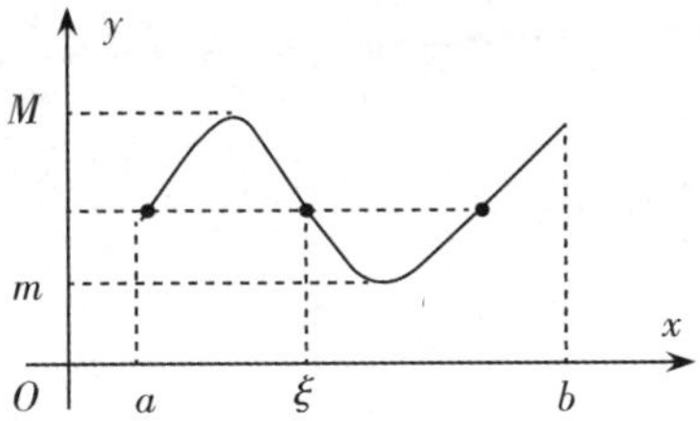

图 2-16

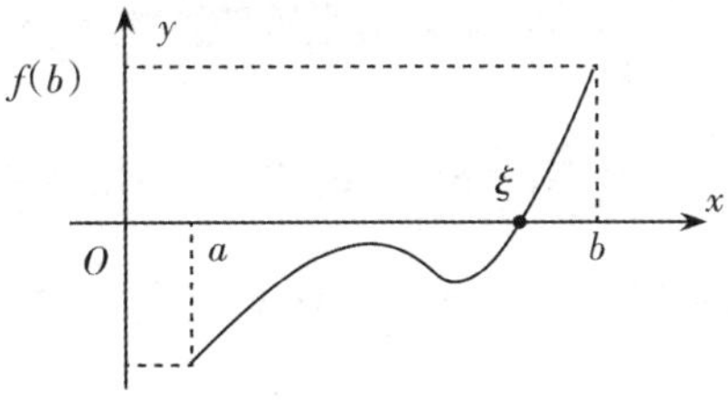

图 2-17

推论(方程实根的存在定理)　若 $f(x)$ 在闭区间 $[a,b]$ 上连续，且 $f(a)$ 与 $f(b)$ 异号，则在 (a,b) 内至少有一个根，即至少存在一点 ξ，使 $f(\xi)=0$（如图 2-17）.

推论的几何意义：一条连续曲线，若其上的点的纵坐标由负值变到正值或由正值变到负值时，则曲线至少要穿过 x 轴一次.

使 $f(x)=0$ 的点称为函数 $y=f(x)$ 的零点.如果 $x=\xi$ 是函数 $f(x)$ 的零点，即 $f(\xi)=0$，那么 $x=\xi$ 就是方程 $f(x)=0$ 的一个实根；反之方程 $f(x)=0$ 的一个实根 $x=\xi$ 就是函数 $f(x)$ 的一个零点.因此，求方程 $f(x)=0$ 的实根与求函数 $f(x)$ 的零点是一回事.正因为如此，这个推论通常称为方程根的存在定理.

例 2.4.8 证明方程 $x = \cos x$ 在 $(0,\frac{\pi}{2})$ 内至少有一个实根.

证明 方程可以化为 $x-\cos x=0$.

令 $f(x)=x-\cos x$，$0\leqslant x\leqslant\frac{\pi}{2}$，

则 $f(x)$ 在 $[0,\frac{\pi}{2}]$ 上连续，且 $f(0)=-1$，$f(\frac{\pi}{2})=\frac{\pi}{2}>0$.

由根的存在定理，在 $(0,\frac{\pi}{2})$ 内至少有一点 ξ，使 $f(\xi)=\xi-\cos\xi=0$，

即方程 $x=\cos x$ 在 $(0,\frac{\pi}{2})$ 内至少有一个实根.

若 $f(x)$ 在 x_0 处连续，则 $\lim\limits_{x\to x_0}f(x)$ 存在.若 $\lim\limits_{x\to x_0}f(x)=A$，则 $f(x)$ 在 x_0 处连续.

初等函数在其定义域内连续.设 $y=f(x)$ 在 $[a,b]$ 上连续，则 $y=f(x)$ 在 $[a,b]$ 上可取到最大值和最小值.

2.4.5 连续函数应用举例

本节介绍函数极限与连续在经济方面的应用——连续复利、抵押贷款与融资问题.

1. 连续复利问题

例 2.4.9 设储备存款的本金为 A_0，年利率为 r，则 t 年后的本利和(连续复利)是多少?

解 如果每年结算一次，则满 t 年时的本利和为 $A_0(1+r)^t$，如果一年均分 m 期计算利息，则每期的利率为 $\frac{r}{m}$，满 t 年时就有 mt 期，于是本利和为 $A_0(1+\frac{r}{m}^{mt})$，如果将计息期间无限缩短，期数 m 就无限增大($m\to\infty$)，也就是立即产生，立即结算，则满 t 年时的本利和为 $A=\lim\limits_{m\to\infty}A_0(1+\frac{y}{m})^{mt}=A_0\lim\limits_{m\to\infty}[(1+\frac{r}{m})^{\frac{m}{r}}]^{rt}=A_0e^{rt}$

即 $$A=A_0e^{rt}\text{(此为连续复利公式)}.$$

2. 抵押贷款问题

例 2.4.10 设二室一厅商品房价值 100000 元，王某自筹了 40000 元，要购房还需

贷款 60000 元，贷款月利率 1%，条件是每月还一些，25 年内还清，假如还不起，房子归债权人，问王某具有什么能力才能贷款购房呢？

解　起始贷款 60000 元，贷款利率 $r=0.01$，贷款 n(月) = 25(年)×12(月/年) = 300(月)，每月还 x 元，y_n表示第 n 个月仍欠债主的钱.

建立模型：

$y_0=60000$，

$y_1=y_0(1+r)-x$，

$y_2=y_1(1+r)-x=y_0(1+r)2-x[(1+r)+1]$，

$y_3=y_2(1+r)-x=y_0(1+r)3-x[(1+r)2+(1+r)+1]$

…………

$$\begin{aligned}y_n&=y_0(1+r)n-x[(1+r)n-1+(1+r)n-2+\cdots+(1+r)+1]\\&=y_0(1+r)^n-\frac{x[(1+r)^n-1]}{r}\end{aligned}$$

当贷款还清时，$y_n=0$，从而可得 $x=\dfrac{y_0r(1+r)^n}{(1+r)^n-1}$，把 $n=300$，$r=0.01$，$y_0=60000$ 代入上式，的 $x\approx 631.93$(元).

3. 融资问题

例 2.4.11　某企业获得投资 50 万元，该企业将投资作为抵押品向银行贷款，得到相当于抵押品价值 75% 的贷款，该企业将此贷款再进行投资，并将再投资作为抵押品又向银行贷款，仍得到相当于抵押品 75% 的贷款，企业又将此贷款再进行投资，这样贷款—投资—再贷款—再投资，如此反复进行扩大再生产，问该企业共计可获得投资多少元？

解　设企业获得投资本金为 A，贷款额占抵押品价值的百分比为 $r(0<r<1)$，第 n 次投资再获投资(贷款)额为 a_n，n 次投资与再投资的资金总和为 S_n，投资与再投资的资金总和为 S，于是得

$a_1=A$，

$a_2=Ar$，

$a_3=Ar^2$，

…………

$a_n=Ar^{n-1}$.

则

$$\begin{aligned}S_n&=a_1+a_2+a_3+\cdots+a_n\\&=A+Ar+Ar^2+\cdots+Ar^{n-1}=A\frac{(1-r^n)}{1-r},\end{aligned}$$

$$S=\lim_{n\to\infty}S_n=\lim_{n\to\infty}A\frac{(1-r^n)}{1-r}=\frac{A}{1-r}.$$

在本题中，$A=50$(万元)，$r=0.75$，代入上式得 $S=50/(1-0.75)=200$(万元).

习题 2.4

1.设函数 $f(x)=x^2-3x+2$，求下列条件下自变量的增量和对应的函数的增量：

(1)当 x 由 2 变到 2.01；　　(2)当 x 由 2 变到 1.98；

(3)当 x 由 2 变到 $2+\Delta x$；　　(4)当 x 由 x_0 变到 $x_0+\Delta x$.

2.设函数 $f(x)=\begin{cases}\dfrac{x^2-1}{x-1}, & x\neq 1,\\ 3, & x=1,\end{cases}$ 讨论函数在点 $x=1$ 的连续性.

3.判断下列函数在指定点处的连续性.

(1)$f(x)=\begin{cases}x+1, & x\geqslant 3,\\ 4-x, & x<3,\end{cases}$ 在 $x=3$ 处；

(2)$f(x)=\begin{cases}\dfrac{1-\cos x}{x^2}, & x\neq 0,\\ 1, & x=0,\end{cases}$ 在 $x=0$ 处；

(3)$f(x)=\begin{cases}4x-1, & x<1,\\ x^2+2x, & x\geqslant 1,\end{cases}$ 在 $x=1$ 处.

4.证明方程 $x^5-3x+1=0$ 在 1 与 2 之间至少有一个根.

5.国家向某企业投资 1000 万元，按连续复利年利率 6% 计算利息，规定 20 年后一次收回投资基金，到期企业应向国家缴回投资基金多少？

6.某厂 1980 年的产值为 1000 万元，到 2000 年末产值翻两番，利用连续复利公式求出每年的平均增长率.

本章知识小结

- 极限与连续
  - 极限的概念
    - 数列的极限
    - 函数的极限
    - 无穷小量和无穷大量
  - 极限的运算
    - 极限的性质
    - 极限的四则运算
    - 极限的求法
  - 两个重要极限及无穷小量
    - 两个重要极限
    - 无穷小的比较
  - 函数的连续性
    - 函数的某一点的连续
    - 连续函数及其运算
    - 函数的间断点
    - 闭区间上连续函数的性质
    - 连续函数应用举例

单元能力测验 A(基础篇)

1.写出下列各数列的通项公式,观察指出收敛数列的极限值.

(1)$1,\frac{1}{3},\frac{1}{5},\frac{1}{7},\cdots$

(2)$1,-\frac{1}{2},\frac{1}{3},-\frac{1}{4},\cdots$

(3)$\sqrt{2},\frac{\sqrt{5}}{2},\frac{\sqrt{10}}{3},\frac{\sqrt{17}}{4},\cdots$

(4)$1,0,1,0,\cdots$

2.通过作图或列表的方法,对于给定的自变量的变化趋势,考察下列各函数的极限是否存在?如果存在,写出其极限值.

(1) $\lim\limits_{x\to 0^+}\ln x$; (2) $\lim\limits_{x\to -\infty}10^x$; (3) $\lim\limits_{n\to\infty}\sin\frac{n\pi}{2}$.

3.填空题

(1)设 $f(x)=\ln x$,则 $f(x)$ 当 $x\to$ ________ 时是无穷大,当 $x\to$ ________ 时是无穷小.

(2)设 $f(x)=e^x$,则 $f(x)$ 当 $x\to$ ________ 时是无穷大,当 $x\to$ ________ 时是无穷小.

(3)设 $f(x)=\frac{1}{x+1}$,则 $f(x)$ 当 $x\to$ ________ 时是无穷大,当 $x\to$ ________ 时是无穷小.

4.计算下列极限:

(1)$\lim\limits_{x\to 2}(2x^2-3x+4)$; (2)$\lim\limits_{x\to\sqrt{3}}\frac{x^4-1}{x^2-2}$; (3)$\lim\limits_{x\to 1}\frac{x^2-3}{2x^2+1}$;

(4)$\lim\limits_{x\to 2}\frac{x^2-4}{x^2-5x+6}$; (5)$\lim\limits_{x\to 2}\frac{\sqrt{x+2}-2}{x-2}$; (6)$\lim\limits_{x\to\infty}\frac{2x^2+2x-3}{5x^2-3x+1}$.

5.比较下列无穷小阶的高低:

(1)$2x-x^2$ 与 $x^2-x^3(x\to 0)$; (2)$1-x$ 与 $1-x^3(x\to 1)$.

6.判断下列变量在所给变化过程中是否为无穷大量

(1)$\ln x,(x\to 0^+)$; (2)$\frac{x+1}{x-1},(x\to 1)$;

(3)$e^x,(x\to +\infty)$; (4)$\sin x,(x\to\infty)$.

7.计算下列极限:

(1)$\lim\limits_{x\to 0}\frac{\sin 5x}{3x}$; (2)$\lim\limits_{x\to 0}\frac{\sin 2x}{\sin x}$;

(3)$\lim\limits_{x\to 2}\dfrac{\sin(x-2)}{x^2-4}$；　　(4)$\lim\limits_{x\to 0}\dfrac{1-\cos 2x}{x\sin x}$.

8.计算下列极限：

(1)$\lim\limits_{x\to\infty}\left(1+\dfrac{1}{3x}\right)^{x}$；　　(2)$\lim\limits_{x\to\infty}\left(1+\dfrac{1}{x}\right)^{x+1}$；

(3)$\lim\limits_{x\to 0}(1+\tan x)^{2\cot x}$；　　(4)$\lim\limits_{x\to 0}(1-2x)^{\frac{1}{x}}$.

单元能力测验 B(提高篇)

1.设函数 $f(x)=\begin{cases} x\sin\dfrac{1}{x}+b, x>0, \\ a, x=0, \\ 5+x^2, x<0 \end{cases}$，当 a,b 为何值时，$f(x)$在 $x=0$ 处有极限存在？

2.求下列各极限.

(1) $\lim\limits_{x\to -\infty}x(\sqrt{x^2+1}+x)$；　　(2)$\lim\limits_{x\to\infty}\left(\dfrac{x^3-2x+5}{3x^5+2x+3}\right)(2+\cos x-3\sin x)$；

(3)$\lim\limits_{x\to 0}\dfrac{\tan x-\sin x}{\sin^3 x}$；　　(4)$\lim\limits_{x\to 0}\dfrac{\sqrt{1+x^2}-1}{\sin x}$；

(5)$\lim\limits_{x\to 0}(1+3x)^{\frac{2}{\sin x}}$；　　(6)$\lim\limits_{x\to\infty}\left(\dfrac{2x-3}{2x+1}\right)^{x+1}$.

3.证明方程 $x\cdot 2^x-1=0$ 至少有一个小于 1 的正根.

数学实验二　MATLAB 求极限

MATLAB 符号工具箱中提供命令函数 limit 求函数的极限，在使用这个命令时，必须先用 syms 定义函数中出现的变量 x，求函数 $f(x)$当 $x\to a$ 时，函数的极限，它的一般格式是：

limit(f(x),x,a)求极限

limit(f(x),x,a,'left')求左极限

limit(f(x),x,a,'right')求右极限

注：x 趋向于无穷大时，a 为 inf 或 + inf 或 - inf

例 1　求函数的极限 $\lim\limits_{x\to 1}(x^4-3x^2+2x+5)$.

解　输入

```
syms x
limit(x^4-3*x^2+2*x+5,x,1)
```

得

```
ans =5
```

所以　$\lim\limits_{x\to 1}(x^4-3x^2+2x+5)=5$

例 2　求下列函数的极限.

(1) $\lim\limits_{x\to 0}\dfrac{\sin 3x}{x}$；　(2) $\lim\limits_{x\to 0}\dfrac{\tan x-\sin x}{x^3}$；

(3) $\lim\limits_{x\to\infty}\left(1-\dfrac{2}{x}\right)^x$；　(4) $\lim\limits_{x\to\infty}\dfrac{2x^2-x+5}{3x^3-2x-1}$.

解　(1)输入

```
syms x
limit(sin(3*x)/x,x,0)
```

结果为

```
ans =3
```

所以　$\lim\limits_{x\to 0}\dfrac{\sin 3x}{x}=3.$

(2)输入

```
syms x
limit((tan(x)-sin(x))/(x^3),x,0)
```

结果为

```
ans =1/2
```

所以　$\lim\limits_{x\to 0}\dfrac{\tan x-\sin x}{x^3}=\dfrac{1}{2}.$

(3)输入

```
syms x
limit((1-(2/x))^x,x,inf)
```

结果为

所以

```
ans =exp(-2)
```

$\lim\limits_{x\to\infty}\left(1-\dfrac{2}{x}\right)^x=\dfrac{1}{e^2}.$

(4)输入

```
syms x
limit((2*x^2-x+5)/(3*x^3-2*x-1),x,inf)
```

结果为

```
ans =0
```

所以　$\lim\limits_{x\to\infty}\dfrac{2x^2-x+5}{3x^3-2x-1}=0.$

例 3　求 $\lim\limits_{x\to\infty}(x^2-3x+2)$.

解　输入

```
syms x
limit(x^2-3*x+2,x,inf)
```

结果为

```
ans = inf
```

输入

```
limit(1/(x^2 - 3 * x + 2),x,inf)
```

结果为

```
ans  = 0.
```

所以 $\lim\limits_{x\to\infty}(x^2-3x+2)=\infty$ $\lim\limits_{x\to\infty}\dfrac{1}{x^2-3x+2}=0$.

例 4 求 $\lim\limits_{x\to\infty}\dfrac{2x^3-x^2+5}{x^2+7}$.

解 输入

```
syms x
limit((2 * x^3 - x^2 + 5)/(x^2 + 7),x,inf)
```

结果为

```
ans = inf
```

输入

```
limit((x^2 + 7)/(2 * x^3 - x^2 + 5),x,inf)
```

结果为

```
ans = 0.
```

所以

$$\lim_{x\to\infty}\frac{2x^3-x^2+5}{x^2+7}=\infty \qquad \lim_{x\to\infty}\frac{x^2+7}{2x^3-x^2+5}=0.$$

扫码获取
拓展资源

第三章 导数与微分

本章我们将在函数和极限的基础上学习微分学的两个基本概念：导数和微分。我们在解决实际问题时，除了需要确定变量之间的函数关系外，有时还需要研究函数对于自变量变化的快慢程度，即函数的变化率以及当自变量发生微小变化时函数的近似改变量，这两个问题就是我们本章所要讨论的主要内容——导数和微分。

3.1 导数的概念

扫码获取
拓展资源

引例 1 平面曲线的切线斜率

设函数 $y=f(x)$ 的图像如图 3-1 所示，点 $M(x_0, f(x_0))$ 为曲线上的一定点，求切线 MT 的斜率.

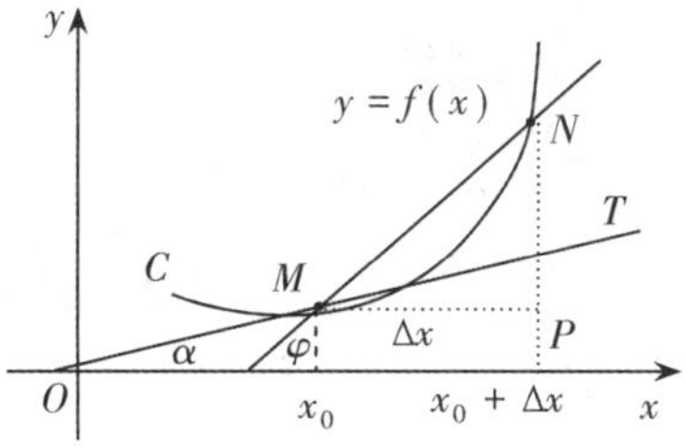

图 3-1

在中学，我们研究过圆的切线问题，将圆的切线定义为"与圆只有一个交点的直线".但是对于一般的曲线，这个定义就不一定适用了，例如，抛物线 $y=x^2$ 与两条坐标轴都只有一个交点（原点），但实际上只有 x 轴所在的直线是 $y=x^2$ 在原点的切线.为此，需先明确曲线的切线的含义.

在图 3-1 中，设 N 是曲线 C 上与点 M 邻近的一点，连结点 M 和 N 的直线 MN 称为曲线 C 的割线，如果当点 N 沿着曲线 C 趋近于点 M 时，割线 MN 绕着点 M 转动而趋近于极限位置 MT，则称直线 MT 为曲线 C 在点 M 处的切线.

这里极限位置的含义是：只要弦长 $|MN|$ 趋近于零，$\angle NMT$ 也趋近于零.

斜率表示直线上点的纵坐标相对于横坐标变化的快慢程度，切线 MT 的斜率不易直接求得，先求割线 MN 的斜率.在图 3-1 中，设点 M，N 的坐标分别为 (x_0, y_0)，

$(x_0+\Delta x, y_0+\Delta y)$，割线 MN 的倾角为 φ，切线 MT 的倾角为 α，则割线 MN 的斜率为

$$\tan\varphi=\frac{\Delta y}{\Delta x}=\frac{f(x_0+\Delta x)-f(x_0)}{\Delta x}.$$

显然，Δx 越小，即点 N 沿曲线 C 越趋近于点 M，割线 MN 的斜率越趋近于切线 MT 的斜率.当点 N 沿曲线 C 无限趋近于点 M，即 $\Delta x\to 0$ 时，若割线 MN 的斜率的极限存在，则此极限值就是曲线 C 在点 M 处切线的斜率，即

$$\tan\alpha=\lim_{\Delta x\to 0}\tan\varphi=\lim_{\Delta x\to 0}\frac{\Delta y}{\Delta x}=\lim_{\Delta x\to 0}\frac{f(x_0+\Delta x)-f(x_0)}{\Delta x}.$$

引例 2　变速直线运动的瞬时速度

设物体做变速直线运动，运动方程即路程与时间的函数关系为 $s=s(t)$，求物体在 t_0 时刻的瞬时速度 $v(t_0)$.

速度表示路程相对于时间变化的快慢程度.在中学我们知道，若物体做匀速运动，则物体在任一时刻的运动速度为常量，且有

$$v=\frac{\text{经过的路程}}{\text{所花的时间}},$$

当物体做变速运动时，就不能按上式计算物体在某一时刻的运动速度了.

先考虑从时刻 t_0 到 $t_0+\Delta t$ 这段时间内，物体的运动速度问题.在时间间隔 $[t_0,t_0+\Delta t]$ 内物体走过的路程为 $\Delta s=s(t_0+\Delta t)-s(t_0)$，比值

$$\bar{v}=\frac{\Delta s}{\Delta t}=\frac{s(t_0+\Delta t)-s(t_0)}{\Delta t}.$$

称为物体在 $[t_0,t_0+\Delta t]$ 内的平均速度.

显然，Δt 越小，$\bar{v}$ 就越趋近于 $v(t_0)$.当 $\Delta t\to 0$ 时，若平均速度 $\bar{v}$ 的极限存在，则此极限值就是物体在 t_0 时刻的瞬时速度 $v(t_0)$，即

$$v(t_0)=\lim_{\Delta t\to 0}\bar{v}=\lim_{\Delta t\to 0}\frac{\Delta s}{\Delta t}=\lim_{\Delta t\to 0}\frac{s(t_0+\Delta t)-s(t_0)}{\Delta t}.$$

上面两个变化率问题的实际意义尽管不同，但其解法是相同的，都是先求某一区间内的平均变化率（割线的斜率、平均速度），从而得到某点变化率的近似值，再通过取极限由近似变化率过渡到精确变化率（切线的斜率、瞬时速度）；计算式子也是相同的，都是要计算同一类型的极限：函数增量与自变量增量之比当自变量增量趋于零时的极限，即

$$\lim_{\Delta x\to 0}\frac{\Delta y}{\Delta x}=\lim_{\Delta x\to 0}\frac{f(x_0+\Delta x)-f(x_0)}{\Delta x}.$$

在自然科学和工程技术领域内，还有许多问题都可以归结为求这种极限，如加速度、电流强度、角速度等.我们撇开这种极限的具体意义，抓住其数学上的共性加以研究，就得出了导数的概念.

3.1.1 导数的定义

定义 3.1.1　设函数 $y=f(x)$ 在点 x_0 的某个邻域内有定义，当自变量 x 在点 x_0 有增量 Δx 时（点 $x_0+\Delta x$ 仍在该邻域内，且 $\Delta x\neq 0$），函数有相应的改变量 $\Delta y=f(x_0+\Delta x)-f(x_0)$. 如果当 $\Delta x\to 0$ 时，两个增量之比的极限

$$\lim_{\Delta x\to 0}\frac{\Delta y}{\Delta x}=\lim_{\Delta x\to 0}\frac{f(x_0+\Delta x)-f(x_0)}{\Delta x}$$

存在，则称这个极限值为函数 $y=f(x)$ 在点 x_0 处的导数.

记作：

$$f'(x_0),\ y'|_{x=x0},\ \left.\frac{\mathrm{d}y}{\mathrm{d}x}\right|_{x=x0}\text{或者}\left.\frac{\mathrm{d}f}{\mathrm{d}x}\right|_{x=x0},$$

即

$$f'(x_0)=\lim_{\Delta x\to 0}\frac{\Delta y}{\Delta x}=\lim_{\Delta x\to 0}\frac{f(x_0+\Delta x)-f(x_0)}{\Delta x}.$$

若上式的极限存在，则称函数 $y=f(x)$ 在 x_0 处可导，否则称函数 $y=f(x)$ 在点 x_0 处不可导.

定义 3.1.2　如果函数 $y=f(x)$ 在区间 (a,b) 内的每一点都可导，则称函数 $y=f(x)$ 在区间 (a,b) 内可导. 这时，对任意 $x\in(a,b)$，都有一个确定的导数值 $f'(x)$ 与它对应. 因此 $f'(x)$ 是 x 的函数，称为函数 $y=f(x)$ 的导函数，记作

$$f'(x),\ y',\ \frac{\mathrm{d}y}{\mathrm{d}x}\text{或者}\frac{\mathrm{d}f}{\mathrm{d}x},$$

即

$$f'(x)=\lim_{\Delta x\to 0}\frac{\Delta y}{\Delta x}=\lim_{\Delta x\to 0}\frac{f(x+\Delta x)-f(x)}{\Delta x}.$$

函数 $y=f(x)$ 在点 x_0 的导数，就是导函数 $f'(x)$ 在点 $x=x_0$ 的函数值，即

$$f'(x_0)=f'(x)\big|_{x=x_0}.$$

在不致引起混淆的情况下，函数 $y=f(x)$ 的导函数，可以简称为函数 $y=f(x)$ 的导数.

例 3.1.1　求函数 $f(x)=x^2$ 的导数 y'，并求 $y'|_{x=2}$.

解　先求函数的导数. 对任意点 x，当自变量的改变量为 Δx，则相应的 y 的改变量

$$y'=\lim_{\Delta x\to 0}\frac{\Delta y}{\Delta x}=\lim_{\Delta x\to 0}\frac{2x\Delta x+(\Delta x)^2}{\Delta x}=\lim_{\Delta x\to 0}(2x+\Delta x)=2x.$$

由导函数再求定点的导数值：$y'|_{x=2}=2x|_{x=2}=4$.

用定义求简单函数 $y=f(x)$ 的导数，一般可以分为以下三步骤：

(1) 给自变量 x 以增量 Δx，求出相应的函数的增量

$$\Delta y=f(x+\Delta x)-f(x);$$

(2)求两个增量的比值

$$\frac{\Delta y}{\Delta x}=\frac{f(x+\Delta x)-f(x)}{\Delta x};$$

(3)当 $\Delta x\to 0$ 时,求两个增量之比的极限

$$f'(x)=\lim_{\Delta x\to 0}\frac{\Delta y}{\Delta x}=\lim_{\Delta x\to 0}\frac{f(x+\Delta x)-f(x)}{\Delta x}.$$

3.1.2 导数的几何意义

由本节引例 1 及导数的定义可知,函数 $f(x)$ 在点 x_0 处的导数 $f'(x_0)$ 在几何上表示曲线 $y=f(x)$ 在点 $(x_0,f(x_0))$ 处的切线斜率.因此曲线 $y=f(x)$ 在点 $(x_0,f(x_0))$ 处的切线方程为

$$y-f(x_0)=f'(x_0)(x-x_0).$$

过点 $(x_0,f(x_0))$ 且与切线垂直的直线称为曲线 $y=f(x)$ 在点 $(x_0,f(x_0))$ 处的法线.如果 $f'(x_0)\neq 0$,则法线的斜率为 $-\frac{1}{f'(x_0)}$,从而法线方程为

$$y-f(x_0)=-\frac{1}{f'(x_0)}(x-x_0).$$

例 3.1.2 求曲线 $y=\ln x$ 在点(e,1)处的切线方程和法线方程.

解 由导数公式得:$f'(x)=\frac{1}{x}$,$f'(\mathrm{e})=\frac{1}{\mathrm{e}}$,

所以曲线在点 x_0 处的切线方程为 $y-1=\frac{1}{\mathrm{e}}\times(x-\mathrm{e})$,

即

$$y=\frac{1}{\mathrm{e}}x.$$

法线方程为 $y-1=-\mathrm{e}(x-\mathrm{e})$,

即

$$y=-\mathrm{e}x+\mathrm{e}^2+1\ .$$

3.1.3 可导与连续的关系

连续和可导都是用极限来定义的概念,所有的初等函数在其定义区间内都是连续的,那么函数的连续性与可导性之间会有怎样的联系呢?可以证明,如果函数 $f(x)$ 在点 x_0 处可导,那么 $f(x)$ 在点 x_0 处一定连续;反之,若函数 $f(x)$ 在点 x_0 处连续,则 $f(x)$ 在点 x_0 处不一定可导.

证明 因为 $y=f(x)$ 在点 x_0 处可导,

所以 $\lim\limits_{\Delta x\to 0}\Delta y=\lim\limits_{\Delta x\to 0}\left(\frac{\Delta y}{\Delta x}\cdot\Delta x\right)=\lim\limits_{\Delta x\to 0}\frac{\Delta y}{\Delta x}\cdot\lim\limits_{\Delta x\to 0}\Delta x=0$,

从而函数 $y=f(x)$在点 x_0 处连续.

例 3.1.3　证明函数 $y=|x|=\begin{cases} x, & x\geqslant 0, \\ -x, & x<0, \end{cases}$ 在 $x=0$ 处连续但不可导.

证明　如图 3-2,显然函数 $y=|x|$在 $x=0$ 处连续,

但 $\Delta y=|0+\Delta x|-|0|=|\Delta x|$,

$$\lim_{\Delta x\to 0^+}\frac{\Delta y}{\Delta x}=\lim_{\Delta x\to 0^+}\frac{|\Delta x|}{\Delta x}=\lim_{\Delta x\to 0^+}\frac{\Delta x}{\Delta x}=1,$$

$$\lim_{\Delta x\to 0^-}\frac{\Delta y}{\Delta x}=\lim_{\Delta x\to 0^-}\frac{|\Delta x|}{\Delta x}=\lim_{\Delta x\to 0^-}\frac{-\Delta x}{\Delta x}=-1,$$

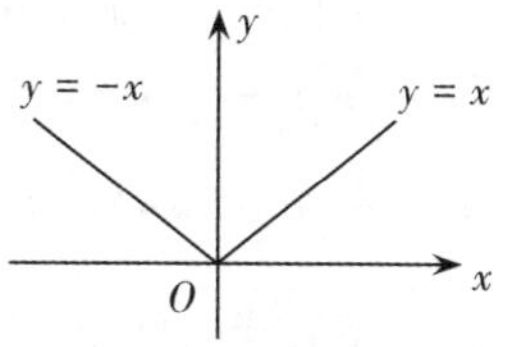

图 3-2

即当 $\Delta x\to 0$ 时,函数的左右极限存在但不相等,所以极限 $\lim\limits_{\Delta x\to 0}\frac{\Delta y}{\Delta x}$不存在,也就是说,函数 $y=|x|$在 $x=0$ 处不可导.

习题 3.1

1.设 $f(x)=3x^2+1$,用导数的定义求 $f'(1)$.

2.利用求导公式:$(x^\alpha)'=\alpha x^{\alpha-1}$,求下列函数的导数:

(1)$y=x^5$;　(2)$y=\sqrt[3]{x^2}$　;　(3)$y=\frac{1}{\sqrt{x}}$;　(4)$y=\frac{1}{x^2}$.

3.求下列函数在指定点的导数:

(1)$y=\log_2 x, x=2$　;　　(2)$y=\cos x, x=\frac{\pi}{2}$.

4.求曲线 $y=\sin x$ 在 $x=\pi$ 处的切线方程和法线方程.

5.求曲线 $y=x^3$ 在点(2,8)处的切线方程和法线方程.

6.曲线 $y=x^2$ 上哪一点的切线与直线 $y=6x+1$ 平行?

3.2　导数的运算

前面我们介绍了导数的定义,利用导数的定义可以求出基本初等函数的导数,但是对于比较复杂的函数,用定义求它们的导数往往是比较困难的,为此,我们将介绍函数的求导法则和求导公式,借助这些求导法则和求导公式,就能比较方便地求出初等函数的导数.

3.2.1 导数的四则运算

设 $u(x)$和 $v(x)$都是 x 的可导函数,用导数的定义可以证明导数的四则运算法则(证明从略):

(1)$[u(x)\pm v(x)]'=u'(x)\pm v'(x)$；

(2)$[u(x)\cdot v(x)]'=u'(x)v(x)+u(x)v'(x)$；

(3)$[\frac{u(x)}{v(x)}]'=\frac{u'(x)v(x)-u(x)v'(x)}{v^2(x)}$.

由以上法则可以得出如下推论：

推论 1 当 $v(x)=c$(常数)，则$[c\cdot u(x)]'=c\cdot u'(x)$.

推论 2 $[u(x)v(x)w(x)]'=u'(x)v(x)w(x)+u(x)v'(x)w(x)+u(x)v(x)w'(x)$.

推论 3 $(\frac{1}{u(x)})'=-\frac{u'(x)}{[u(x)]^2}$.

例 3.2.1 设 $y=2^x+\sin x-\cos x$，求 y'.

解 $y'=(2^x)'+(\sin x)'-(\cos x)'$

$=2^x\ln x+\cos x+\sin x$.

例 3.2.2 设 $y=x^3\ln x$，求 y'.

解 $y'=(x^3\ln x)'=(x^3)'\ln x+x^3(\ln x)'$

$=3x^2\ln x+x^3\cdot\frac{1}{x}=3x^2\ln x+x^2$

$=x^2(3\ln x+1)$.

例 3.2.3 设 $y=\tan x$，求 y'.

解 $y'=(\tan x)'=(\frac{\sin x}{\cos x})'=\frac{(\sin x)'\cos x-(\cos x)'\sin x}{(\cos x)^2}$

$=\frac{\sin^2x+\cos^2x}{\cos^2x}=\frac{1}{\cos^2x}=\sec^2x$.

这样，用导数的定义进行推导，我们可以得到一组基本求导公式，它在初等函数的求导运算中起着重要作用，为了方便查阅，把基本初等函数的求导公式列出如下：

(1)$(C)'=0$(C 为常数)；

(2)$(x^\alpha)'=\alpha x^{\alpha-1}$($\alpha$ 为任意常数)；

(3)$(a^x)'=a^x\ln a(a>0,a\neq1)$；

(4)$(e^x)'=e^x$；

(5)$(\log_a x)'=\frac{1}{x\ln a}(a>0,a\neq1)$；

(6)$(\ln x)'=\frac{1}{x}$；

(7)$(\sin x)'=\cos x$；

(8)$(\cos x)'=-\sin x$；

(9)$(\tan x)'=\sec^2x$；

(10)$(\cot x)'=-\csc^2x$；

(11)$(\sec x)'=\sec x\tan x$；

(12)$(\csc x)'=-\csc x\cot x$；

(13)$(\arcsin x)'=\frac{1}{\sqrt{1-x^2}}$；

(14)$(\arccos x)'=-\frac{1}{\sqrt{1-x^2}}$；

(15)$(\arctan x)'=\frac{1}{1+x^2}$；

(16)$(\text{arccot}\, x)'=-\frac{1}{1+x^2}$.

另外，$(\sqrt{x})'=\frac{1}{2\sqrt{x}}$，$\left(\frac{1}{x}\right)'=-\frac{1}{x^2}$这两个式子经常用到，可当公式用.

3.2.2 复合函数的求导法则

扫码获取拓展资源

对于复合函数的求导，先来看一个这样的问题，设 $y=(3x-2)^2$，如何求 y'.

$$y'=[(3x-2)^2]'=(9x^2-12x+4)'=18x-12$$

事实上，对于由函数 $y=f(u)$ 和 $u=\varphi(x)$ 复合而成的复合函数 $y=f[\varphi(x)]$，我们有：

$$\frac{\mathrm{d}y}{\mathrm{d}x}=\lim_{\Delta x\to 0}\frac{\Delta y}{\Delta x}=\lim_{\Delta x\to 0}\left(\frac{\Delta y}{\Delta u}\cdot\frac{\Delta u}{\Delta x}\right)=\lim_{\Delta u\to 0}\frac{\Delta y}{\Delta u}\cdot\lim_{\Delta x\to 0}\frac{\Delta u}{\Delta x}=\frac{\mathrm{d}y}{\mathrm{d}u}\cdot\frac{\mathrm{d}u}{\mathrm{d}x}.$$

回到函数 $y=(3x-2)^2$，可以将其看成是由函数 $y=u^2$，$u=3x-2$ 复合而成.

$$y'_u=2u,u'_x=3,y'_u\cdot u'_x=2u\cdot 3=2(3x-2)\cdot 3=18x-12.$$

一般地，复合函数的导数，等于已知函数对中间变量的导数乘以中间变量对自变量的导数.即：

$$y'_x=y'_u\cdot u'_x.$$

推论　设 $y=f(u)$，$u=g(v)$，$v=h(x)$ 都可导，则复合函数 $f\{g[h(x)]\}$ 也可导，且

$$\frac{\mathrm{d}y}{\mathrm{d}x}=\frac{\mathrm{d}y}{\mathrm{d}u}\cdot\frac{\mathrm{d}u}{\mathrm{d}v}\cdot\frac{\mathrm{d}v}{\mathrm{d}x}.$$

例 3.2.4　求下列函数的导数 y'：

(1) $y=\sin(2x)$；　　(2) $y=\ln\tan x$.

解　(1) $y=\sin 2x$ 是由 $y=\sin u$，$u=2x$ 复合而成，所以

$$y'=(\sin u)'(2x)'=2\cos u=2\cos 2x.$$

(2) $y=\ln\tan x$ 是由 $y=\ln u$，$u=\tan x$ 复合而成的，所以

$$y'=(\ln u)'(\tan x)'=\frac{1}{u}\sec^2 x=\frac{1}{\tan x}\sec^2 x=\frac{1}{\sin x\cos x}.$$

从上面两个例子可以看出，求复合函数的导数时，首先要分析所给函数是由哪些函数复合形成的，然后求出函数对中间变量的导数以及中间变量对自变量的导数，最后应用复合函数的求导法则就可以求出所给函数的导数.

对复合函数的分解比较熟练后，可以不写出中间变量，按照由外及里的顺序，逐层求导.这种求导的方法，又叫作**链式求导法**.

例 3.2.5　已知函数 $y=\cos^2(x^3-1)$，求 y'.

解　$y'=2\cos(x^3-1)[\cos(x^3-1)]'$

$=2\cos(x^3-1)[-\sin(x^3-1)](x^3-1)'$

$=-2\cos(x^3-1)\sin(x^3-1)\cdot 3x^2$

$=-3x^2\sin(2x^3-2)$.

用 MATLAB 中的 diff 命令，也可以求复合函数的导数.

例 3.2.6　已知 $y=ln(\sin^2 x+1)$，求 y'.

解　输入

```
syms x
y = log(sin(x)^2 + 1)
diff(y)
ans  =  2 * sin(x) * cos(x)/(sin(x)^2 + 1).
```

所以 $y' = [\ln(\sin^2 x + 1)]' = \dfrac{2\sin x \cos x}{\sin^2 x + 1} = \dfrac{\sin 2x}{1 + \sin^2 x}$.

3.2.3 高阶导数

设函数 $y = f(x)$ 在某区间上可导，即有 $f'(x)$ 存在，如果 $f'(x)$ 也可导，则称 $f'(x)$ 的导数为函数 $f(x)$ 的二阶导数.记作

$$y'' \text{或} f''(x), \frac{\mathrm{d}^2 y}{\mathrm{d}x^2}, \frac{\mathrm{d}^2 f(x)}{\mathrm{d}x^2}.$$

简洁地说，二阶导数，就是导数的导数.

类似地，二阶导数 $y''(x)$ 的导数称为函数 $y = f(x)$ 的三阶导数，记作

$$y''', f'''(x) \text{或} \frac{\mathrm{d}^3 y}{\mathrm{d}x^3}.$$

一般地，函数 $y = f(x)$ 的 $n-1$ 阶导数 $f^{(n-1)}(x)$ 的导数称为 $y = f(x)$ 的 n 阶导数，记作

$$f^{(n)}(x), y^{(n)}(x) \text{或} \frac{\mathrm{d}^n y}{\mathrm{d}x^n}.$$

二阶及二阶以上的导数统称为高阶导数.由此可见，求高阶导数就是多次连续地求导数.

例 3.2.7 设 $y = x^3$，求 y''，$y^{(4)}$.

解 $y' = 3x^2$,

$y'' = 3 \cdot 2x$,

$y''' = 3!$,

$y^{(4)} = 0$.

例 3.2.8 设 $y = x^{2011}$，求 $y^{(2011)}$，$y^{(2012)}$.

解 $y' = 2011x^{2010}$,

$y'' = 2011 \cdot 2010x^{2009}$,

$y''' = 2011 \cdot 2010 \cdot 2009x^{2008}$

…………

$y^{(2011)} = 2011 \times 2010 \times \cdots \times 3 \times 2 \times 1 = 2011!$

$y^{(2012)} = (2011!)' = 0$.

一般地，有 $(x^n)^{(n)} = n!$，　　$(x^n)^{(n+1)} = 0$.

例 3.2.9 求 $y = \sin x$ 与 $y = \cos x$ 的 n 阶导数.

解 $y = \sin x$,

$$y' = \cos x = \sin(x + \frac{\pi}{2}),$$

$$y'' = \cos(x + \frac{\pi}{2}) = \sin(x + \frac{\pi}{2} + \frac{\pi}{2}) = \sin(x + 2 \cdot \frac{\pi}{2}),$$

$$y''' = \cos(x + 2 \cdot \frac{\pi}{2}) = \sin(x + 3 \cdot \frac{\pi}{2}),$$

…………

$$y^{(n)} = \sin(x + n \cdot \frac{\pi}{2}).$$

即 $$(\sin x)^{(n)} = \sin(x + n \cdot \frac{\pi}{2}).$$

同理可得 $$(\cos x)^{(n)} = \cos(x + n \cdot \frac{\pi}{2}).$$

习题 3.2

1.求下列函数的导数：

(1) $y = x^a + a^x + a^a$；　(2) $y = 4x^3 - 2\sqrt{x} + \frac{1}{x^3} + e$；

(3) $y = x(\sqrt{x} + 2)$；　(4) $y = \frac{x^3 + 2x - 1}{x^2}$；

(5) $y = \sin x \cos x$；　(6) $y = x\tan x - \cot x$；

(7) $y = \frac{x}{x^2 + 1}$；　(8) $y = \frac{1 - \ln x}{1 + \ln x}$.

2. 求下列函数的导数：

(1) $y = e^{-3x}$；　(2) $y = (5x + 2)^3$；

(3) $y = \cos(1 - 2x)$；　(4) $y = \frac{x}{\sqrt{4 - x^2}}$；

(5) $y = \ln \ln x$；　(6) $y = \ln\sqrt{x} - \sqrt{\ln x}$；

(7) $y = \sin 2x + \sin^2 x$；　(8) $y = e^{2x}\cos 3x$；

(9) $y = \arccos \frac{1}{x}$；　(10) $y = (\arcsin x)^2$；

(11) $y = \frac{e^x - e^{-x}}{e^x + e^{-x}}$；　(12) $y = \arctan \frac{x + 1}{x - 1}$；

(13) $y = \tan^2 \frac{x}{2}$；　(14) $y = \ln(1 + \sqrt{1 + x^2})$.

3.求下列函数在指定点的导数：

(1) $f(x) = \ln x + 3\cos x - 2x$，求 $f'(\frac{\pi}{2})$，$f'(\pi)$；

(2) $f(x)=x^2\sin x$，求 $f'(0)$，$f'(\frac{\pi}{2})$；

(3) $y=\sqrt{1+\ln^2 x}$，求 $y|_{x=e}$.

4. 求下列函数的二阶导数：

(1) $y=2x^3+\sin x$；　　(2) $y=\tan x+2$；

(3) $y=3^x+\ln x$；　　(4) $y=e^{x^2}$.

5. 求下列函数在指定点的二阶导数：

(1) $f(x)=(x+2)^4$，$x=2$；　　(2) $f(x)=e^{2x}$，$x=0$.

6.已知质点作直线运动，运动方程为 $s=9\sin\frac{\pi t}{3}+2t$，求质点在第一秒末的加速度（$s$ 的单位是米，t 的单位是秒）.

3.3 微分的概念与运算

在理论研究和实际应用中，常常会遇到这样的问题：当自变量在点 x 处有微小增量 Δx 时，求函数 $y=f(x)$ 相应的微小增量

$$\Delta y=f(x+\Delta x)-f(x).$$

这个问题初看起来简单，然而，对于较复杂的函数 $f(x)$，增量 Δy 的值不易求出.这时我们可以考虑求 Δy 的近似值，用什么作为 Δy 的近似值呢？微分就是在这种背景下产生的一个概念.

3.3.1 微分的概念

扫码获取
拓展资源

引例　设有一边长为 x_0 的正方形，当边长增加很小的 Δx 时，试求其面积改变量的近似值.

解　设正方形的面积为 y，面积的增加部分为 Δy 如图 3－3，则

$$\Delta y=(x_0+\Delta x)^2-x_0{}^2=2x_0\Delta x+(\Delta x)^2.$$

上式中，Δy 被分为两部分，第一部分 $2x_0\Delta x$ 是 Δx 的线性函数；第二部分是 $(\Delta x)^2$，当 Δx 很小时，$(\Delta x)^2$ 比 $2x_0\Delta x$ 小得多.因此，当 Δx 很小时，$(\Delta x)^2$ 可以忽略不计，面积的增量 Δy 可以用 $2x_0\Delta x$ 近似代替，即 $\Delta y\approx 2x_0\Delta x$ 由于面积 $y=x^2$，$f'(x_0)=2x_0$，所以

$$\Delta y=f'(x_0)\Delta x.$$

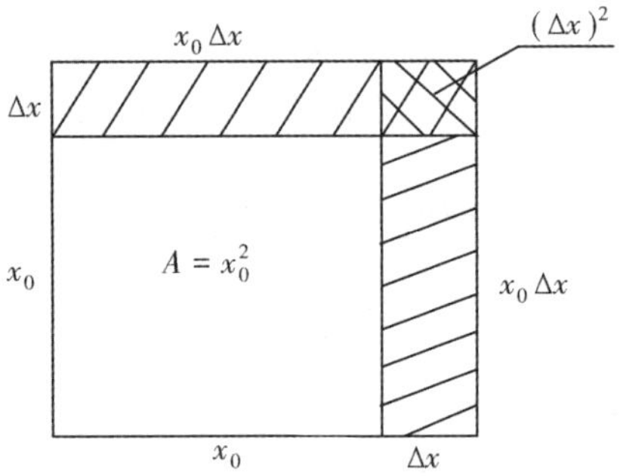

图 3-3

这个结论具有一般性.

定义 3.3.1　若函数 $y=f(x)$ 在点 x_0 处可导，自变量 x 由 x_0 变到 $x_0+\Delta x$，则

称 $f'(x_0)\Delta x$ 为函数 $y=f(x)$ 在点 x_0 处的微分，记作 $\mathrm{d}y\big|_{x=x_0}$ 或 $\mathrm{d}f(x)\big|_{x=x_0}$，即

$$\mathrm{d}y\big|_{x=x_0}=f'(x_0)\Delta x \text{ 或 } \mathrm{d}f(x)\big|_{x=x_0}=f'(x_0)\Delta x.$$

此时，称函数 $y=f(x)$ 在点 x_0 处可微.

如果函数 $y=f(x)$ 在区间 (a,b) 内的任意一点 x 都可微，则称 $f(x)$ 是区间 (a,b) 上的可微函数，$f(x)$ 在任意点 x 处的微分称为函数的微分，记作 $\mathrm{d}y$ 或 $\mathrm{d}f(x)$，即

$$\mathrm{d}y=f'(x)\Delta x.$$

例如，函数 $y=\sin x$ 的微分为

$$\mathrm{d}y=(\sin x)'\Delta x=\cos x\Delta x.$$

由于函数 $y=x$ 的微分 $\mathrm{d}y=\mathrm{d}x=(x)'\Delta x=\Delta x$，这说明，自变量的微分等于自变量的增量.于是函数 $y=f(x)$ 的微分又可记作

$$\mathrm{d}y=f'(x)\mathrm{d}x.$$

从而有

$$\frac{\mathrm{d}y}{\mathrm{d}x}=f'(x).$$

这就是说，原先作为一个整体出现的导数符号 $\frac{\mathrm{d}y}{\mathrm{d}x}$，可以看成是函数的微分 $\mathrm{d}y$ 与自变量的微分 $\mathrm{d}x$ 之商，故导数又叫作微商.

从上看到，若函数可导，则函数必可微；反之，若函数可微，则函数必可导.因此，导数与微分是一致的，通常把导数和微分统称为**微分**.

例 3.3.1　求函数 $y=\mathrm{e}^{-x}$ 的微分，并求当 $x=0,\Delta x=0.01$ 时的微分（记作 $\mathrm{d}y\big|_{\substack{x=0\\ \Delta x=0.01}}$）.

解　因为　$y'=-\mathrm{e}^{-x}$.

所以　$\mathrm{d}y=-\mathrm{e}^{-x}\mathrm{d}x$，

$$\mathrm{d}y\big|_{\substack{x=0\\ \Delta x=0.01}}=-\mathrm{e}^{-x}\Delta x\big|_{\substack{x=0\\ \Delta x=0.01}}=-0.01.$$

3.3.2 微分的运算法则

由导数与微分的关系 $\mathrm{d}y=y'\mathrm{d}x$，便得到如下的微分公式及微分法则：

（Ⅰ）微分基本公式

(1) $\mathrm{d}(c)=0$（C 为常数）；

(2) $\mathrm{d}(x^{\mu})=\mu x^{\mu-1}\mathrm{d}x$（$\mu$ 为不为零的实数）；

(3) $\mathrm{d}(\log_a x)=\frac{1}{x\ln a}\mathrm{d}x\ (a>0,a\neq1)$；

(4) $\mathrm{d}(\ln x)=\frac{1}{x}\mathrm{d}x$；

(5) $\mathrm{d}(a^x)=a^x\ln a\,\mathrm{d}x\ (a>0,a\neq1)$；

(6) $\mathrm{d}(\mathrm{e}^x)=\mathrm{e}^x\mathrm{d}x$；

(7) $\mathrm{d}(\sin x)=\cos x\,\mathrm{d}x$；

(8) $\mathrm{d}(\cos x)=-\sin x\,\mathrm{d}x$；

(9) $\mathrm{d}(\tan x)=\sec^2 x\,\mathrm{d}x$；

(10) $\mathrm{d}(\cot x)=-\csc^2 x\,\mathrm{d}x$；

(11) $\mathrm{d}(\sec x)=\sec x\tan x\,\mathrm{d}x$；

(12) $\mathrm{d}(\csc x)=-\csc x\cot x\,\mathrm{d}x$；

(13) $\mathrm{d}(\arcsin x)=\frac{1}{\sqrt{1-x^2}}\mathrm{d}x$；

(14) $\mathrm{d}(\arccos x)=-\frac{1}{\sqrt{1-x^2}}\mathrm{d}x$；

(15) $d(\arctan x)=\dfrac{1}{1+x^2}dx$；　　(16) $d(\text{arccot}\, x)=-\dfrac{1}{1+x^2}dx$.

(Ⅱ)微分的运算法则

设函数 $u=u(x)$，$v=v(x)$在点 x 处都可微，则

(1) $d(u\pm v)=du\pm dv$；　　(2) $d(cu)=c\,du$（c 为常数）；

(3) $d(uv)=v\,du+u\,dv$；　　(4) $d\left(\dfrac{v}{u}\right)=\dfrac{u\,dv-v\,du}{u^2}\ (u\neq 0)$.

例 3.3.2　求函数 $y=x^2\cos x$ 的微分 dy.

解　（方法一）$dy=y'dx=(x^2\cos x)'dx$

$=(2x\cos x-x^2\sin x)dx$.

（方法二）$dy=d(x^2\cos x)=\cos x\,d(x^2)+x^2d(\cos x)$

$=2x\cos x\,dx-x^2\sin x\,dx$.

例 3.3.3　求函数 $y=\dfrac{\sin x}{x}$的微分 dy.

解　$dy=d\left(\dfrac{\sin x}{x}\right)=\dfrac{x\,d\sin x-\sin x\,dx}{x^2}=\dfrac{x\cos x\,dx-\sin x\,dx}{x^2}=\dfrac{x\cos x-\sin x}{x^2}dx$.

(Ⅲ)复合函数的微分

设函数 $y=f(u)$，$u=g(x)$均可微，则复合函数 $y=f[g(x)]$也可微，其微分为

$$dy=f'(u)\cdot g'(x)dx.$$

由于 $du=g'(x)dx$，所以上式又可以写成

$$dy=f'(u)\cdot du.$$

上式表明，不论 u 是自变量还是中间变量，函数 $y=f(u)$的微分形式 $dy=f'(u)du$ 保持不变，这一性质称为一阶微分形式不变性.它给求函数的微分带来更多方便.

例 3.3.4　求函数 $y=\sin 3x$ 的微分 dy.

解　利用微分形式不变性，有

$$dy=d(\sin 3x)=\cos 3x\,d(3x),$$

而　$d(3x)=3dx$，所以

$$dy=3\cos 3x\,dx.$$

例 3.3.5　求函数 $y=e^{\sqrt{x^2+1}}$的微分 dy.

解　利用微分形式不变性，可得

$$dy=de^{\sqrt{x^2+1}}=e^{\sqrt{x^2+1}}d\sqrt{x^2+1}=e^{\sqrt{x^2+1}}\frac{1}{2\sqrt{x^2+1}}d(x^2+1)$$

$$=\frac{x}{\sqrt{x^2+1}}e^{\sqrt{x^2+1}}dx.$$

例 3.3.6　在括号里填上适当的函数，使下列等式成立：

(1) $d(\quad)=x\,dx$；　　(2) $d(\quad)=\csc^2 x\,dx$.

解 与 $df(x)=f'(x)dx$ 比较可知,这是已知函数的导数,求原来的函数的问题.

(1)已知函数的导数为 x,因为 $(\frac{1}{2}x^2)'=x$,所以 $d(\frac{1}{2}x^2)=xdx$.

此外,$(\frac{1}{2}x^2+1)'=x$,$(\frac{1}{2}x^2-2)'=x$……

一般地,有 $d(\frac{1}{2}x^2+C)=xdx$(C 为任意常数).

(2)已知函数的导数为 $\csc^2 x$,因为 $(-\cot x)'=\csc^2 x$,

所以 $d(-\cot x)=\csc^2 x dx$.

此外,$d(-\cot x+2)=\csc^2 x dx$,$d(-\cot x-1)=\csc^2 x dx$……

一般地,有 $d(-\cot x+C)=\csc^2 x dx$(C 为任意常数).

例 3.3.7 在括号里填上适当的常数或函数,使下列等式成立:

(1)$d\sin 5x=(\quad)\cos 5x dx$;

(2)$d\ln(2x+1)=(\quad)d(2x+1)=(\quad)dx$.

解 与 $df(x)=f'(x)dx$ 比较可知,这是已知函数,求函数的导数或微分的问题.

(1)已知函数为 $y=\sin 5x$,

其微分为
$$d\sin 5x=(\sin 5x)'dx=5\cos 5x dx,$$
故
$$d\sin 5x=(5)\cos 5x dx.$$

(2)已知函数为 $y=\ln(2x+1)$,
$$d\ln(2x+1)=(\frac{1}{2x+1})'d(2x+1)=\frac{2}{2x+1}dx.$$

3.3.3 微分在近似计算中的应用

由微分的概念可知,当函数 $f(x)$ 在点 x_0 的导数 $f'(x_0)\neq 0$ 且当 $|\Delta x|$ 很小时,有
$$\Delta y\approx dy=f'(x_0)\Delta x, \tag{3.3.1}$$
即
$$\Delta y=f(x_0+\Delta x)-f(x_0)\approx f'(x_0)\Delta x,$$
变形得
$$f(x_0+\Delta x)\approx f(x_0)+f'(x_0)\Delta x. \tag{3.3.2}$$

利用(3.3.1)式可以求函数增量 Δy 的近似值,利用(3.3.2)式可以求函数 $f(x)$ 在 x_0 附近的近似值.

例 3.3.8 近似计算 $\sqrt[3]{996}$ 的值.

解 设 $f(x)=\sqrt[3]{x}$,取 $x_0=1000$,$\Delta x=-4$,

则利用
$$f(x_0+\Delta x)\approx f(x_0)+f'(x_0)\Delta x,$$
有
$$f(996)\approx f(1000)+f'(1000)(-4),$$
因为
$$f'(x)=\frac{1}{3\sqrt[3]{x^2}},f'(1000)=\frac{1}{300},$$

所以 $$\sqrt[3]{996}\approx\sqrt[3]{1000}+\frac{1}{300}(-4)=10-\frac{4}{300}\approx 9.99.$$

例 3.3.9 一个半径为 1 cm 的球，为了提高表面的光洁度，需要镀上一层铜.镀层厚度为 0.01 cm.估计每只球需要用铜多少克？（铜的密度为 8.9g/cm^3）

解 球的体积 $V=\frac{4}{3}\pi r^3$，镀铜后，球的半径由 1cm 变为 1.01 cm，

故所镀铜的体积为 $$\Delta V=\frac{4}{3}\pi[(r+\Delta r)^3-r^3],$$

利用近似计算公式 $$\Delta V\approx V'\Delta r=4\pi\ r^2\Delta r,$$

取 $r=1,\Delta r=0.01$，则 $\Delta V\approx 4\pi r^2\Delta r\approx 0.13\ (\mathrm{cm})^3$，

因此每只球需要用铜约为 $0.13\times 8.9\approx 1.16$ g.

在公式 $f(x_0+\Delta x)\approx f(x_0)+f'(x_0)\Delta x$ 中，令 $x_0=0$，$\Delta x=x$，得
$$f(x)\approx f(0)+f'(0)x.$$

当 $|x|$ 很小时，利用(2.4)式可以求函数 $f(x)$ 在点 $x=0$ 附近的近似值.

习题 3.3

1.求下列函数的微分：

(1) $y=5x^3+2x^2-\mathrm{e}$； (2) $y=\sin(2x+1)$；

(3) $y=\sqrt{1-x^2}$； (4) $y=\arctan\frac{1}{x}$；

(5) $y=\ln^2 2x$； (6) $y=\mathrm{e}^x\sin 3x$.

2.在括号内填入适当常数或函数，使下列等式成立：

(1) $\mathrm{d}(\quad)=3x\,\mathrm{d}x$； (2) $\mathrm{d}(\quad)=\frac{1}{2\sqrt{x}}\mathrm{d}x$；

(3) $\mathrm{d}(\quad)=\frac{3}{\sqrt{1-x^2}}\mathrm{d}x$； (4) $\mathrm{d}(\quad)=\cos\omega x\,\mathrm{d}x$；

(5) $x\,\mathrm{d}x=(\quad)\mathrm{d}(1-x^2)$； (6) $\mathrm{d}(\mathrm{e}^{2x})=(\quad)\mathrm{d}(2x)=(\quad)\mathrm{d}x$.

3.计算下列各数的近似值：

(1) $\cos 60.5^\circ$； (2) $\sqrt{1.02}$； (3) $\mathrm{e}^{1.01}$.

4.扩音器插头为圆柱形，截面半径 R 为 0.15 cm，长度 L 为 4 cm，为了提高其导电性能，需在圆柱的侧面上镀上一层厚度为 0.001 cm 密度为 8.90 g/cm^3 的纯铜，问约需多少克铜？

3.4 导数的应用

3.4.1 洛必达法则

如果当 $x\to x_0$（或 $x\to\infty$）时，函数 $f(x)$ 与 $g(x)$ 都趋于零或都趋于无穷大，则极限 $\lim\limits_{x\to x_0}\dfrac{f(x)}{g(x)}$（或 $\lim\limits_{x\to\infty}\dfrac{f(x)}{g(x)}$）可能存在，也可能不存在，通常称这种极限为未定式，并分别记为 $\dfrac{0}{0}$ 或 $\dfrac{\infty}{\infty}$.

例如，极限 $\lim\limits_{x\to 0}\dfrac{\sin x}{x}$ 是 $\dfrac{0}{0}$ 型未定式，极限 $\lim\limits_{x\to\infty}\dfrac{x^4-1}{x^2+x-7}$ 是 $\dfrac{\infty}{\infty}$ 型未定式.

我们曾计算过这种极限，由于不能直接利用极限运算法则，通常需要经过适当的变形，转化成可利用极限运算法则的形式进行计算，这种变形没有一般方法，需视具体问题而定.下面介绍利用导数计算未定式极限的一般方法——洛必达法则.

1. $\dfrac{0}{0}$ 型与 $\dfrac{\infty}{\infty}$ 型未定式

定理 3.4.1（$\dfrac{0}{0}$ 型） 设函数 $f(x)$，$g(x)$ 满足：

(1) $\lim\limits_{x\to x_0}f(x)=0$，$\lim\limits_{x\to x_0}g(x)=0$；

(2) 在点 x_0 的某去心邻域内，$f'(x)$ 及 $g'(x)$ 都存在，且 $g'(x)\neq 0$；

(3) $\lim\limits_{x\to x_0}\dfrac{f'(x)}{g'(x)}=A$（或为 ∞）.

则

$$\lim_{x\to x_0}\frac{f(x)}{g(x)}=\lim_{x\to x_0}\frac{f'(x)}{g'(x)}.$$

证明从略.

定理 3.4.2（$\dfrac{\infty}{\infty}$ 型） 设函数 $f(x)$，$g(x)$ 满足：

(1) $\lim\limits_{x\to x_0}f(x)=\infty$，$\lim\limits_{x\to x_0}g(x)=\infty$；

(2) 在点 x_0 的某去心邻域内，$f'(x)$ 及 $g'(x)$ 都存在，且 $g'(x)\neq 0$；

(3) $\lim\limits_{x\to x_0}\dfrac{f'(x)}{g'(x)}=A$（或为 ∞）.

则

$$\lim_{x\to x_0}\frac{f(x)}{g(x)}=\lim_{x\to x_0}\frac{f'(x)}{g'(x)}.$$

证明从略.

这种在一定条件下通过对分子分母分别求导再求极限来确定未定式的值的方法称为**洛必达法则**.

注 (1)在上述两定理中,把“$x \to x_0$”换成“$x \to \infty$”(或其他情形)时,结论也成立.

(2)如果$\lim\limits_{x \to x_0}\dfrac{f'(x)}{g'(x)}$仍是$\dfrac{0}{0}$型或$\dfrac{\infty}{\infty}$型未定式,并且函数$f'(x)$,$g'(x)$满足定理中的条件,则可以继续利用洛必达法则,即有

$$\lim_{x \to x_0}\frac{f(x)}{g(x)} = \lim_{x \to x_0}\frac{f'(x)}{g'(x)} = \lim_{x \to x_0}\frac{f''(x)}{g''(x)} = \cdots\cdots$$

例 3.4.1 求$\lim\limits_{x \to 0}\dfrac{\ln(1+\sin x)}{x}$.

解 这是$\dfrac{0}{0}$型未定式,应用洛必达法则,得

$$\lim_{x \to 0}\frac{\ln(1+\sin x)}{x} = \lim_{x \to 0}\frac{\frac{\cos x}{1+\sin x}}{1} = \lim_{x \to 0}\frac{\cos x}{1+\sin x} = \frac{\cos 0}{1+\sin 0} = 1.$$

注:上式中的$\lim\limits_{x \to 0}\dfrac{\cos x}{1+\sin x}$已经不是未定式,不能再对它应用洛必达法则,否则会得出错误的结论;利用初等函数的连续性即可求出它的值.

例 3.4.2 求$\lim\limits_{x \to 1}\dfrac{\ln x}{(1-x)^2}$.

解 这是$\dfrac{0}{0}$型未定式,应用洛必达法则,得

$$\lim_{x \to 1}\frac{\ln x}{(1-x)^2} = \lim_{x \to 1}\frac{\frac{1}{x}}{-2(1-x)} = -\frac{1}{2}\lim_{x \to 1}\frac{1}{x(1-x)} = \infty.$$

例 3.4.3 求$\lim\limits_{x \to 1}\dfrac{x^3-3x+2}{x^3-x^2-x+1}$.

解 这是$\dfrac{0}{0}$型未定式,连续应用洛必达法则两次,得

$$\lim_{x \to 1}\frac{x^3-3x+2}{x^3-x^2-x+1} = \lim_{x \to 1}\frac{3x^2-3}{3x^2-2x-1} = \lim_{x \to 1}\frac{6x}{6x-2} = \frac{3}{2}.$$

例 3.4.4 求$\lim\limits_{x \to +\infty}\dfrac{e^x}{x^2}$.

解 这是$\dfrac{\infty}{\infty}$型未定式,连续应用洛必达法则两次,得

$$\lim_{x \to +\infty}\frac{e^x}{x^2} = \lim_{x \to +\infty}\frac{e^x}{2x} = \lim_{x \to +\infty}\frac{e^x}{2} = +\infty.$$

洛必达法则是求未定式极限的一种有效方法,使用时,一方面要与其他求极限的方法结合使用;另一方面能化简时应尽可能化简,以使运算尽可能简捷.

2.其他类型的未定式

未定式除$\frac{0}{0}$型或$\frac{\infty}{\infty}$型外，还有$0\cdot\infty$，$\infty-\infty$，1^{∞}等类型.一般地，这些类型的未定式通过变形总可以化为$\frac{0}{0}$型或$\frac{\infty}{\infty}$型，然后用洛必达法则求极限.

例 3.4.5 求$\lim\limits_{x\to 0^+} x\ln x$.

解 这是$0\cdot\infty$型未定式，将乘积变为除，转化为$\frac{\infty}{\infty}$型未定式计算，得

$$\lim_{x\to 0^+} x\ln x=\lim_{x\to 0^+}\frac{\ln x}{\frac{1}{x}}=\lim_{x\to 0^+}\frac{\frac{1}{x}}{-\frac{1}{x^2}}=\lim_{x\to 0^+}(-x)=0.$$

注：本题不宜化为$\frac{0}{0}$型未定式计算.

例 3.4.6 求$\lim\limits_{x\to 0}\left(\frac{1}{x}-\frac{1}{e^x-1}\right)$.

解 这是$\infty-\infty$型未定式，通分化为$\frac{0}{0}$型未定式计算，得

$$\begin{aligned}\lim_{x\to 0}\left(\frac{1}{x}-\frac{1}{e^x-1}\right)&=\lim_{x\to 0}\frac{e^x-1-x}{x(e^x-1)}=\lim_{x\to 0}\frac{e^x-1}{e^x-1+xe^x}\\&=\lim_{x\to 0}\frac{e^x}{2e^x+xe^x}=\lim_{x\to 0}\frac{1}{2+x}=\frac{1}{2}.\end{aligned}$$

例 3.4.7 求$\lim\limits_{x\to 0}(1+\sin x)^{\frac{1}{x}}$.

解 这是1^{∞}型未定式，利用公式$e^{\ln N}=N$将$(1+\sin x)^{\frac{1}{x}}$化为$e^{\frac{\ln(1+\sin x)}{x}}$，其中$\frac{\ln(1+\sin x)}{x}$是$\frac{0}{0}$型未定式，由前知，$\lim\limits_{x\to 0}\frac{\ln(1+\sin x)}{x}=1$.

所以，$\lim\limits_{x\to 0}(1+\sin x)^{\frac{1}{x}}=\lim\limits_{x\to 0}e^{\frac{\ln(1+\sin x)}{x}}=e^{\lim\limits_{x\to 0}\frac{\ln(1+\sin x)}{x}}=e^1=e$.

3.4.2 函数的单调性与凹凸性

本节介绍导数的一些应用，利用导数判断函数的单调性和凹凸性，求函数的极值、最大值、最小值，并解决实际工作中的一些简单最优化问题.

1.函数的单调性

我们已经学习过利用定义来判定函数的单调性，这种方法有时需要借助某些特殊的技巧，因而有一定的局限性.本节介绍利用导数来判定函数的单调性及曲线的凹凸性的方法.

如何利用导数来判定函数的单调性呢？为此我们先考察函数的单调性与函数的导

数之间的关系.

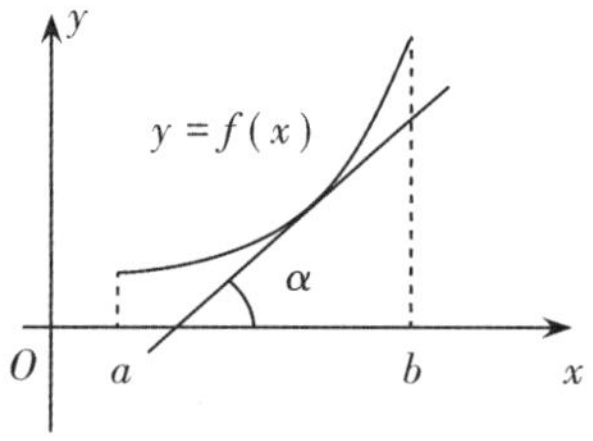

图 3-4

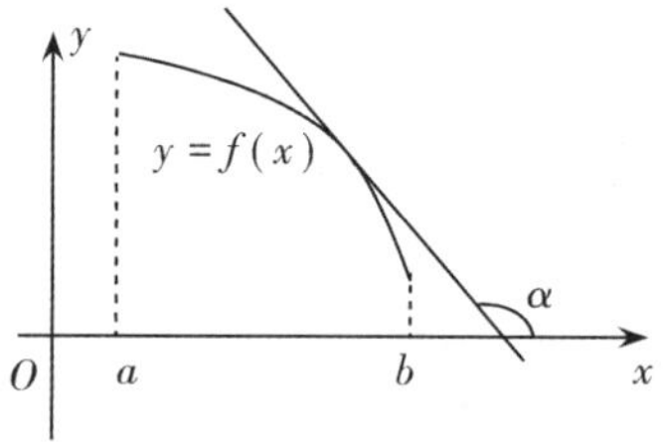

图 3-5

如图 3-4 所示，函数 $y=f(x)$ 在区间 $[a,b]$ 上单调增加，曲线上各点处的切线的倾斜角 α 都是锐角，于是切线的斜率 $\tan\alpha>0$，即 $f'(x)>0$；如图 3-5 所示，函数 $y=f(x)$ 在区间 $[a,b]$ 上单调减少，曲线上各点处的切线的倾斜角 α 都是钝角，于是切线的斜率 $\tan\alpha<0$，即 $f'(x)<0$.

这说明，函数的单调性与函数导数的符号有着密切的联系.

定理 3.4.3 设函数 $f(x)$ 在 $[a,b]$ 上连续，在 (a,b) 内可导，

(1) 如果在 (a,b) 内，$f'(x)>0$，则函数 $f(x)$ 在 $[a,b]$ 上单调增加；

(2) 如果在 (a,b) 内，$f'(x)<0$，则函数 $f(x)$ 在 $[a,b]$ 上单调减少.

例 3.4.8 讨论函数 $f(x)=2x^3-3x^2-12x+5$ 的单调性.

解 函数 $f(x)$ 的定义域为 $(-\infty,+\infty)$，求导数，得：

$f'(x)=6x^2-6x-12=6(x+1)(x-2)$

令 $f'(x)=0$ 得 $x_1=-1$，$x_2=2$. 这两点把函数的定义域分成三个子区间，列表分析如下表：

x	$(-\infty,-1)$	-1	$(-1,2)$	2	$(2,+\infty)$
$f'(x)$	+	0	−	0	+
$f(x)$	增		减		增

所以，$f(x)$ 在区间 $(-\infty,-1]$ 和 $[2,+\infty)$ 上单调增加，在区间 $[-1,2]$ 上单调减少.

用几何画板可以作出这个函数的图像，如图 3-6，图中 x 轴上细线部分表示的区域是曲线上升区间，x 轴上粗线部分表示的区域是曲线下降区间.

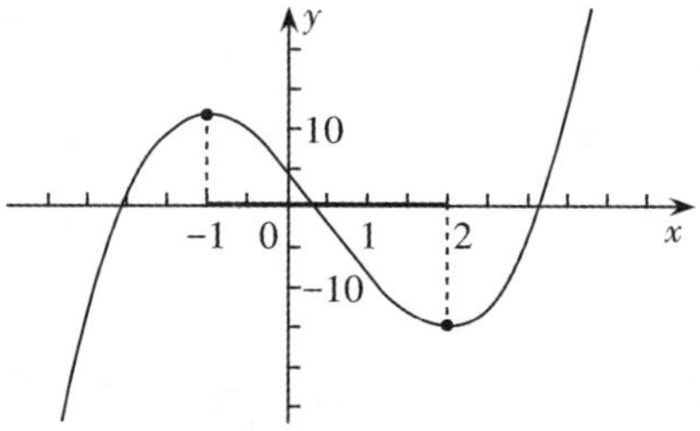

图 3-6

2.曲线的凹凸性和拐点

知道了函数在某个区间的单调性，我们就知道曲线在该区间上是上升还是下降，但如何上升，如何下降？如图 3-7 中的两条曲线弧 ACB 和 ADB，都是单调上升的，但它们的弯曲方向明显不同，下面介绍描述曲线弯曲方向的概念.

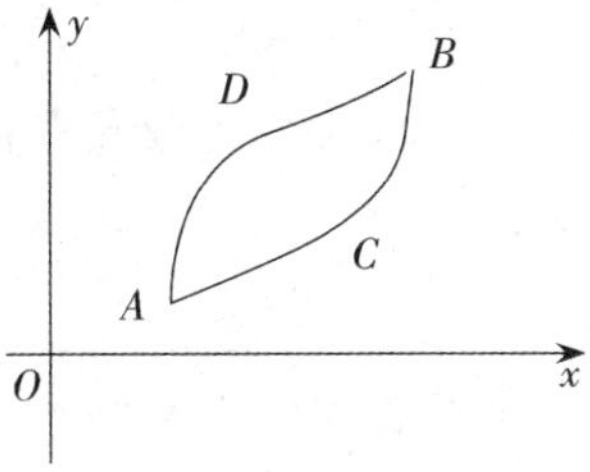

图 3-7

定义 3.4.1　设函数 $f(x)$在区间(a,b)内连续，如果曲线上任一点的切线都位于该曲线的下方，则称曲线 $f(x)$在(a,b)上是凹的(或下凹的)，(a,b)称为曲线 $f(x)$的凹区间；如果曲线上任一点的切线都位于该曲线的上方，则称曲线 $f(x)$在(a,b)上是凸的(或上凹的)，(a,b)称为曲线 $f(x)$的凸区间.

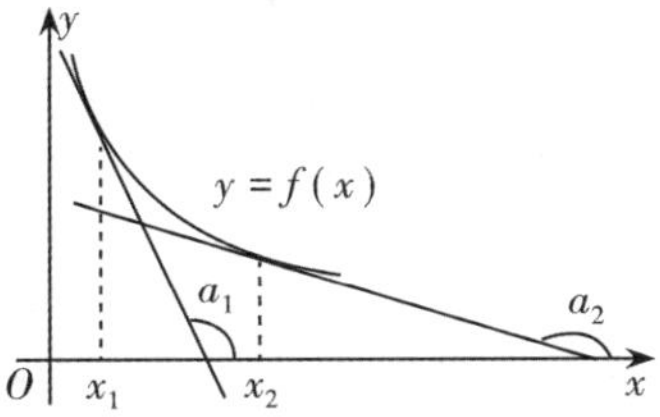

图 3-8

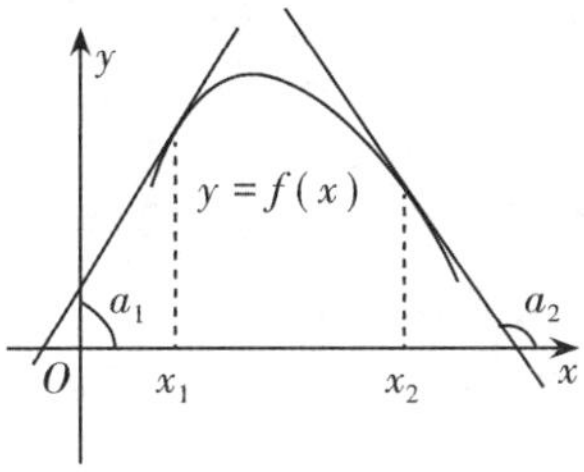

图 3-9

为了能用导数来判定曲线是凹的或凸的，我们先分析凹的曲线或凸的曲线与导数的关系.如图 3-8 和图 3-9 所示，对于凹的曲线，当 x 增大时，曲线上对应点的切线的斜率 $f'(x)$也是增大的，即 $f'(x)$是单调递增的，从而 $f''(x)>0$；而对于凸的曲线，曲线上对应点的切线的斜率 $f'(x)$是减小的，即 $f'(x)$是单调递减的，从而 $f''(x)<0$.这说明可以用函数 $f(x)$的二阶导数 $f''(x)$来判定曲线的凹凸性.于是，我们有如下定理：

定理 3.4.4　设函数 $f(x)$在区间$[a,b]$上连续，在(a,b)内具有一阶和二阶导数，则

(1)若在(a,b)内，$f''(x)>0$，则曲线 $f(x)$在$[a,b]$上是凹的；

(2)若在(a,b)内，$f''(x)<0$，则曲线 $f(x)$在$[a,b]$上是凸的.

例 3.4.9　讨论曲线 $y=x^3$ 的凹凸性.

解　函数 $y=x^3$ 的定义域为$(-\infty,+\infty)$，$y'=3x^2$，$y''=6x$.当 $x>0$ 时，$y''>0$；当 $x<0$ 时，$y''<0$.所以，曲线 $y=x^3$ 在$(0,+\infty)$上是凹的，在$(-\infty,0)$上是凸的.

例 3.4.10 讨论曲线 $y=x^{\frac{1}{3}}$的凹凸性.

解 函数 $y=x^{\frac{1}{3}}$的定义域为$(-\infty,+\infty)$,$y'=\frac{1}{3}x^{-\frac{2}{3}}$,$y''=-\frac{2}{9}x^{-\frac{5}{3}}=-\frac{2}{9x\sqrt[3]{x^2}}$.当 $x>0$ 时,$y''<0$;当 $x<0$ 时,$y''>0$.所以,曲线 $y=x^{\frac{1}{3}}$在$(0,+\infty)$上是凸的,在$(-\infty,0)$上是凹的.

定义 3.4.2 连续曲线上凹曲线和凸曲线的分界点称为曲线的**拐点**.

由例 3.4.9、例 3.4.10 可知,曲线 $y=x^3$ 及 $y=x^{\frac{1}{3}}$的拐点均为$(0,0)$,在拐点处,函数的二阶导数为零或不存在.

注意,这里所指的拐点是曲线上的点,故应写为$(0,0)$,而不能称拐点为 0.

一般地,确定曲线 $f(x)$的凹凸性和拐点的步骤如下:

(1)求函数 $f(x)$的定义域;

(2)求 $f'(x)$,$f''(x)$,并求出使 $f''(x)=0$ 及 $f''(x)$不存在的点;

(3)用步骤(2)中求出的点将函数的定义区间划分为若干个子区间,确定 $f''(x)$在各个子区间的符号以及 $f(x)$在各个子区间的凹凸性,确定拐点.

注:函数 $f(x)$在点(x_0,y_0)的二阶导数为零或不存在只是点(x_0,y_0)为曲线 $f(x)$的拐点的必要条件,而不是充分条件.

例 3.4.11 求曲线 $y=(x-1)x^{\frac{2}{3}}$的凹凸区间及拐点.

解 (1)函数的定义域为$(-\infty,+\infty)$;

(2)$y=x^{\frac{5}{3}}-x^{\frac{2}{3}}$,$y'=\frac{5}{3}x^{\frac{2}{3}}-\frac{2}{3}x^{-\frac{1}{3}}$,$y''=\frac{10}{9}x^{-\frac{1}{3}}+\frac{2}{9}x^{-\frac{4}{3}}=\frac{2(5x+1)}{9\sqrt[3]{x^4}}$.令 $y''=0$,得 $x=-\frac{1}{5}$;y''不存在的点为 $x=0$;

(3)用 $x=-\frac{1}{5}$和 $x=0$ 把定义域分为三个区间:$(-\infty,-\frac{1}{5})$$(-\frac{1}{5},0)$$(0,+\infty)$,列表确定 y''的符号、曲线的凹凸区间及拐点(见下表):

x	$(-\infty,-\frac{1}{5})$	$-\frac{1}{5}$	$(-\frac{1}{5},0)$	0	$(0,+\infty)$
y''	$-$	0	$+$	不存在	$+$
y	凸的	拐点 $(-\frac{1}{5},-\frac{6\sqrt[3]{5}}{125})$	凹的	不是拐点	凹的

所以曲线的凹区间为$(-\frac{1}{5},0)$和$(0,+\infty)$,凸区间为$(-\infty,-\frac{1}{5})$,拐点为$(-\frac{1}{5},-\frac{6\sqrt[3]{5}}{125})$.

用几何画板可以作出这个函数的图像，图 3-10 中的 A 点为曲线的拐点.

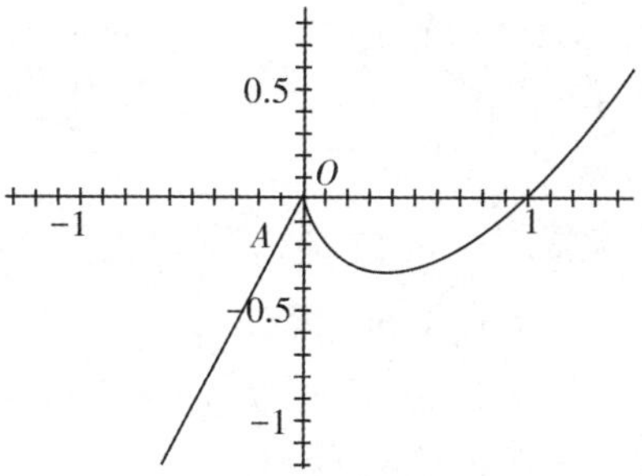

图 3-10

3.4.3 函数的极值与最值

扫码获取拓展资源

本节利用导数讨论函数的极值与最值的问题，具体来说，讨论函数在局部与全局的最大值、最小值（简称最值）问题，它在实际应用中有着重要的意义.

1.函数的极值

观察图 3-11 可以发现，函数 $y=f(x)$ 在点 x_1，x_4 的值比其邻近点的值都大，曲线在该点处达到“峰顶”；在点 x_2，x_5 的值比其邻近点的值都小，曲线在该点处达到“谷底”.对于具有这种性质的点，我们引入函数的极值的概念.

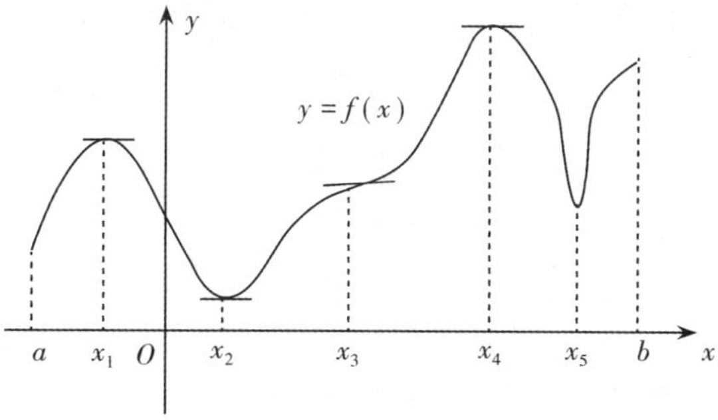

图 3-11

定义 3.4.3　设函数 $y=f(x)$ 在 x_0 的某邻域内有定义，对该邻域内除 x_0 外的任一点 x，恒有：

(1)如果 $f(x)<f(x_0)$，则称函数在点 x_0 有极大值 $f(x_0)$，x_0 称 $f(x)$ 的极大值点；

(2)如果 $f(x)>f(x_0)$，则称函数在点 x_0 有极小值 $f(x_0)$，x_0 称 $f(x)$ 的极小值点.

一般地，函数的极大值与极小值统称为函数的极值.

定理 3.4.5(极值存在的必要条件)　设函数 $y=f(x)$ 在 x_0 处的某一领域内有定义，$y=f(x)$ 在点 x_0 处可导且在 x_0 处取得极值，则必有 $f'(x_0)=0$.

一般地，我们称使函数的导数 $f'(x)=0$ 的点为函数的驻点.可导函数的极值点必定是它的驻点，但驻点不一定是它的极值点.

定理 3.4.6(第一充分条件) 设函数 $y=f(x)$在 x_0 处连续，在 x_0 的某个去心邻域内可导.

(1)如果当 x 取 x_0 左侧邻域内的值时，$f'(x)>0$；当 x 取右侧邻域内的值时，$f'(x)<0$，则函数 $f(x)$在 x_0 处取得极大值.

(2)如果当 x 取 x_0 左侧邻域内的值时，$f'(x)<0$；当 x 取右侧邻域内的值时，$f'(x)>0$，则函数 $f(x)$在 x_0 处取得极小值.

(3)如果当 x 取 x_0 左右侧邻域内的值时，$f'(x)$不改变符号，则函数 $f(x)$在 x_0 处没有极值.

一般地，称函数有定义但导数不存在的点为函数的尖点.函数的驻点和尖点都是函数可能的极值点.求函数 $f(x)$的极值可以分为以下几个步骤：

(1)求出函数的定义域；

(2)求出导数 $f'(x)$；令 $f'(x)=0$，求出 $f(x)$的全部驻点或导数不存在的点，把原定义域重新划分为若干个子区间；

(3)列表考察 $f'(x)$在每个驻点或导数不存在的点的左右邻域的符号是否异号，以确定该点是否为极值点；如果是极值点，进一步确定是极大值点还是极小值点.从而求出极大值或极小值.

例 3.4.12 求函数 $f(x)=\frac{1}{4}x^4-x^3$ 的单调区间与极值.

解 函数的定义域为$(-\infty,+\infty)$，$f'(x)=x^3-3x^2=x^2(x-3)$，令 $f'(x)=0$ 得 $x_1=0$，$x_2=3$，把定义域分成三个子区间，列表分析如下表：

x	$(-\infty,0)$	0	$(0,3)$	3	$(3,+\infty)$
y'	—	0	—	0	+
y	减		减	极小值 $-\frac{27}{4}$	增

所以函数的单调减少区间为$(-\infty,3]$，单调增加区间为$[3,+\infty)$，极小值为 $f(3)=-\frac{27}{4}$.

我们知道，由函数二阶导数的符号，可以确定曲线的凹凸性.从而我们可以根据曲线在它的驻点处二阶导数的值，得到判定函数极值的第二种方法.

定理 3.4.7(第二充分条件) 设函数 $f(x)$在 x_0 处具有二阶导数，且 $f'(x_0)=0$，$f''(x_0)\neq 0$，则

(1)当 $f''(x_0)<0$ 时，函数 $f(x)$在 x_0 处取得极大值；

(2)当 $f''(x_0)>0$ 时，函数 $f(x)$在 x_0 处取得极小值.

例 3.4.13　求函数 $y=x^3+3x^2+5$ 的极值.

解　函数定义域为$(-\infty,+\infty)$，$y'=3x^2+6x=3x(x+2)$，
令 $y'=0$，得 $x_1=0$，$x_2=-2$.

又 $y''=6x+6$，
所以，当 $x=0$ 时，$f''(0)=6>0$，函数有极小值 $y=5$.

当 $x=-2$ 时，$f''(-2)=-6<0$，函数有极大值 $y=9$.

2.函数的最大值和最小值

我们知道，在闭区间上连续的函数，必有最大值和最小值.利用导数的性质，我们可以得到在闭区间上求函数的最大值和最小值的步骤如下：

(1)求函数的导数，并求出驻点和导数不存在的点；

(2)求出上述各点的函数值和区间端点的函数值；

(3)比较上述各函数值的大小，其最大者即为最大值，最小者即为最小值.

例 3.4.14　求函数 $f(x)=2x^3+3x^2-12x$ 在区间$[-3,\ 5]$的最值.

解　因为函数在区间$[-3,\ 5]$上连续，所以，必有最值

$$f'(x)=6x^2+6x-12=6(x+2)(x-1).$$

驻点是 $x=-2$，$x=1$.

由于 $f(-2)=20$，$f(1)=-7$，$f(-3)=9$，$f(5)=265$，
所以，函数在这个区间上的最大值为 265，最小值为 -7.

在实际应用中，常常会遇到求最大值或最小值的问题(称为最优化问题)，比如，制作一个容积一定的容器，要求用料最少；生产中投入同样多的人力、物力、财力，要求产出最大、利润最大等.这类问题在数学上往往可归结为求某一函数(通常称为目标函数)的最大值或最小值问题.

应用极值和最值理论解决最优化问题时，首先要弄清要求最大值或最小值的量，该量与问题中其他量的关系，以要最优化的量为目标，建立目标函数，并确定函数的定义域；其次，应用极值和最值理论求目标函数的最大值或最小值；最后应按问题的要求给出结论.

例 3.4.15　如图 3-12 所示，设工厂 C 到铁路的垂直距离为 20 km，垂足为 A，铁路线上距 A 点 100 km 处有一原料供应站 B，现在要在 AB 线上选定一点 D 修建一个原料中转车站，再由车站 D 向工厂修筑一条公路.已知每吨公里铁路的运费与公路的运费之比为 3∶5，为了使原料从供应站 B 运到工厂 C 的运费最省，问 D 点应选在何处?

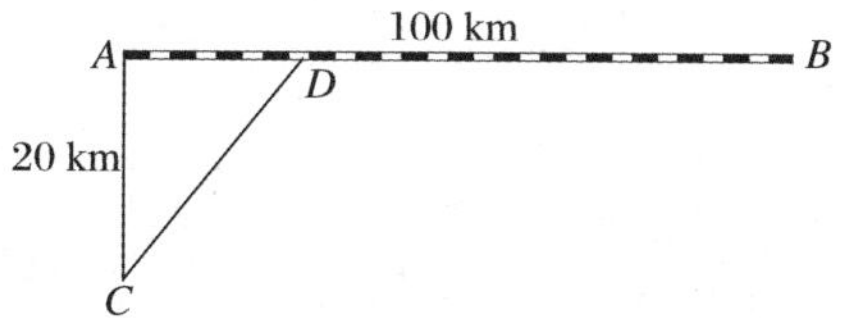

图 3-12

解 首先,建立目标函数.

设 $AD=x(\text{km})$,则 $DB=100-x$,$CD=\sqrt{20^2+x^2}=\sqrt{400+x^2}$;又设公路运费为$5k$ 元/t·km(k 是正数),铁路运费为 $3k$ 元/t·km,从 B 点到 C 点需要的总运费为 y(元),则目标函数为

$$y=5kCD+3kDB,$$

即
$$y=5k\sqrt{400+x^2}+3k(100-x)\ (0\leqslant x\leqslant 100).$$

其次,将实际问题的最值转化为函数的最值.

问题转化为:求函数 $y=5k\sqrt{400+x^2}+3k(100-x)$在$[0,100]$上的最小值.

求导数,得

$$y'=5k\frac{x}{\sqrt{400+x^2}}-3k=k\left(\frac{5x}{\sqrt{400+x^2}}-3\right),$$

令 $y'=0$,得驻点 $x=15$($x=-15$ 舍去).

因为运费问题中必有最小值,现在又只有一个驻点 $x=15$,由此知 $x=15$ 为函数 y 的最小值点.因此,当车站 D 建于 A,B 之间与 A 相距 15 km 处时,运费最省.

习题 3.4

1.用洛必达法则求下列极限:

(1)$\lim\limits_{x\to 1}\dfrac{x^3-2x+1}{4x^3-4}$;

(2)$\lim\limits_{x\to 0}\dfrac{e^x-e^{-x}}{\sin x}$;

(3)$\lim\limits_{x\to 0}\dfrac{x-\sin x}{x^3}$;

(4)$\lim\limits_{x\to +\infty}\dfrac{\ln x}{x}$;

(5)$\lim\limits_{x\to 0^+}\dfrac{\ln x}{\ln\sin x}$;

(6)$\lim\limits_{x\to -\infty}x\left(\dfrac{\pi}{2}+\arctan x\right)$;

(7)$\lim\limits_{x\to 0}\left(\dfrac{1}{x}-\dfrac{1}{\ln(1+x)}\right)$;

(8)$\lim\limits_{x\to 0}(1+\tan x)^{\frac{1}{x}}$.

2.确定下列函数的单调区间:

(1)$y=2x^3-6x^2-18x+7$;

(2)$y=2x+\dfrac{8}{x}\ (x>0)$;

(3)$f(x)=(x-2)^2(x+1)^{\frac{2}{3}}$.

3.确定下列曲线的凹凸区间和拐点:

(1)$y=x-\ln(1+x)$;

(2)$y=3x^4-4x^3+1$.

4.求下列函数的极值:

(1)$y=x^4-2x^3+5$;

(2)$y=x-\ln(1+x)$;

(3)$y=x^2e^{-x}$;

(4)$f(x)=(x-1)\sqrt[3]{x^2}$.

5.求下列函数的最大值、最小值:

(1)$y=2x^3-3x^2$,$-1\leqslant x\leqslant 4$;

(2) $f(x)=\frac{x^2}{1+x},-\frac{1}{2}\leqslant x\leqslant 1$.

6.某车间要靠墙壁盖一间长方形小屋,现有存砖只够砌 20m 长的墙壁,问应围成怎样的长方形才能使这间小屋的面积最大?

7.制作一个容积为 355 mL(即 355 cm^3)的圆柱形易拉罐,若顶盖所用材料的价格是其它部分的 1.5 倍,问怎样设计易拉罐的尺寸,才能使总成本最小?

8.某汽车出租公司有 30 辆汽车(型号相同),老板发现,如果每辆车的月租定为 1800 元时,他可以把所有的汽车都租出去.但是当月租每增加 100 元时,就有一辆汽车租不出去,他应该把月租定为多少,使他的收入最大?

3.5 导数在经济中的应用

导数在经济中的应用是非常广泛的,这里,我们仅对需求弹性和边际分析做简单介绍与分析.

3.5.1 需求价格弹性

定义 3.5.1 设函数 $y=f(x)$ 可导,则称

$$\frac{E_y}{E_x}=\lim_{\Delta x\to 0}\frac{\frac{\Delta y}{y}}{\frac{\Delta x}{x}}=\lim_{\Delta x\to 0}\frac{\Delta y}{\Delta x}\cdot\frac{x}{y}=y'\cdot\frac{x}{y}=x\frac{f'(x)}{f(x)}$$

为函数 $f(x)$ 的弹性函数.

弹性概念在经济学中应用非常广泛,下面主要介绍需求弹性价格.

定义 3.5.2 设某种商品的市场需求为 q,价格为 p,需求函数 $q=q(p)$ 可导,则称

$$E_p=\frac{p}{q(p)}\cdot q'(p)$$

为该商品的需求价格弹性,简称为需求弹性.

由上式及导数的定义可知

$$E_p=\frac{\frac{\mathrm{d}q}{q}}{\frac{\mathrm{d}p}{p}}\approx\frac{\frac{\Delta q}{q}}{\frac{\Delta p}{p}},\text{即}\frac{\Delta q}{q}\approx E_p\frac{\Delta p}{p}.$$

由此可知,需求弹性 E_p 表示某种商品需求量价格 p 变化的敏感程度.因为需求函数为价格的递减函数,即需求弹性一般为负值,所以其经济含义为:当某种商品的价格下降(或上升)1%时,其需求量将增加(或减少)$|E_p|$%.

当我们比较商品需求弹性的大小时,通常是比较其弹性绝对值大小.当我们说某种商品的需求弹性大时,通常指其绝对值大.

当 $E_p=-1$ 时(即 $|E_p|=1$)时,称为单位弹性,即商品需求量的相对变化与价格的相对变化基本相等.

当 $E_p>-1$ 时(即 $|E_p|>1$)时,称为富有弹性,即商品需求量的相对变化大于价格的相对变化.此时价格的变化对需求量的影响较大.

当 $-1<E_p<0$ 时(即 $|E_p|<1$)时,称为缺弹性,即商品需求量的相对变化小于价格的相对变化.此时价格的变化对需求量的影响较小.在适当涨价后,不会使需求量有太大的下降,从而可以使收入增加.

例 3.5.1 设某商品的需求函数为 $q(p)=150-2p^2(0<p<8)$.

(1)求需求弹性;

(2)讨论当价格为多少时,弹性分别为缺乏弹性,单位弹性,富有弹性?

解 (1)因为 $q'(p)=-4p$,所以

$$E_p=\frac{p}{q(p)}\cdot q'(p)=\frac{p}{150-2p^2}\cdot(-4p)=\frac{-2p^2}{75-p^2}.$$

令 $E_p=-1$,解得 $p=5$,即当价格 $p=5$ 时,$|E_p|=1$ 是单位弹性.

令 $E_p<-1$,解得 $0<p<5$,即当价格 $0<p<5$ 时,$|E_p|<1$ 是缺乏弹性.

令 $E_p>-1$,解得 $5<p<8$,即当价格 $5<p<8$ 时,$|E_p|>1$ 是富有弹性.

在市场经济中,企业经营者关心的是商品涨价($\Delta p>0$)或降价($\Delta p<0$)对总收入的影响程度.利用需求弹性概念可以知道涨价未必增收,降价未必减收.

3.5.2 边际与边际分析

1. 边际成本

定义 3.5.2 设产品总成本函数 $c=c(q)$(q 为产量),则

$$C'(q)=\lim_{\Delta q\to 0}\frac{\Delta c}{\Delta q}=\lim_{\Delta q\to 0}\frac{c(q+\Delta q)-c(q)}{\Delta q}$$

为当产量为 q 时的边际成本.

例 3.5.2 设某产品的总成本函数为

$c=c(q)=80+6q-0.3q^2+0.03q^2$($x$:万件;$c$:万元).

(1)求生产 10 万件产品时的总成本和平均成本;

(2)求生产 10 万件产品时的边际成本;

(3)当生产 10 万件产品时,不考虑其他因素,只从降低成本的角度看,继续提高产量是否得当?

解 (1)10 万件产品时的总成本为:

$$c(10)=80+6\times10-0.3\times1000=140(万元).$$

每件产品的平均成本为

$$\frac{c(10)}{10}=\frac{140}{10}=14(元/件).$$

因为边际成本函数 $c'(q)=6-0.6q+0.09q^2$，所以，成产 10 万件产品时的边际成本为

$$c'(10)=6-0.6\times 10+0.09\times 100=9(\text{元/件}).$$

因为边际成本低于平均单位成本，所以从降低成本的角度看，可以继续提高产量.

2. 边际收入

定义 3.5.3 设产品总收入函数为 $R=R(q)$，则

$$R'(q_0)=\lim_{\Delta q\to 0}\frac{\Delta R}{\Delta q}=\lim_{\Delta q\to 0}\frac{R(q_0+\Delta q)-R(q_0)}{\Delta q}$$

成为当销售量为 q_0 时的边际收入，$MR=R'(x)$称为边际收入函数.

例 3.5.3 已知某产品的需求函数为 $q=80-4p$，其中 q 为需求量，p 为价格.求边际收入函数以及当需求量为 20，40 和 60 时的边际收入，并解释所得结果的经济意义.

解 因为

$$q=80-4p,$$

于是，有

$$p=\frac{1}{4}(80-q),$$

所以，总收入函数

$$R(x)=pq=\frac{1}{4}(80-q)q.$$

故，边际收入函数为

$$R'(q)=\frac{1}{4}(80-2q)\text{，所以 }R'(20)=10, R'(40)=0, R'(60)=-10.$$

由以上结果可知，当需求量为 20 个单位时，再增加销售量可使总收入增加，再多销售一个单位的产品，总收入约增加 10 个单位；当需求量为 40 个单位时，总收入达到最大值，再扩大销售总收入不会再增加；当需求量为 60 个单位时，再多销售一个单位的产品，反而使总收入约减收约 10 个单位.

3.边际利润

我们知道，利润等于总收入与总成本之差，即：

$$L(q)=R(q)-C(q),$$

两边求导，得

$$L'(q)=R'(q)-C'(q).$$

我们称 $L'(x)$为边际利润，可见，边际利润等于边际收入与边际成本之差.

例 3.5.4 某工厂生产某产品的总成本函数为

$$C(q)=4q^2-58q+7(q\text{：吨}; C\text{：千元}),$$

每吨产品售价为 3 万元，求每月生产 5 吨，11 吨和 15 吨时的边际利润.

解 利润函数为

$$L(q)=R(q)-C(q)=30q-(4q^2-58q+7)=-4q^2+84q-7,$$

于是边际利润为

$$L'(q) = -8q + 88,$$

所以

$$L'(5) = -5\times 8 + 88 = 48\ (\text{千元/吨}),$$
$$L'(11) = -11\times 8 + 88 = 0(\text{千元/吨}),$$
$$L'(15) = -15\times 8 + 88 = -32\ (\text{千元/吨}).$$

上述结果表明，当月产量为 5 吨时，再生产 1 吨，利润将增加 3 万元；当月产量为 11 吨时，再生产 1 吨，利润将不会增加；当月产量为 15 吨时，再生产 1 吨，利润将减少 3 万 2 千元.同时说明，在不同的生产水平提高产量，利润的增加额是不同的，该企业不能单纯依靠提高产量来增加利润.

习题 3.5

1.已知某商品需求函数为 $q = 400e^{-0.02p}$，求 $p = 20,50,100$ 时的需求弹性，并说明其经济意义.

2.已知某产品的总成本函数为

$$C(q) = \frac{1}{3}q - q^2 + 120\ (q\text{:万件};C\text{:万元}).$$

(1)求边际成本函数与平均成本函数；

(2)当产量 q 为 6 万件时，比较边际成本与平均成本，说明继续提高产量是否得当.

3.设产品的需求函数为 $q = 100 - 5p$，其中 p 为价格，q 为需求量，求边际收入函数；求需求量为 50 时边际收入，并解释所得结果的经济意义.

本章知识小结

- 导数与微分
  - 导数的概念
    - 导数的定义
    - 导数的几何意义
    - 可导与连续的关系
  - 导数的运算
    - 导数的四则运算
    - 复合函数的求导法则
    - 高阶导数
  - 微分的概念与运算
    - 微分的概念
    - 微分的运算法则
    - 微分在近似计算中的应用
  - 导数的应用
    - 洛必达法则
    - 函数的单调性与凹凸性
    - 函数的极值与最值
  - 导数在经济中的应用
    - 需求价格弹性
    - 边际与边际分析

单元能力测验 A(基础篇)

1.讨论下列函数的极限.

(1) $\lim\limits_{x\to-\infty} e^{x}$;　　(2) $\lim\limits_{x\to+\infty} \left(\frac{1}{2}\right)^{x}$;

(3) $\lim\limits_{x\to1} \ln x$;　　(4) $\lim\limits_{x\to0} \frac{1}{x}$.

2.求下列各式的极限.

(1) $\lim\limits_{x\to1}(x^{3}+2x-19)$;　　(2) $\lim\limits_{x\to3}\frac{2x}{x^{2}-5}$;

(3) $\lim\limits_{x\to1}\frac{x^{2}-2x+1}{x^{2}-1}$;　　(4) $\lim\limits_{x\to0}\frac{3x^{2}+x^{2}+x}{2x^{2}+3x}$;

(5) $\lim\limits_{x\to\infty}\frac{\sqrt{1+x}-\sqrt{3-x}}{x^{2}-1}$;　　(6) $\lim\limits_{n\to\infty}\frac{3n^{2}+n+1}{n^{3}+4n^{2}-1}$;

(7) $\lim\limits_{x\to\infty}\frac{x^{3}+4x^{2}-6x+2}{x^{2}+5}$;　　(8) $\lim\limits_{x\to\infty}\frac{2x-3}{5x+4}$.

3.求下列各式的极限.

(1) $\lim\limits_{x\to\infty}\frac{\sin 3x}{8x}$;　　(2) $\lim\limits_{x\to5}\frac{1}{x-5}$;

(3) $\lim\limits_{x\to0} \sin 3x \sin \frac{1}{9x}$;　　(4) $\lim\limits_{x\to-\infty} \frac{x+1}{x^{2}-16}$.

4.求下列各式的极限.

(1) $\lim\limits_{x\to0}\frac{\sin 5x}{x}$;　　(2) $\lim\limits_{x\to0}\frac{x}{\tan 4x}$;

(3) $\lim\limits_{x\to0}\frac{1-\cos 2x}{x\sin x}$;　　(4) $\lim\limits_{x\to4}\frac{\sin(x^{2}-16)}{x-4}$;

(5) $\lim\limits_{x\to\infty}\left(1+\frac{1}{2x}\right)^{x}$;　　(6) $\lim\limits_{x\to\infty}\left(\frac{1+x}{x}\right)^{x}$;

(7) $\lim\limits_{x\to\frac{\pi}{2}}(1+\cos x)^{2\sec x}$;　　(8) $\lim\limits_{x\to\infty}\left(\frac{x+2}{x+1}\right)^{2x+1}$.

5.求下列各式的极限.

(1) $\lim\limits_{x\to0} \ln \frac{\sin x}{x}$;　　(2) $\lim\limits_{x\to\infty} e^{\frac{1}{x}}$;

(3) $\lim\limits_{x\to0} \sin[\ln(x^{2}+1)]$;　　(4) $\lim\limits_{x\to\infty} \ln\left(1+\frac{1}{x}\right)^{x}$.

6.求下列函数的间断点.

(1) $y=\frac{1}{x-2}$;　　(2) $y=\frac{x-3}{x^{2}-2x-3}$;

(3) $y=\frac{x}{\ln x}$.

7.设函数 $f(x)=\begin{cases}x-1, & -3<x<0,\\ x+1, & 0\leqslant x\leqslant 3,\end{cases}$ 讨论 $f(x)$ 在 $x=0$ 处的连续性.

8.证明函数 $f(x)=\begin{cases}x\sin\dfrac{1}{x}, & x\neq 0,\\ 0, & x=0,\end{cases}$ 在点 $x=0$ 处是连续的.

9.填空题.

(1) $\left(\dfrac{1}{x}\right)'=$ ＿＿＿＿＿＿；

(2) $\dfrac{\sqrt{x}}{x}=$ ＿＿＿＿＿＿；

(3) $(2^x)'=$ ＿＿＿＿＿＿；

(4) $(x^{-2})'=$ ＿＿＿＿＿＿.

10.已知：$f(x)=2x+3$，用导数定义求 $f'(2)$，$f'(x)$.

11.求下列曲线在指定点的切线方程和法线方程.

(1) $y=x^2$ 在点 $(-3,9)$ 处；

(2) $y=\cos(x)$ 在点 $(0,1)$ 处.

12.求下列函数的导数.

(1) $y=x^4-5x^2-7x+8$；

(2) $y=x\ \ln x+\lg e$；

(3) $y=3x^3+3^x+\log_3 x+3^3$；

(4) $y=e^x\sin x$；

(5) $y=\dfrac{x}{\sin x}$；

(6) $y=\dfrac{x-1}{x+1}$.

13.求下列复合函数的导数.

(1) $y=\ln(\csc x)$；

(2) $y=\sin\sqrt{x^2+1}$；

(3) $y=\dfrac{\ln x+x}{x^2}$；

(4) $y=\cos(3+2x)$；

(5) $y=e^{-5x^3}$；

(6) $y=\arccos(x^2)$.

14.求下列函数指定阶的导数.

(1) $f(x)=e^x\cos x$，求 $f^{(4)}(x)$；

(2) $y=\ln(\sin x)$，求 $f''(x)$；

(3) $f(x)=\ln(1+x)$，求 $f^{(n)}(x)$；

(4) $f(x)=e^{-x}$，求 $f^{(n)}(x)$.

15.求下列函数的微分 dy.

(1) $y=\ln\sin\dfrac{x}{2}$；

(2) $y=e^x\cos(3-x)$；

(3) $y=x^2\sin 3x$；

(4) $y=\dfrac{x}{\sqrt{x^3-5}}$.

16.求下列函数的单调增减区间.

(1) $f(x)=x^3-3x^2-5$；

(2) $y=x-\ln(1+x)$.

17.求下列函数的极值.

(1) $f(x)=2x^3-3x^2-12x+21$；

(2) $f(x)=x-\dfrac{3}{2}x^{\frac{2}{3}}$.

18.求下列函数的最大值与最小值.

(1)$f(x)=2x^3+3x^2-12x+14, x\in[-3,4]$;

(2)$f(x)=1-\frac{3}{2}(x-2)^{\frac{2}{3}}, x\in[0,3]$.

单元能力测验 B(提高篇)

1.已知某种商品的市场需求量 Q 对价格 P 的函数关系式为

$$Q(p)=1600\left(\frac{1}{4}\right)^p.$$

(1)求需求弹性$\frac{E_Q}{E_P}$;

(2)当商品的价格 $p=10$ 元时,如果价格再上升 1%,商品的需求量将如何变化.

2. 已知某产品的总成本函数为

$$c=c(q)=q^2+2q+100(q:\text{百件};C:\text{千元}).$$

每百件产品的销量价格为 4 万元,试写出利润函数,并求当边际利润为 0 时的产量.

3.某工厂生产某种产品 q 件的总成本函数为 $C(q)=200+4q+0.05q^2$(元).

(1)求产量为 200 时的边际成本,并说明其经济意义;

(2)如果对该厂征收固定税收,问固定税收对产品的边际成本是否会影响? 为什么? 试举例说明.

4. 设某家工厂生产某种产品 x 千克的总成本函数为 $C(x)=100+2x+0.02x^2$(元),总收入函数为 $R(x)=7x+0.01x^2$(元),求边际利润函数及生产量分别是 200 kg、250 kg 和 300 kg 时的边际利润,并说明其经济意义.

数学实验三　MATLAB 求导数

1.MATLAB 求导数

① MATLAB 符号工具箱中求导数的命令函数是 diff(),其调用格式如下:

diff(y)

表示求函数 y 对系统默认的符号变量 x 的导数.

注意:在用 diff 求导数之前需要定义变量 x.

当求函数在某一点的导数时,可用 diff 先求函数的导数 dy,得到一个含有 x 的代数式,然后用语句 subs(dy,[a])将值 a 赋给 dy 中的 x,并将 dy 在 $x=a$ 时的值求出来.

② 在 MATLAB 中,用 diff(f(x) , n)可以求 $f(x)$的 n 阶导数.

例 1　求下列函数的导数.

(1)$y=\sin x$;　　(2)$y=\ln\frac{x}{x^2}$.

解 输入

```
>>syms x
>>y1 = sin(x);y2 = log(x)/x^2
>>diff(y1)
ans  = cos(x)
diff(y2)
ans  = 1/x^3 - 2 * log(x)/x^3
```

所以

(1) $y' = (\sin x)' = \cos x$;

(2) $y' = (\frac{\ln x}{x^2})' = \frac{1 - 2\ln x}{x^3}$.

例 2 求函数 $y = \sin x$ 在 $x = \frac{\pi}{3}$ 处的导数值.

解(方法一) 输入

```
clear                              %清除内存中的变量
>>syms x                           % 定义变量 x
>>y = sin(x)
>>dy_dx = diff(y)                  % 求 y 的导数用 dy_dx 表示
    dy  =  cos(x)
>>subs(dy_dx,[pi/3])               % 将 dy_dx 中的 x 用 pi/3 代换并求值
ans  = 0.5000
```

所以,$y'|_{x=\frac{\pi}{3}} = (\sin x)'|_{x=\frac{\pi}{3}} = 0.5$

(方法二)也可以用导数的定义求这个值:

$$f'(\frac{\pi}{3}) = \lim_{h \to 0} \frac{\sin(\pi/3 + h) - \sin(\pi/3)}{h}$$

它的 MATLAB 命令如下:

```
>> clear
>>syms h
>> limit((sin(pi/3 + h) - sin(pi/3))/h,h,0)
ans  =  1/2
```

所以,$y'|_{x=\frac{\pi}{3}} = (\sin x)'|_{x=\frac{\pi}{3}} = \lim_{h \to 0} \frac{\sin(\pi/3 + h) - \sin(\pi/3)}{h} = \frac{1}{2}$.

例 3 设 $y = \frac{1}{2\sqrt{x}}$,求$y''|_{x=1}$.

解 MATLAB 程序如下:

```
syms x
```

y＝1/(2＊sqrt(x))；　　　　%sqrt (x) 为 x 的算术平方根.

dy_dx＝diff(y,2)　　　　% 求 y 的二阶导数,并用 dy_dx 表示.

dy_dx ＝ 3/8/x^(5/2)

z＝subs(dy_dx,[1])

z＝ 0.3750

所以,$y''|_{x=1}=0.3750$.

2.用 MATLAB 求函数的最值

用 MATLAB 可以求函数 $y=f(x)$在闭区间$[a,b]$上的最小值,求函数的最大值,可以用相反数 $y=-f(x)$变换后求出.调用方式如下：

y＝'f(x)'　　　　% 建立一个函数 $y=f(x)$,此处单引号不能省略.

[x,y]＝fminbnd(y,a,b)　　　　% 求函数 $y=f(x)$在闭区间$[a,b]$上的最小值 y.

例 4　用 MATLAB 求函数 $f(x)=2x^3+3x^2-12x$ 在区间$[-3, 5]$的最值.

解　输入

```
f='2*x^3+3*x^2-12*x';
>> [x,y]=fminbnd(f,-3,5)
x =1.0000
y =  -7.0000
```

所以,当 $x=1$ 时,函数有最小值 -7.

如果是求函数的最大值,则需取 $y=-f(x)$,求得的最小值为原 $y=f(x)$的最大值的相反数

输入

```
f='-2*x^3-3*x^2+12*x';
>> [x,y]=fminbnd(f,-3,5)
x =5
y = -264.9926
```

所以,当 $x=5$ 时,函数有最大值 265.

此处产生了一定的误差,是由电脑进行计算产生的,可以忽略不计.

扫码获取
拓展资源

第四章 积分及其应用

微分学包含两部分内容:微分学和积分学。上一章我们讨论了求已知函数的导数和微分的问题,但在实际应用中,很多情况还要研究与之相反的问题,即在已知函数的导数或微分的前提下,来确定这个函数.要解决这类问题,必须用到我们本章将要学习的积分学相关知识."无限细分,无限求和"的积分思想先于微分的产生,早期的数学家逐步得到了一系列求面积和体积(积分)、求极值和切线斜率(导数)的重要结论,但这些结论是孤立的,不成体系的,直到 17 世纪中期,牛顿和莱布尼兹意识到微分与积分之间的互逆关系,从而创立了微积分。本章先建立不定积分的概念,然后讨论求不定积分的常用方法,进而建立定积分的概念,讨论求定积分的常用方法,介绍积分学在经济数学中的一些简单应用,并引进用"MATLAB"求解积分,彻底解决求不定积分和定积分的问题.

4.1 不定积分

4.1.1 原函数与不定积分的概念

1.原函数

在许多实际问题中,要用到微分法的逆运算,就是要由某函数的已知导数,求原来的函数.

例如,已知一个物体在时刻 t(秒)的运动速度为 $v=0.5t+1$(米/秒),求它的运动方程.

如果设这个物体的运动方程为 $s=F(t)$,则

$$v=F'(t)=0.5t+1.$$

易知 $F'(t)=(0.25t^2+t+c)'=0.5t+1$($C$ 为任意常数).

所以,这个物体的运动方程为

$$s=F(t)=0.25t^2+t+C \ (C\text{ 为任意常数}).$$

定义 4.1.1 设函数 $f(x)$是定义在区间(a,b)内的函数,如果存在一个函数 $F(x)$,使对于任意 $x\in(a,b)$,都有:

$$F'(x)=f(x)\text{或 } dF(x)=f(x)dx,$$

则称 $F(x)$ 是 $f(x)$ 在 (a,b) 内的一个原函数.

例如:在区间 $(-\infty,+\infty)$ 内,$(x^3)'=3x^2$,因此 x^3 是 $3x^2$ 的一个原函数.

显然,在区间 $(-\infty,+\infty)$ 内,$(x^3+1)'=3x^2$,$(x^3+2)'=3x^2$,$(x^3+C)'=3x^2$(C 为任意常数),所以,x^3+1,x^3+2,x^3+c 都是 $3x^2$ 的原函数.显然,$3x^2$ 的原函数有无数个.一般地,$3x^2$ 的所有原函数可表示为 x^3+C(C 为任意常数).

关于原函数,一般有如下结论:

结论 1　如果函数 $f(x)$ 有一个原函数,则有无穷多个原函数;

结论 2　函数 $f(x)$ 的任意两个原函数的差是一个常数;

结论 3　如果 $f(x)$ 在区间 $[a,b]$ 内连续,则 $f(x)$ 在该区间上一定有原函数.

2.不定积分

定义 4.1.2　函数 $f(x)$ 的全部原函数叫作 $f(x)$ 的不定积分,记作 $\int f(x)dx$.

其中,符号 $\int$ 称为积分号,x 称为积分变量,$f(x)$ 称为被积函数,$f(x)dx$ 称为被积表达式.

显然,如果 $F(x)$ 是 $f(x)$ 的一个原函数,则

$$\int f(x)dx=F(x)+C\ (C\text{ 为任意常数}),$$

其中 C 称为积分常数.

这就是说,所谓求不定积分 $\int f(x)dx$,就是问哪些函数求导后的结果为 $f(x)$,把满足条件的函数都找出来.

一般地,求函数 $f(x)$ 的不定积分,只需求出 $f(x)$ 的一个原函数后,再加上积分常数即可.

注意:在以后的解题过程中所出现的积分常数 C,都表示是一个任意常数,不再另加说明.

例 4.1.1　用定义求下列不定积分

(1) $\int x^4dx$;　　(2) $\int \sin x\,dx$;　　(3) $\int \frac{1}{x}dx$.

解　(1)因为
$$\left(\frac{1}{5}x^5\right)'=x^4,$$
所以
$$\int x^4dx=\frac{1}{5}x^5+C.$$

(2)因为
$$(-\cos x)'=\sin x,$$
所以
$$\int \sin x\,dx=-\cos x+C.$$

(3)当 $x>0$ 时

因为 $$(\ln x)'=\frac{1}{x},$$

所以 $$\int\frac{1}{x}\mathrm{d}x=\ln x+c\ (x>0).$$

当 $x<0$ 时

因为 $$[\ln(-x)]'=\frac{1}{-x}\cdot(-1)=\frac{1}{x},$$

所以 $$\int\frac{1}{x}\mathrm{d}x=\ln(-x)+c\ (x<0),$$

于是，有 $$\int\frac{1}{x}\mathrm{d}x=\begin{cases}\ln x+C(x>0),\\ \ln(-x)+C(x<0),\end{cases}$$

即 $$\int\frac{1}{x}\mathrm{d}x=\ln|x|+C.$$

通常我们把 $f(x)$ 一个原函数的图像称为 $f(x)$ 的一条积分曲线.因此，不定积分 $\int f(x)\mathrm{d}x=F(x)+C$ 在几何上就表示全体积分曲线所组成的曲线簇，它们的方程是 $y=F(x)+c$.同时我们规定：如果两条曲线在横坐标相同点处具有相同的切线斜率，则称这两条曲线平行.这样，不定积分在几何上表示一簇彼此平行的曲线.如图 4-1 所示.

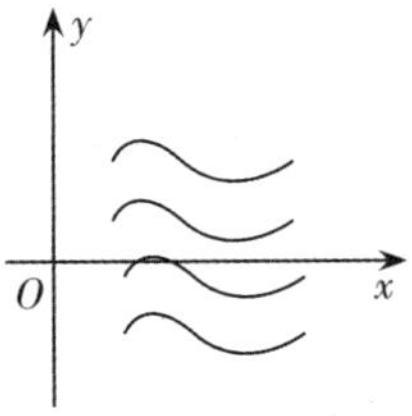

图 4—1

4.1.2 不定积分的性质

根据不定积分的定义可知：

性质 1 $\left[\int f(x)\mathrm{d}x\right]'=f(x)$ 或者 $\mathrm{d}\left[\int f(x)\mathrm{d}x\right]=f(x)\mathrm{d}x.$

性质 2 $\int F'(x)\mathrm{d}x=F(x)+c$ 或者 $\int \mathrm{d}F(x)=F(x)+c.$

不定积分与导数(或微分)互为逆运算.不定积分的导数(或微分)等于被积函数(或被积表达式).函数的导数(或微分)的不定积分等于这个函数加一个常数.

性质 3 两函数代数和的不定积分等于它们各自不定积分的代数和

$$\int[f(x)\pm g(x)]\mathrm{d}x=\int f(x)\mathrm{d}x\pm\int g(x)\mathrm{d}x.$$

性质 4 求不定积分时，非零常数因子可以提到积分号外面

$$\int kf(x)\mathrm{d}x=k\int f(x)\mathrm{d}x,(k\neq 0).$$

4.1.3 不定积分的直接积分法

扫码获取拓展资源

由于不定积分与求导数运算是互为逆运算的关系，所以，由基本求导公式可以得出不定积分的基本公式

(1) $\int k\,\mathrm{d}x = kx + C$（$k$ 是常数）；

(2) $\int x^{\alpha}\,\mathrm{d}x = \dfrac{1}{\alpha+1}x^{\alpha+1} + C$ $(\alpha \neq -1)$；

(3) $\int \dfrac{1}{x}\,\mathrm{d}x = \ln|x| + C$；

(4) $\int \mathrm{e}^{x}\,\mathrm{d}x = e^{x} + C$；

(5) $\int a^{x}\,\mathrm{d}x = \dfrac{a^{x}}{\ln a} + C$；

(6) $\int \cos x\,\mathrm{d}x = \sin x + C$；

(7) $\int \sin x\,\mathrm{d}x = -\cos x + C$；

(8) $\int \dfrac{1}{\cos^{2}x}\,\mathrm{d}x = \int \sec^{2}x\,\mathrm{d}x = \tan x + C$；

(9) $\int \dfrac{1}{\sin^{2}x}\,\mathrm{d}x = \int \csc^{2}x\,\mathrm{d}x = -\cot x + C$；

(10) $\int \dfrac{1}{1+x^{2}}\,\mathrm{d}x = \arctan x + C$；

(11) $\int \dfrac{1}{\sqrt{1-x^{2}}}\,\mathrm{d}x = \arcsin x + C$；

(12) $\int \sec x\tan x\,\mathrm{d}x = \sec x + C$；

(13) $\int \mathrm{csccot}\,x\,\mathrm{d}x = -\csc x + C$.

一般地，我们把将被积函数进行适当的恒等变形后，利用不定积分的性质和基本积分公式，求出不定积分的方法称为直接积分法.这里的恒等变形指的是代数变形或三角变形，常用的代数公式及三角函数公式可以在本书的附录 1 中查询.

例 4.1.2　求下列不定积分

(1) $\int \dfrac{1}{x^{3}}\,\mathrm{d}x$；　(2) $\int x^{2}\sqrt{x}\,\mathrm{d}x$；　(3) $\int \dfrac{\mathrm{d}x}{x\sqrt[3]{x}}$.

解　(1) $\int \dfrac{1}{x^{3}}\,\mathrm{d}x = \int x^{-3}\,\mathrm{d}x = \dfrac{1}{-3+1}x^{-3+1} + C = -\dfrac{1}{2x^{2}} + C$.

(2) $\int x^{2}\sqrt{x}\,\mathrm{d}x = \int x^{\frac{5}{2}}\,\mathrm{d}x = \dfrac{1}{\frac{5}{2}+1}x^{\frac{5}{2}+1} + C = \dfrac{2}{7}x^{\frac{7}{2}} + C = \dfrac{2}{7}x^{3}\sqrt{x} + C$.

(3) $\int \dfrac{\mathrm{d}x}{x\sqrt[3]{x}} = \int x^{-\frac{4}{3}}\,\mathrm{d}x = \dfrac{x^{-\frac{4}{3}+1}}{-\frac{4}{3}+1} + C = -3x^{-\frac{1}{3}} + C = -\dfrac{3}{\sqrt[3]{x}} + C$.

应用根式性质和幂指数运算法则，将被积函数化为分数指数幂的形式进行积分，是解决这类问题的常用方法.

例 4.1.3　求下列不定积分.

(1) $\int \dfrac{x^{4}}{1+x^{2}}\,\mathrm{d}x$；

(2) $\int \tan^{2}x\,\mathrm{d}x$；

(3) $\int \sin^2 \frac{x}{2} \mathrm{d}x$； (4) $\int \frac{1}{\sin^2 \frac{x}{2} \cos^2 \frac{x}{2}} \mathrm{d}x$.

解 (1) $\int \frac{x^4}{1+x^2} \mathrm{d}x = \int \frac{x^4-1+1}{1+x^2} \mathrm{d}x = \int \frac{(x^2+1)(x^2-1)+1}{1+x^2} \mathrm{d}x$

$$= \int (x^2 - 1 + \frac{1}{1+x^2}) \mathrm{d}x = \int x^2 \mathrm{d}x - \int \mathrm{d}x + \int \frac{1}{1+x^2} \mathrm{d}x$$

$$= \frac{1}{3}x^3 - x + \arctan x + C.$$

(2) $\int \tan^2 x \mathrm{d}x = \int (\sec^2 x - 1) \mathrm{d}x = \int \sec^2 x \mathrm{d}x - \int \mathrm{d}x = \tan x - x + C$.

(3) $\int \sin^2 \frac{x}{2} \mathrm{d}x = \int \frac{1-\cos x}{2} \mathrm{d}x = \frac{1}{2} \int (1-\cos x) \mathrm{d}x = \frac{1}{2}(x - \sin x) + C$.

(4) $\int \frac{1}{\sin^2 \frac{x}{2} \cos^2 \frac{x}{2}} \mathrm{d}x = 4\int \frac{1}{\sin^2 x} \mathrm{d}x = -4\cot x + C$.

将代数式合理变形，灵活运用三角函数公式进行变换，是求解积分问题的关键，同学们要仔细体会，保持一定的练习量，才能做到熟能生巧.

4.1.4 不定积分的换元积分法

扫码获取拓展资源

(Ⅰ) 第一类换元积分法(凑微分法)

我们知道，若函数 $f(x)$ 在点 x 处可微，则有

$$\mathrm{d}f(x) = f'(x)\mathrm{d}x.$$

于是，反之亦有

$$f'(x)\mathrm{d}x = \mathrm{d}f(x).$$

有一类积分，不能用直接积分法求出，或者用直接积分法求解太麻烦，我们可以寻求另外的方法求解.

例 4.1.4 求 $\int \cos 5x \mathrm{d}x$.

显然，用直接积分法不能求这个不定积分.一般地，根据微分形式的不变性，我们有如下结论：

如果 $\int f(x)\mathrm{d}x = F(x) + C$，则

$$\int f(u)\mathrm{d}u = F(u) + c,$$

其中，$u = \varphi(x)$ 是一个可微函数.

考虑到 $\mathrm{d}x = \frac{1}{5} \cdot 5\mathrm{d}x = \frac{1}{5} \cdot (5x)'\mathrm{d}x = \frac{1}{5}\mathrm{d}(5x)$，

所以，我们可以用如下的方式求解：

解 $\int \cos 5x\mathrm{d}x=\frac{1}{5}\int \cos 5x\cdot 5\mathrm{d}x=\frac{1}{5}\int \cos 5x\mathrm{d}(5x)$ （凑微分）

$$\xlongequal{5x=u}\frac{1}{5}\int \cos u\mathrm{d}u \quad \text{（换元）}$$

$$=\frac{1}{5}\sin u+C$$

$$\xlongequal{u=5x}\frac{1}{5}\sin 5x+C \quad \text{（回代）}$$

这种求解积分的方法，我们称为第一类换元积分法.在被积表达式中有针对性地凑进了一个“$\mathrm{d}(5x)$”，这个过程我们称为“凑微分”.因之，第一类换元积分法又称为凑微分法.凑微分法的一般计算步骤是：

$$\int f[\varphi(x)]\varphi'(x)\mathrm{d}x=\int f[\varphi(x)]\mathrm{d}\varphi(x) \quad \text{（凑微分）}$$

$$\xlongequal{\varphi(x)=u}\int f(u)\mathrm{d}u \quad \text{（换元）}$$

$$=F(u)+C \quad \text{（积分）}$$

$$\xlongequal{u=\varphi(x)}F[\varphi(x)]+C \quad \text{（回代）}$$

一般地，常用的凑微分方法有：

$\mathrm{d}x=\frac{1}{a}(ax+b)'\mathrm{d}x=\frac{1}{a}\mathrm{d}(ax+b)$（$a\neq 0$，$b$ 为任意常数）；

$\cos x\mathrm{d}x=(\sin x)'\mathrm{d}x=\mathrm{d}\sin x$； $\sin x\mathrm{d}x=-(\cos x)'\mathrm{d}x=-\mathrm{d}\cos x$；

$\frac{1}{x}\mathrm{d}x=(\ln x)'\mathrm{d}x=\mathrm{d}\ln x(x>0)$； $\frac{1}{\sqrt{x}}\mathrm{d}x=2(\sqrt{x})'\mathrm{d}x=2\mathrm{d}\sqrt{x}$.

例 4.1.5 求 $\int \sin^2 x\mathrm{d}x$.

解 $\int \sin^2 x\mathrm{d}x=\int \frac{1-\cos 2x}{2}\mathrm{d}x$

$$=\frac{1}{2}\int \mathrm{d}x-\frac{1}{2}\int \cos 2x\mathrm{d}x$$

$$=\frac{1}{2}x-\frac{1}{4}\int \cos 2x\mathrm{d}(2x)$$

$$=\frac{1}{2}x-\frac{1}{4}\sin 2x+C.$$

在运算熟练后，不必写出令 $u=\varphi(x)$ 这一过程，而把 $\varphi(x)$ 看成一个变量整体，直接写出结果.

例 4.1.6 求 $\int \tan x \mathrm{d}x$.

解 $\int \tan x \mathrm{d}x = \int \frac{\sin x}{\cos x}\mathrm{d}x = \int \frac{(-\cos x)'\mathrm{d}x}{\cos x} = -\int \frac{\mathrm{d}\cos x}{\cos x} = -\ln|\cos x| + C$.

类似地,可求得

$$\int \cot x \mathrm{d}x = \ln|\sin x| + C.$$

例 4.1.7 计算 $\int \sec x \mathrm{d}x$.

解 $\int \sec x \mathrm{d}x = \int \frac{\sec x(\sec x + \tan x)}{\tan x + \sec x}\mathrm{d}x$

$$= \int \frac{\sec^2 x + \sec x \tan x}{\tan x + \sec x}\mathrm{d}x = \int \frac{(\tan x + \sec x)'}{\tan x + \sec x}\mathrm{d}x$$

$$= \int \frac{1}{\tan x + \sec x}\mathrm{d}(\tan x + \sec x) = \ln|\sec x + \tan x| + C.$$

类似地,可求得:

$$\int \csc x \mathrm{d}x = \ln|\csc x - \cot x| + C.$$

扫码获取拓展资源

(Ⅱ) 第二类换元积分法

对于某些被积函数含有根号的积分,使用直接积分法或第一类换元积分法都不起作用,这时我们可以作适当的变量替换 $x = \varphi(t)$,消去根号,把被积函数有理化,将积分变为较为容易计算的 $\int f[\varphi(t)]\varphi'(t)\mathrm{d}t$ 形式,求此积分,再 t 回代成 x 的函数即可.

一般地,如果函数 $x = \varphi(t)$ 单调可导,且 $\varphi'(t) \neq 0$,并有

$$\int f[\varphi(t)]\varphi'(t)\mathrm{d}t = F(t) + C,$$

则

$$\int f(x)\mathrm{d}x = F[\varphi^{-1}(x)] + C.$$

这里 $t = \varphi^{-1}(x)$ 为 $x = \varphi(t)$ 的反函数.

使用上述方法积分的一般步骤是.

$$\int f(x)\mathrm{d}x \xlongequal{x=\varphi(t)} \int f[\varphi(t)]\mathrm{d}[\varphi(t)] \quad \text{(换元)}$$

$$= F(t) + C$$

$$\xlongequal{t=\varphi^{-1}(x)} F[\varphi^{-1}(x)] + C \quad \text{(回代)}$$

这种换元积分方法，称为**第二类换元积分法**.

例 4.1.8　求 $\int \frac{\sqrt{x}}{1+\sqrt{x}}\mathrm{d}x$.

解　为了消去根式，可令 $\sqrt{x}=t$，即 $x=t^2(t\geqslant 0)$，则 $\mathrm{d}x=2t\mathrm{d}t$. 于是

$$\begin{aligned}\int \frac{\sqrt{x}}{1+\sqrt{x}}\mathrm{d}x &= \int \frac{t}{1+t}2t\mathrm{d}t = 2\int \frac{t^2}{1+t}\mathrm{d}t \\ &= 2\int \frac{(t^2-1)+1}{1+t}\mathrm{d}t = 2\int \left(t-1+\frac{1}{1+t}\right)\mathrm{d}t \\ &= t^2-2t+2\ln|1+t|+C \\ &\xlongequal{t=\sqrt{x}} x-2\sqrt{x}+2\ln|1+\sqrt{x}|+C.\end{aligned}$$

一般地，对于 $\int f(\sqrt[n]{ax+b})\mathrm{d}x\ (a\neq 0)$ 类型的不定积分，可以设 $\sqrt[n]{ax+b}=t$，故

$$ax+b=t^n,$$

$$x=\frac{1}{a}t^n-\frac{b}{a}.$$

从而消去根号，进行积分.

例 4.1.9　求 $\int \frac{x+1}{\sqrt[3]{3x-2}}\mathrm{d}x$.

解　设 $\sqrt[3]{3x-2}=t$

　则 $x=\frac{1}{3}t^3+\frac{2}{3}$

所以 $\int \frac{x+1}{\sqrt[3]{3x-2}}\mathrm{d}x = \int \frac{\frac{1}{3}t^3+\frac{2}{3}+1}{t}\mathrm{d}\left(\frac{1}{3}t^3+\frac{2}{3}\right)$

$$\begin{aligned}&= \int \frac{\frac{1}{3}t^3+\frac{5}{3}}{t}\cdot t^2\mathrm{d}t = \int \left(\frac{1}{3}t^4+\frac{5}{3}t\right)\mathrm{d}t \\ &= \frac{1}{15}t^5+\frac{5}{6}t^2+C \xlongequal{t=\sqrt[3]{3x-2}} \frac{1}{15}\sqrt[3]{(3x-2)^5}+\frac{5}{6}\sqrt[3]{(3x-2)^2}+C.\end{aligned}$$

对于某些含有 $a^2\pm x^2$ 或 x^2-a^2 的二次根式，可以使用三角函数变换，消去根号.

例 4.1.10　求 $\int \sqrt{a^2-x^2}\mathrm{d}x\,(a>0)$.

解　令 $x=a\sin t\quad \left(-\frac{\pi}{2}<t<\frac{\pi}{2}\right)$，则

$$\int \sqrt{a^2-x^2}\mathrm{d}x = \int \sqrt{a^2-a^2\sin^2 t}\,\mathrm{d}(a\sin t)$$

$$= \int a^2\cos^2 t\mathrm{d}t = a^2\int \frac{1+\cos 2t}{2}\mathrm{d}t$$

$$= \frac{a^2}{2}t + \frac{a^2}{4}\sin 2t + C = \frac{1}{2}a^2 t + \frac{1}{2}a^2 \sin t\cos t + C.$$

由 $\sin t = \frac{x}{a}$，得 $\cos t = \frac{\sqrt{a^2 - x^2}}{a}$（如图 4-2），$t = \arcsin \frac{x}{a}$，

所以 $\int \sqrt{a^2 - x^2}\,\mathrm{d}x = \frac{1}{2}a^2 \arcsin \frac{x}{a} + \frac{1}{2}x\sqrt{a^2 - x^2} + C$.

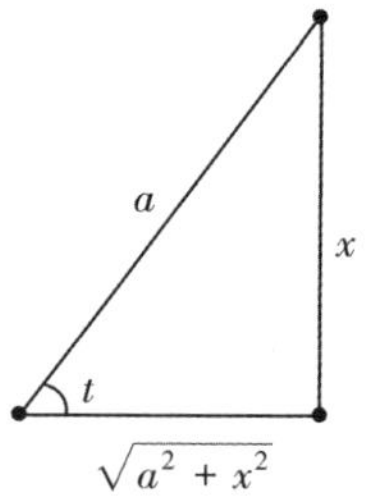

图 4-2

4.1.5 不定积分的分部积分法

如果被积函数由两种不同类型的函数组成，可以考虑使用分部积分法.

扫码获取
拓展资源

设函数 $u = u(x)$，$v = v(x)$ 具有连续导数，根据微分公式

$$\mathrm{d}(uv) = u\mathrm{d}v + v\mathrm{d}u,$$

移项，得

$$u\mathrm{d}v = \mathrm{d}(uv) - v\mathrm{d}u,$$

两边积分，得

$$\int u\mathrm{d}v = uv - \int v\mathrm{d}u,$$

上式称为分部积分公式.

例 4.1.11 求 $\int x\cos x\,\mathrm{d}x$.

解 $\int x\cos x\,\mathrm{d}x = \int x\,\mathrm{d}(\sin x) = x\sin x - \int \sin x\,\mathrm{d}x$

$$= x\sin x + \cos x + C.$$

一般地，运用分部积分法的关键是恰的选择 u，$\mathrm{d}v$，在使用分部积分公式后，公式右边的 $\int v\mathrm{d}u$ 要比公式左边的 $\int u\mathrm{d}v$ 容易求积.

例 4.1.12 求 $\int x\ln x\,\mathrm{d}x$.

解 $\int x\ln x\,\mathrm{d}x = \int \ln x\,\mathrm{d}\left(\frac{x^2}{2}\right) = \frac{1}{2}x^2\ln x - \int \frac{x^2}{2}\mathrm{d}(\ln x)$

$$= \frac{x^2}{2}\ln x - \frac{1}{2}\int x\,\mathrm{d}x = \frac{x^2}{2}\ln x - \frac{1}{4}x^2 + C.$$

例 4.1.13 求 $\int x\mathrm{e}^x\,\mathrm{d}x$.

解 $\int x\mathrm{e}^x\,\mathrm{d}x = \int x\,\mathrm{d}(\mathrm{e}^x) = x\mathrm{e}^x - \int \mathrm{e}^x\,\mathrm{d}x = x\mathrm{e}^x - \mathrm{e}^x + C.$

4.1.6 不定积分的应用

由导数的经济意义知道，经济函数的导数叫作边际函数.对已知的边际函数求不定积分，可以求得其原函数，亦即原来的经济函数.

如果已知边际需求函数 $Q'(p)$，则需求函数为

$$Q(p)=\int Q'(p)\mathrm{d}x.$$

如果已知边际成本函数 $C'(x)$，则总成本函数为

$$C(x)=\int C'(x)\mathrm{d}x.$$

如果已知边际收入函数 $R'(x)$，则总收入函数为

$$R(x)=\int R'(x)\mathrm{d}x.$$

如果已知边际利润函数 $L'(x)$，则利润函数为

$$L(x)=\int L'(x)\mathrm{d}x.$$

一般地，由不定积分得到的原函数，里面含有任意常数 C，所有，我们还要根据经济问题的实际情况确定这个常数的值.

通常情况下，当 $x=0$ 时，对于总成本函数，$C(0)=C_0$.这是因为固定成本是不随着产量变化而变化的成本，所以当生产量或销售量为 0 时，企业所产生的成本就是固定成本；当 $x=0$ 时，对于总收入函数，$R(0)=0$.即当生产量或销售量为 0 时，企业的收入为 0.

例 4.1.14　某厂生产一种产品的边际成本为产量 x 的函数 $C'(x)=x^2-7x+90$(元/件)，固定成本为 1500 元，求生产这种产品的总成本函数.

解　总成本函数

$$\begin{aligned}C(x)&=\int C'(x)\mathrm{d}x\\&=\int(x^2-7x+90)\mathrm{d}x\\&=\frac{1}{3}x^3-\frac{7}{2}x^2+90x+C_0.\end{aligned}$$

因为

$$C(0)=C_0=1500,$$

所以，所求总成本函数为

$$C(x)=\frac{1}{3}x^3-\frac{7}{2}x^2+90x+1500(\text{元}).$$

例 4.1.15　已知生产某商品的边际利润函数为 $L'(x)=-2x+8$(万元/件)，销售单价为 11 万元/件，利润保本点 $x=2$(件)，求生产这种商品的总成本函数.

解　利润函数为

$$L(x)=\int L'(x)\mathrm{d}x=\int(-2x+8)\mathrm{d}x=-x^2+8x+C.$$

根据利润保本点 $x=2$，有

$$L(2)=0,$$

即

$$-4+16+C=0,$$
$$C=-12,$$

所以

$$L(x)=-x^2+8x-12,$$

于是,有总成本函数为

$$C(x)=R(x)-L(x)=11x-(-x^2+8x-12)=x^2+3x+12(\text{万元}).$$

习题 4.1

1.填空.

(1) $y=x^5$的一个原函数是 ________;

(2)设 $e^x+\sin x$ 是 $f(x)$ 的一个原函数,则 $f'(x) -$ ________;

(3)函数 ________的原函数是 x^3.

2.求下列不定积分.

(1) $\int 3x^7\mathrm{d}x$;

(2) $\int \sqrt[3]{x^2}(\sqrt{x}+\sqrt[5]{x^3})\mathrm{d}x$;

(3) $\int 2^x(3^x-1)\mathrm{d}x$;

(4) $\int \frac{(x-1)(1+\sqrt{x})}{x}\mathrm{d}x$;

(5) $\int \frac{\cos 2x}{\sin^2 x\cos^2 x}\mathrm{d}x$;

(6) $\int \frac{x^4-x^2}{x^2+1}\mathrm{d}x$.

3.用换元积分法或分部积分法求下列不定积分.

(1) $\int \sqrt{3x-1}\,\mathrm{d}x$;

(2) $\int \cos(2x+3)\mathrm{d}x$;

(3) $\int \frac{\mathrm{d}x}{(2x-1)}$;

(4) $\int (\ln x)^3\frac{\mathrm{d}x}{x}(x>0)$;

(5) $\int \frac{e^x}{1+e^x}\mathrm{d}x$;

(6) $\int \sin^3 x\,\mathrm{d}x$;

(7) $\int \frac{1}{\sqrt{x}-2}\mathrm{d}x$;

(8) $\int \frac{x-3}{\sqrt{2x-5}}\mathrm{d}x$;

(9) $\int \ln x\,\mathrm{d}x$;

(10) $\int \arctan x\,\mathrm{d}x$.

4. 某产品的边际成本函数为 $C'(q)=10q+28$(万元/件),固定成本 50 万元,求总成本函数 $C(q)$.

5. 已知某产品的边际成本和边际收入分别为:

$$C'(q)=q^2-4q+6,R'(q)=105-2q,$$

且固定成本为 100,其中 q 为销售量,$C(q)$和 $R(q)$为总成本函数和总收入函数,求最大利润.

4.2 定积分

4.2.1 定积分的概念与性质

1.曲边梯形的面积

一般地,若函数 $y=f(x)$在区间$[a,b]$上非负,由曲线 $y=f(x)$及直线 $x=a$,$x=b$ 和 $y=0$ 围成的平面图形称为曲边梯形,如图 4-3 所示.

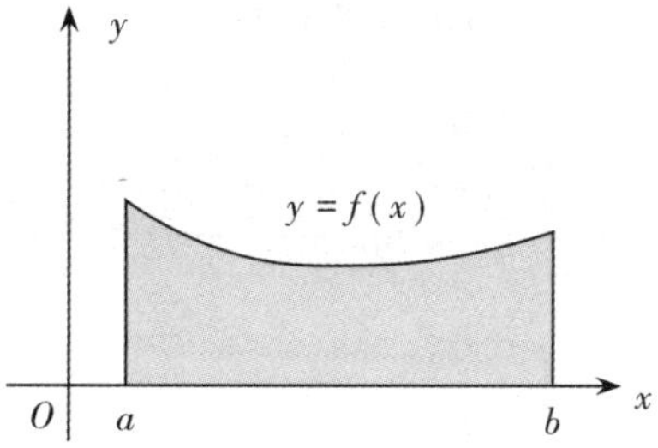

图 4-3

例 4.2.1 试求曲线 $y=x^2$,x 轴和直线 $x=1$ 所围的平面图形的面积,见图 4-4.

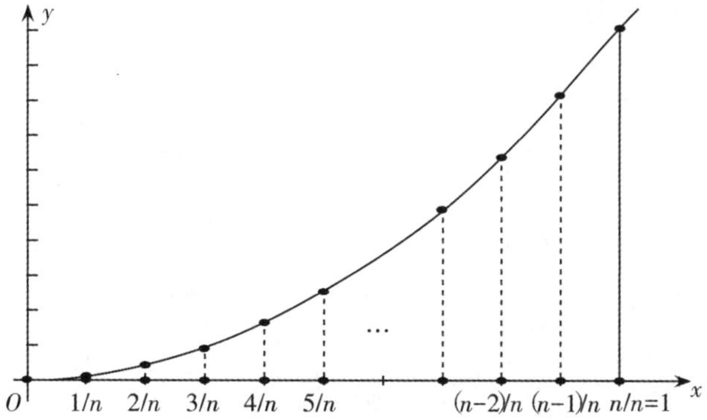

图 4-4

解 (1)分割.将区间$[0,1]$分成 n 等份,得到 n 个小区间,$y=x^2$ 在各分点的值分别为

$$\left(\frac{1}{n}\right)^2,\left(\frac{2}{n}\right)^2,\left(\frac{3}{n}\right)^2,\cdots,\left(\frac{i}{n}\right)^2,\cdots,\left(\frac{n-1}{n}\right)^2,1.$$

(2)取近似.以小区间长度$\frac{1}{n}$为底,y 在各分点的值为高作 n 个小矩形,则每个小矩形的面积近似为小窄曲边梯形的面积 $\Delta A_i(i=1,2,3,\cdots,n)$则

$$\Delta A_1\approx\frac{1}{n}\cdot\left(\frac{1}{n}\right)^2,\Delta A_2\approx\frac{1}{n}\cdot\left(\frac{2}{n}\right)^2,\cdots,\Delta A_i\approx\frac{1}{n}\cdot\left(\frac{i}{n}\right)^2,\cdots,\Delta A_n\approx\frac{1}{n}\cdot 1^2.$$

(3)求和.所以整个平面图形的面积

$$A = \Delta A_1 + \Delta A_2 + \cdots + \Delta A_i + \cdots + \Delta A_n = \sum_{i=1}^{n} \Delta A_i$$

$$\approx \frac{1}{n} \cdot \left(\frac{1}{n}\right)^2 + \frac{1}{n} \cdot \left(\frac{2}{n}\right)^2 + \cdots + \frac{1}{n} \cdot \left(\frac{i}{n}\right)^2 + \cdots + \frac{1}{n} \cdot 1^2$$

$$= \frac{1}{n}\left(\frac{1^2 + 2^2 + \cdots + i^2 + \cdots + n^2}{n^2}\right)$$

$$= \frac{1}{n^3}(1^2 + 2^2 + \cdots + i^2 + \cdots + n^2)$$

$$= \frac{1}{n^3} \sum_{i=1}^{n} i^2 = \frac{1}{n^3} \cdot \frac{1}{6} n(n+1)(2n+1).$$

(4)求极限.当分点无限增加,即 $n \to \infty$ 时,

$$\lim_{n \to \infty} \frac{1}{n^3} \cdot \frac{1}{6} n(n+1)(2n+1) = \lim_{n \to \infty} \frac{1}{6} \cdot \frac{n+1}{n} \cdot \frac{2n+1}{n} = \frac{1}{6} \times 1 \times 2 = \frac{1}{3},$$

即所求平面图形的面积为 $\frac{1}{3}$.

从上例可以看到,求这个平面图形的面积分为以下四个步骤:

(1)分割;(2)取近似;(3)求和;(4)求极限.

类似地,可以求曲边梯形的面积,见图 4-5.

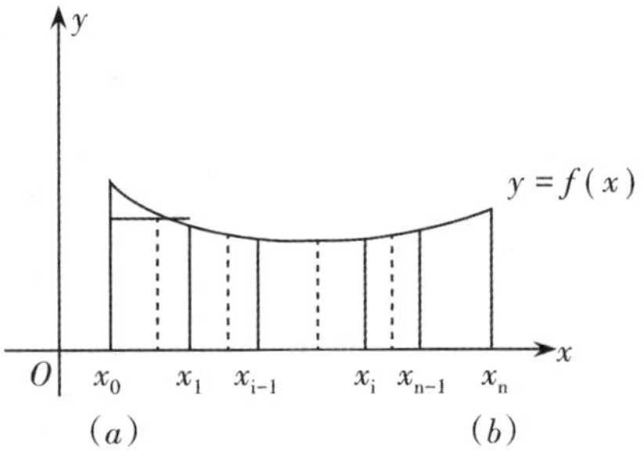

图 4-5

(1)分割.在区间$[a,b]$内插入任意 $n-1$ 个分点

$$a = x_0 < x_1 < x_2 < \cdots < x_{i-1} < x_i < \cdots < x_{n-1} < x_n = b.$$

将区间$[a,b]$任意分成 n 个小区间(为方便计,一般情况下是等分),记第 i 个小区间$[x_{i-1},x_i]$的长度为 $\Delta x_i = x_i - x_{i-1}$.

(2)取近似.在小区间$[x_{i-1},x_i]$上任取一点 ξ_i,以 $f(\xi_i)$为高,Δx_i 为底的小矩形面积 $f(\xi_i)\Delta x_i$ 作为小曲边梯形 ΔA_i 面积的近似值,即:$\Delta A_i \approx f(\xi_i)\Delta x_i$.这个过程称为以直代曲.

(3)求和.把所有小矩形面积相加,得整个曲边梯形面积 A 的近似值,即

$$A = \sum_{i=1}^{n} \Delta A_i \approx \sum_{i=1}^{n} f(\xi_i) \cdot \Delta x_i.$$

(4)求极限.使 $\lambda=\max\limits_{1\leqslant i\leqslant n}\{\Delta x_i\}\to 0$,求 $\sum\limits_{i=1}^{n} f(\xi_i)\cdot\Delta x_i$ 的极限,得出曲边梯形的面积即

$$A=\lim_{\lambda\to 0}\sum_{i=1}^{n} f(\xi_i)\Delta x_i.$$

例如:例 4.2.1 中求曲边梯形的面积可表示为:$\int_0^1 x^2\,dx=\frac{1}{3}$.

2.定积分的定义

定义 4.2.1　设 $y=f(x)$在区间$[a,b]$上有定义,在$[a,b]$中插入任意 $n-1$ 个点:

$$a=x_0<x_1<x_2<\cdots<x_{i-1}<x_i<\cdots<x_{n-1}<x_n=b.$$

将区间$[a,b]$分成 n 个小区间$[x_{i-1},x_i]$,小区间$[x_{i-1},x_i]$的长度记为 $\Delta x_i=x_i-x_{i-1}$,在小区间$[x_{i-1},x_i]$上任取一点 ξ_i,求和式 $\sum\limits_{i=1}^{n} f(\xi_i)\cdot\Delta x_i$,若当 $\lambda=\max\limits_{1\leqslant i\leqslant n}\{\Delta x_i\}\to 0$ 时,$A=\lim\limits_{\lambda\to 0}\sum\limits_{i=1}^{n} f(\xi_i)\Delta x_i$ 极限存在,且与$[a,b]$的分法无关,与 ξ_i 的取法无关,则称此极限为函数 $f(x)$在区间$[a,b]$上的定积分,记为:$\int_a^b f(x)\,dx$,即

$$\int_a^b f(x)\,dx=A=\lim_{\lambda\to 0}\sum_{i=1}^{n} f(\xi_i)\Delta x_i.$$

其中 x 称为积分变量,$f(x)$称为被积函数,$f(x)\,dx$ 称为被积表达式,$[a,b]$称为积分区间,a 称为积分下限,b 称为积分上限.

当函数 $f(x)$在区间$[a,b]$上的定积分存在时,则称 $f(x)$在$[a,b]$上是可积.否则称 $f(x)$在$[a,b]$上不可积.

例 4.2.2　如果 A 为大于 0 的常数,试证明 $\int_a^b A\,dx=A(b-a)$.

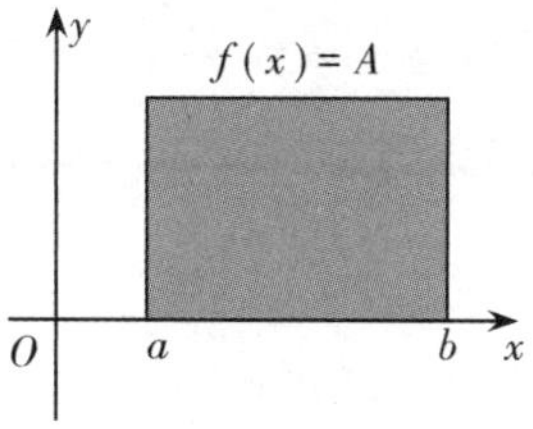

图 4-6

证　由图 4-6 可知,当 $A>0$ 时,$\int_a^b A\,dx$ 表示底为$(b-a)$,高为 A 的矩形的面积.所以 $\int_a^b A\,dx=A(b-a)$.

注　①定积分是和式的极限,其结果是一个常数.这个数值的大小只与被积函数 $f(x)$及区间$[a,b]$有关,与区间的分法及 ξ_k 的取法无关.

② $\int_a^b f(x)\mathrm{d}x$ 的值与积分变量的记号无关，例如

$$\int_a^b f(x)\mathrm{d}x = \int_a^b f(t)\mathrm{d}t = \int_a^b f(w)\mathrm{d}w.$$

3.定积分的简单性质

性质 1 $\int_a^b f(x)\mathrm{d}x = -\int_b^a f(x)\mathrm{d}x$，即对调积分上下限，其值要变号.

特别地，当 $b=a$ 时，$\int_a^b f(x)\mathrm{d}x = \int_a^a f(x)\mathrm{d}x = 0$.

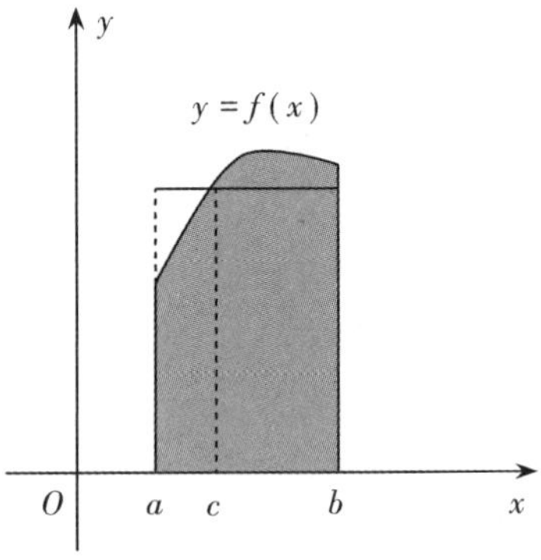

图 4-7

性质 2 被积函数的常数因子可以提到积分号外面，即

$$\int_a^b k\cdot f(x)\mathrm{d}x = k\int_a^b f(x)\mathrm{d}x\ (k\ 为常数因子).$$

性质 3 两个函数代数和的定积分，等于它们定积分的代数和，即

$$\int_a^b [f(x)\pm g(x)]\mathrm{d}x = \int_a^b f(x)\mathrm{d}x \pm \int_a^b g(x)\mathrm{d}x.$$

性质 4 设 $a<c<b$，则有

$$\int_a^b f(x)\mathrm{d}x = \int_a^c f(x)\mathrm{d}x + \int_c^b f(x)\mathrm{d}x.$$

该性质称之为积分的区间可加性.利用性质 1，可以证明：无论 a,b,c 的位置如何，上式都成立.

性质 5(定积分中值定理) 若 $f(x)$ 在区间 $[a,b]$ 上连续，则在区间 $[a,b]$ 上至少存在一点 ξ，使得：$\int_a^b f(x)\mathrm{d}x = f(\xi)\cdot(b-a)$.

中值定理的几何意义是：以 $f(x)$ 为一边的曲边梯形面积等于以 $b-a$ 为底，以 $f(\xi)$ 为高的矩形面积，如图 4-7.

性质 6 若在 $[a,b]$ 上，$f(x)\geqslant 0$，则 $\int_a^b f(x)\mathrm{d}x \geqslant 0$.

推论 1 若在 $[a,b]$ 上，恒有 $f(x)\leqslant g(x)$，则 $\int_a^b f(x)\mathrm{d}x \leqslant \int_a^b g(x)\mathrm{d}x$.

上式称为定积分的比较性质.

性质 7 设 $f(x)$ 在 $[a,b]$ 上有最大值 M 和最小值 m，则有

$$m(b-a)\leqslant \int_a^b f(x)\mathrm{d}x \leqslant M(b-a).$$

上式称为定积分的估计性质.

性质 8 设 $f(x)$ 在对称区间 $[-a,a]$ 上连续，则有

① 如果 $f(x)$ 为奇函数，则 $\int_{-a}^a f(x)\mathrm{d}x = 0$；

② 如果 $f(x)$ 为偶函数，则 $\int_{-a}^{a} f(x)\mathrm{d}x = 2\int_{0}^{a} f(x)\mathrm{d}x$.

4.2.2 定积分的几何意义

扫码获取拓展资源

设由曲线 $y=f(x)$ 及直线 $x=a$，$x=b$ 和 $y=0$ 围成的曲边梯形的面积为 A.

(1)若在区间$[a,b]$上 $y=f(x)\geqslant 0$，则 $\int_a^b f(x)\mathrm{d}x = A$ 表示曲边梯形的面积，如图 4-8.

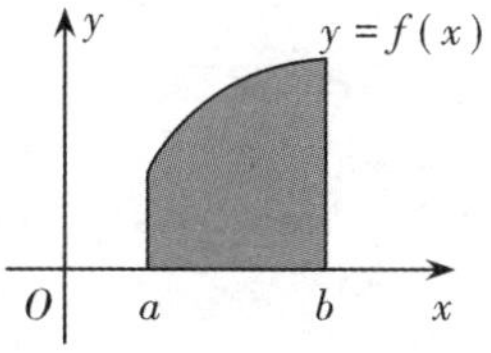

图 4-8

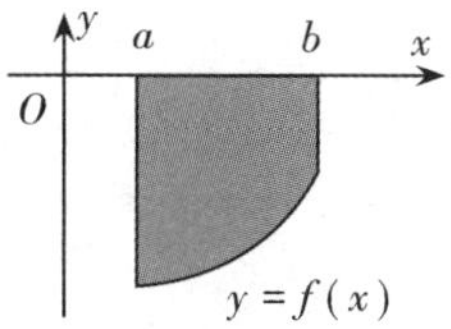

图 4-9

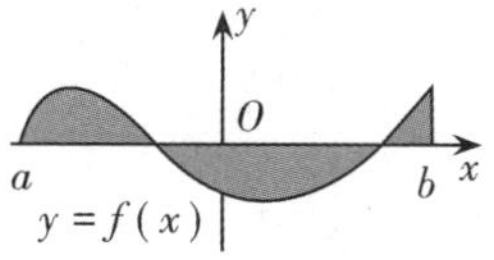

图 4-10

(2)若在区间$[a,b]$上 $y=f(x)\leqslant 0$，则：$\int_a^b f(x)\mathrm{d}x = -A$ 表示曲边梯形的面积的相反数，如图 4-9.

(3)若在区间$[a,b]$上 $y=f(x)$ 有正有负，则：$\int_a^b f(x)\mathrm{d}x$ 表示图形在 x 轴上方的面积与下方面积之差，如图 4-10.

例 4.2.3　用定积分的几何意义，求 $\int_1^2 (x-3)\mathrm{d}x$.

解　在区间$[1,2]$上，$f(x)=x-3<0$，故 $\int_1^2 (x-3)\mathrm{d}x$ 表示如图 4-11 所示梯形面积(图中阴影部分)的相反数.此梯形梯形的底为$|f(1)|=2$ 和$|f(2)|=1$，高为 $2-1=1$.

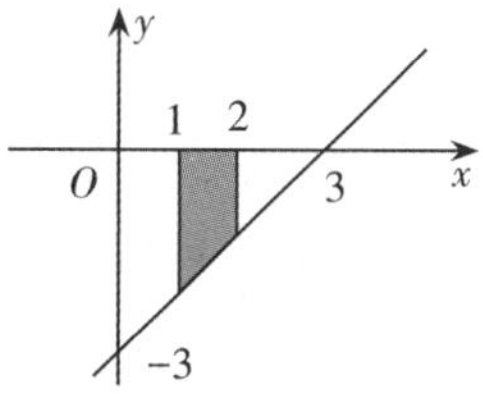

图 4-11

所以 $\int_1^2 (x-3)\mathrm{d}x = -S = -\dfrac{(1+2)\times 1}{2} = -\dfrac{3}{2}$.

4.2.3 定积分基本公式

定积分作为一种特定和式的极限，直接按定义来计算是一件十分复杂的事，下面我们通过对定积分与原函数的关系的讨论，导出一种计算定积分的简便有效的公式——牛顿—莱布尼茨公式.

设函数 $f(x)$ 在区间$[a,b]$上连续，并且设 x 为$[a,b]$上的一点.我们把函数 $f(x)$ 在部分区间$[a,x]$上的定积分 $\int_a^x f(x)\mathrm{d}x$ 称为积分上限的函数或称变上限积分.它是区间$[a,b]$上的函数，记为 $\varphi(x)=\int_a^x f(x)\mathrm{d}x$ 或 $\varphi(x)=\int_a^x f(t)\mathrm{d}t$.

可以证明，如果函数 $f(x)$ 在区间 $[a,b]$ 上连续，则函数 $\varphi(x)=\int_a^x f(x)\mathrm{d}x$ 在 $[a,b]$ 上具有导数，并且它的导数为 $\varphi'(x)=\frac{\mathrm{d}}{\mathrm{d}x}\int_a^x f(t)\mathrm{d}t=f(x)$.

设 $F(x)$ 是 $f(x)$ 的一个原函数，则 $F'(x)=f(x)$，于是有：

$$\varphi(x)=F(x)+C,$$

$$\int_a^x f(x)\mathrm{d}x=F(x)+C. \tag{*}$$

在 $(*)$ 式中，令 $x=a$，得 $\int_a^a f(x)\mathrm{d}x=F(a)+C$，即 $0=F(a)+C$，$C=-F(a)$.

故有

$$\int_a^x f(x)\mathrm{d}x=F(x)-F(a). \tag{**}$$

再以 $x=b$ 代入 $(**)$ 式中，得

$$\int_a^b f(x)\mathrm{d}x=F(b)-F(a)=F(x)\Big|_a^b.$$

这就是牛顿—莱布尼茨公式，是由英国的牛顿和德国的莱布尼茨两位数学家独立得到的，也称为**微积分基本公式**.

例 4.2.4 计算 $\int_0^1 x^2\mathrm{d}x$.

解 因 $f(x)=x^2$ 在 $[0,1]$ 上连续，且 $F(x)=\frac{1}{3}x^3$ 是它的一个原函数，所以

$$\int_0^1 x^2\,\mathrm{d}x=\frac{1}{3}x^3\Big|_0^1=\frac{1}{3}-0=\frac{1}{3}.$$

例 4.2.5 计算 $\int_{-1}^{\sqrt{3}}\frac{\mathrm{d}x}{1+x^2}$.

解 由于 $\arctan x$ 是 $\frac{1}{1+x^2}$ 的一个原函数，所以

$$\int_{-1}^{\sqrt{3}}\frac{\mathrm{d}x}{1+x^2}=[\arctan x]_{-1}^{\sqrt{3}}=\arctan\sqrt{3}-\arctan(-1)=\frac{\pi}{3}-(-\frac{\pi}{4})=\frac{7}{12}\pi .$$

例 4.2.6 计算 $\int_{-2}^{-1}\frac{1}{x}\mathrm{d}x$.

解 $\int_{-2}^{-1}\frac{1}{x}\mathrm{d}x=[\ln|x|]_{-2}^{-1}=\ln 1-\ln 2=-\ln 2$.

例 4.2.7 求 $\int_0^{\frac{\pi}{4}}\tan^2 x\mathrm{d}x$.

解 因为 $\int\tan^2 x\mathrm{d}x=\int(\sec^2 x-1)\mathrm{d}x=\tan x-x+C$，所以

$$\int_0^{\frac{\pi}{4}}\tan^2 x\mathrm{d}x=(\tan x-x)\Big|_0^{\frac{\pi}{4}}=(\tan\frac{\pi}{4}-\frac{\pi}{4})-(\tan 0-0)=1-\frac{\pi}{4}.$$

例 4.2.8 求 $\int_{-1}^{3}|x-2|\mathrm{d}x$.

解 因为 $|x-2|=\begin{cases}2-x,(-1\leqslant x\leqslant 2),\\ x-2,(2<x\leqslant 3),\end{cases}$

所以，原式 $=\int_{-1}^{2}(2-x)\mathrm{d}x+\int_{2}^{3}(x-2)\mathrm{d}x=\left(2x-\frac{1}{2}x^2\right)\Big|_{-1}^{2}+\left(\frac{1}{2}x^2-2x\right)\Big|_{2}^{3}=5.$

在利用牛顿—莱布尼茨公式求定积分时，一定要注意被积函数在积分区间中是否满足可积条件.

例 4.2.9 讨论 $f(x)=\frac{1}{x^2}$ 在 $[-1,1]$ 上的可积性.

解 如果直接利用牛顿—莱布尼茨公式，有

$$\int_{-1}^{1}\frac{1}{x^2}\mathrm{d}x=-\frac{1}{x}\Big|_{-1}^{1}=-1-1=-2.$$

显然这是错误的，因为根据性质，在 $[-1,1]$ 上有 $\frac{1}{x^2}\geqslant 0$，则 $\int_{-1}^{1}\frac{1}{x^2}\mathrm{d}x\geqslant 0$，这显然与用牛顿—莱布尼茨公式计算的结果相矛盾.原因出在 $\frac{1}{x^2}$ 在 $[-1,1]$ 上不连续且无界，所以，它不满足牛顿—莱布尼兹公式的条件，从而也就不能利用牛顿—莱布尼茨公式计算.

例 4.2.10 求 $\int_{0}^{1}\frac{x^2}{1+x^2}\mathrm{d}x$.

解 $\int_{0}^{1}\frac{x^2}{1+x^2}\mathrm{d}x=\int_{0}^{1}\frac{x^2+1-1}{1+x^2}\mathrm{d}x=\int_{0}^{1}(1-\frac{1}{1+x^2})\mathrm{d}x=(x-\arctan x)\Big|_{0}^{1}=1-\frac{\pi}{4}.$

4.2.4 定积分的换元积分法和分部积分法

由牛顿—莱布尼茨公式知道，求定积分可利用被积函数的原函数来进行. 所以计算定积分的关键是要找一个原函数，而原函数问题在上一章已解决，但为今后计算上的方便，在此引进定积分的换元法和分部积分法.

扫码获取拓展资源

1.定积分的换元积分法

设 $y=f(x)$ 在 $[a,b]$ 上连续，令 $x=\varphi(t)$，若满足：

(1) $\varphi(c)=a$，$\varphi(\mathrm{d})=b$，且 $a\leqslant\varphi(t)\leqslant b$，对任意 $t\in[c,\mathrm{d}]$（或 $t\in[\mathrm{d},c]$）成立；

(2) $\varphi(t)$ 在 $[c,\mathrm{d}]$（或 $[\mathrm{d},c]$）中有连续的导数 $\varphi'(t)$，且单调，则有

$$\int_{a}^{b}f(x)\mathrm{d}x\overset{x=\varphi(t)}{=\!=\!=}\int_{c}^{\mathrm{d}}f(\varphi(t))\cdot\varphi'(t)\mathrm{d}t.$$

这个公式叫作**定积分的换元积分公式**.

例 4.2.11 求 $\int_{0}^{4}\frac{1}{1+\sqrt{x}}\mathrm{d}x$.

解 设 $x=t^2$，则 $\mathrm{d}x=2t\mathrm{d}t$，当 $x=0$ 时，$t=0$；当 $x=4$ 时，$t=2$.

$$\int_0^4 \frac{1}{1+\sqrt{x}}dx = \int_0^2 \frac{2t}{1+t}dt = 2\int_0^2 (1-\frac{1}{1+t})dt = 2[t-\ln(1+t)]|_0^2 = 2(2-\ln3).$$

例 4.2.12 求 $\int_0^3 \frac{1}{1+x}dx$.

解 因为 $\int_0^3 \frac{1}{1+x}dx = \int_0^3 \frac{1}{1+x}d(1+x)$,
可设 $u=1+x$,则 $dx=du$,$x=0$ 时 $u=1$;$x=3$ 时,$u=4$,所以

$$\int_0^3 \frac{1}{1+x}dx = \int_1^4 \frac{1}{u}du = \ln u\,|_1^4 = \ln4 - \ln1 = 2\ln2.$$

例 4.2.13 计算 $\int_0^4 \frac{x+2}{\sqrt{2x+1}}dx$.

解 设$\sqrt{2x+1}=t$,则 $x=\frac{t^2-1}{2}$,$dx=t\,dt$.

当 $x=0$ 时,$t=1$;当 $x=4$,时 $t=3$.

$$\int_0^4 \frac{x+2}{\sqrt{2x+1}}dx \xlongequal{令\sqrt{2x+1}=t} \int_1^3 \frac{\frac{t^2-1}{2}+2}{t}\cdot t\,dt = \frac{1}{2}\int_1^3 (t^2+3)dt$$

$$= \frac{1}{2}[\frac{1}{3}t^3+3t]|_1^3 = \frac{1}{2}[(\frac{27}{3}+9)-(\frac{1}{3}+3)] = \frac{22}{3}.$$

一般地,定积分换元积分法使用时,要注意“换元必换限”.

例 4.2.14 求 $\int_1^e \frac{1}{x}\ln x\,dx$.

解法一 令 $x=e^t$(或 $t=\ln x$),则 $dx=e^t dt$,且当 $x=1$ 时 $t=0$,当 $x=e$ 时 $t=1$,所以

$$\int_1^e \frac{1}{x}\ln x\,dx = \int_0^1 \frac{1}{e^t}\cdot t\cdot e^t dt = \int_0^1 t\,dt = \frac{1}{2}t^2\Big|_0^1 = \frac{1}{2}.$$

解法二 按照不定积分中第一类换元法的思路,

原式 $= \int_1^e \frac{1}{x}\ln x\,dx = \int_1^e \ln x\cdot d(\ln x) \xlongequal{令t=\ln x} \int_0^1 t\,dt = \frac{1}{2}t^2\Big|_0^1 = \frac{1}{2}$.

解法三 还是按解法 2 的思路,

原式 $= \int_1^e \frac{1}{x}\ln x\,dx = \int_1^e \ln x\,d(\ln x) = \frac{1}{2}\ln^2 x\Big|_1^e = \frac{1}{2}(\ln^2 e - \ln^2 1) = \frac{1}{2}$.

解法四 先求 $\frac{1}{x}\ln x$ 的原函数,$\int \frac{1}{x}\ln x\,dx = \int \ln x\,d(\ln x) = \frac{1}{2}(\ln x)^2 + C$,
所以

$$\int_1^e \frac{1}{x}\ln x\,dx = \frac{1}{2}(\ln x)^2\Big|_1^e = \frac{1}{2}.$$

请读者体会以上各种解法的步骤,并比较它们的优劣,在计算中采用何种方法,完全按函数的特点和解题的习性而定.

请思考：$\int_0^{\frac{\pi}{2}} \cos x e^{\sin x} dx$，$\int_0^1 x \cdot \sqrt{1+x^2} dx$.

2.定积分的分部积分法

设函数 $u(x)$，$v(x)$ 在 $[a,b]$ 上有连续的导数，则有定积分的分部积分公式：

$$\int_a^b u(x) dv(x) = u(x) \cdot v(x) \Big|_a^b - \int_a^b v(x) du(x).$$

例 4.2.15　求 $\int_0^1 x e^x dx$.

解　$\int_0^1 x e^x dx = \int_0^1 x de^x = x e^x \Big|_0^1 - \int_0^1 e^x dx = e^x(x-1) \Big|_0^1 = 1.$

定积分的分部积分公式与不定积分的分部积分公式，在形式上完全是一样的，不同的是定积分中多了积分上下限；另外，用分部积分公式计算定积分的函数特点与不定积分中的特点也是完全相同的.

例 4.2.16　求 $\int_0^{\pi} x \sin x dx$.

解　$\int_0^{\pi} x \sin x dx = -\int_0^{\pi} x d(\cos x) = -[x\cos x]_0^{\pi} + \int_0^{\pi} \cos x dx = \pi + [\sin x]_0^{\pi} = \pi.$

例 4.2.17　求 $\int_0^{\frac{1}{2}} \arcsin x dx$.

解
$$\begin{aligned}\int_0^{\frac{1}{2}} \arcsin x dx &= x\arcsin x \Big|_0^{\frac{1}{2}} - \int_0^{\frac{1}{2}} x d(\arcsin x)\\ &= \frac{\pi}{12} - \int_0^{\frac{1}{2}} \frac{x}{\sqrt{1-x^2}} dx\\ &= \frac{\pi}{12} + \frac{1}{2}\int_0^{\frac{1}{2}} \frac{1}{\sqrt{1-x^2}} d(1-x^2)\\ &= \frac{\pi}{12} + \sqrt{1-x^2} \Big|_0^{\frac{1}{2}} = \frac{\pi}{12} + \frac{\sqrt{3}}{2} - 1.\end{aligned}$$

习题 4.2

1.根据定积分的几何意义表示出由曲线 $y = \ln x$ 与直线 $x = 1, x = e$ 及 x 轴围成的曲边梯形的面积.

2.根据定积分的几何意义，计算定积分 $\int_{-7}^{7} \sqrt{49 - x^2} dx$.

3.求下列不定积分.

(1) $\int_0^{\pi} \sin x dx$；　　(2) $\int_0^1 \sqrt[3]{x^2}(\sqrt{x} + \sqrt[3]{x}) dx$；

(3) $\int_0^1 \frac{3^x - 2^x}{6^x} dx$；　　(4) $\int_1^3 \frac{x^2 - 3x + 1}{x} dx$；

(5) $\int_1^2 \sqrt{x-1} dx$；　　(6) $\int_0^1 \cos(2x+3) dx$；

(7) $\int_1^2 \frac{1}{2x-1}\mathrm{d}x$；　　(8) $\int_0^\pi \sin^3 x\mathrm{d}x$；

(9) $\int_1^4 \frac{1}{1+\sqrt{x}}\mathrm{d}x$；　　(10) $\int_1^e x\ln x\mathrm{d}x$.

4.3 定积分的应用

定积分的概念是在解决实际问题中产生发展起来的，随着社会的发展，其应用越来广泛.在本节我们重点介绍定积分在求平面区域的面积和经济方面的应用.

4.3.1 用定积分求平面图形的面积

由定积分的几何意义知道，$\int_a^b f(x)\mathrm{d}x$ 是曲线 $y=f(x)$ 介于 $x=a$，$x=b$，x 轴上、下相应的梯形面积的代数和，我们将从特殊到一般讨论其面积的计算方法.

1.以 x 为积分变量求积分

根据定积分的几何意义，易知，在区间$[a,b]$上，对于连续函数 $f(x)$和 $g(x)$，若 $g(x)\leqslant f(x)$，则由直线 $x=a$ 和直线 $x=b$ 以及曲线 $y=f(x)$和曲线 $y=g(x)$所围成的图形(图 4-12)，其面积为：

$$A=\int_a^b [f(x)-g(x)]\mathrm{d}x,$$

即

$$S=\int_{\text{左端点}}^{\text{右端点}} (\text{上边界函数}-\text{下边界函数})\mathrm{d}x.$$

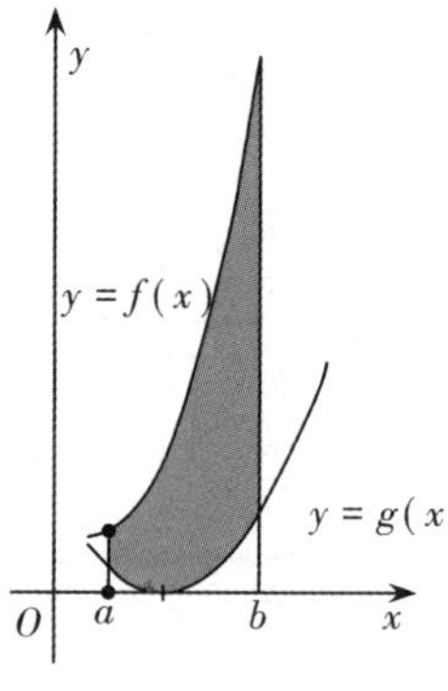

图 4-12

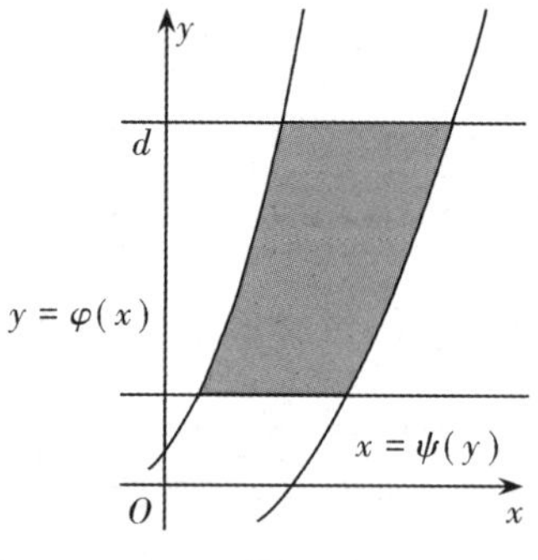

图 4-13

2.以 y 为积分变量求积分

对于由左右两条曲线 $x=\varphi(y)$、$x=\psi(y)$，以及上下两条直线 $y=d$ 与 $y=c$ 所围成平面图形(图 4-13)，其面积为

$$S=\int_c^d [\psi(y)-\varphi(y)]\mathrm{d}y,$$

即
$$S=\int_{\text{下端点}}^{\text{上端点}}(\text{右边界函数}-\text{左边界函数})\mathrm{d}y.$$

一般地,用定积分求平面图形面积的步骤是:

(1)画图;

(2)列积分式;

(3)计算定积分.

例 4.3.1　计算抛物线 $y^2=x$、$y=x^2$ 所围成的图形的面积.

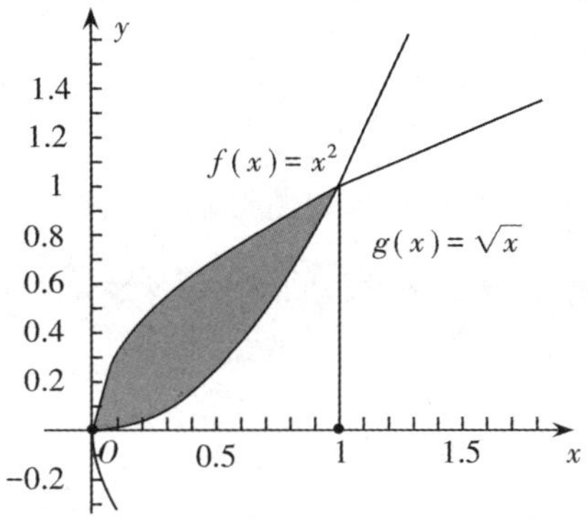

图 4-14

解　(1)画图(图 4-14);

(2)确定在 x 轴上的投影区间:$[0,\ 1]$;

(3)确定上下曲线:$g(x)=\sqrt{x}$,$f(x)=x^2$;

(4)计算积分:$S=\int_0^1(\sqrt{x}-x^2)\mathrm{d}x=\left[\frac{2}{3}x^{\frac{3}{2}}-\frac{1}{3}x^3\right]_0^1=\frac{1}{3}$.

例 4.3.2　计算抛物线 $y^2=2x$ 与直线 $y=x-4$ 所围成的图形的面积.

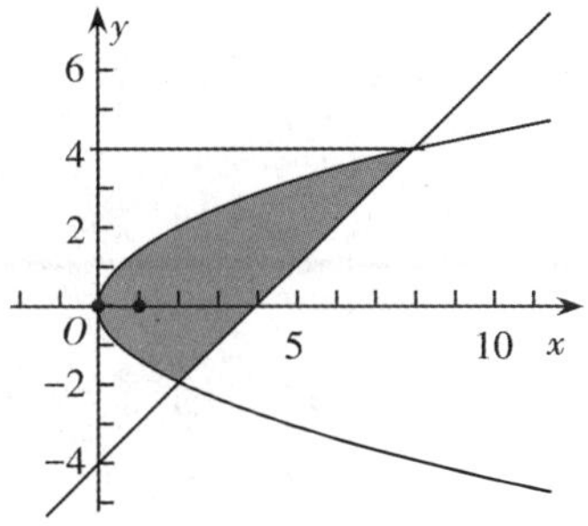

图 4-15

解　**解法一(以 y 为积分变量)**

(1)画图(图 4-15);

(2)确定在 y 轴上的投影区间:$[-2,\ 4]$;

(3)确定左右曲线:$\varphi_1(y)=\frac{1}{2}y^2$,$\varphi_2(y)=y+4$;

(4)计算积分：$S=\int_{-2}^{4}(y+4-\frac{1}{2}y^2)\mathrm{d}y=[\frac{1}{2}y^2+4y-\frac{1}{6}y^3]_{-2}^{4}=18.$

解法二（以 x 为积分变量）

用直线 $x=2$ 把原域分成左、右两块，则由情况(1)的讨论，有

$$\begin{aligned}S=S_1+S_2&=\int_0^2(\sqrt{2x}+\sqrt{2x})\mathrm{d}x+\int_2^8[\sqrt{2x}-(x-4)]\mathrm{d}x\\&=2\sqrt{2}\int_0^2\sqrt{x}\,\mathrm{d}x+\int_2^8(\sqrt{2}\cdot\sqrt{x}-x+4)\mathrm{d}x\\&=\frac{4}{3}\sqrt{2}\cdot x^{\frac{3}{2}}\Big|_0^2+\left(\frac{2}{3}\sqrt{2}\cdot x^{\frac{3}{2}}-\frac{1}{2}x^2+4x\right)\Big|=18.\end{aligned}$$

例 4.3.3 求椭圆$\frac{x^2}{a^2}+\frac{y^2}{b^2}=1$所围成的图形的面积.

解 由椭圆的对称性易知，椭圆的面积是椭圆在第一象限部分的 4 倍.椭圆在第一象限部分的方程为

$$y=\frac{b}{a}\sqrt{a^2-x^2}.$$

曲线在 x 轴上的投影区间为$[0,a]$，所以，椭圆的面积为

$$A=4\int_0^a\frac{b}{a}\sqrt{a^2-x^2}\,\mathrm{d}x.$$

在 MATLAB 中输入：

```
syms a b x
y=4*b/a*(a^2-x^2)^(1/2)
int(y,0,a)
```

得

```
ans =b/a*(a^2)^(1/2)*pi/(1/a^2)^(1/2)
```

所以求得椭圆的面积为：

$$A=4\int_0^a\frac{b}{a}\sqrt{a^2-x^2}\,\mathrm{d}x=\frac{b}{a}\times\sqrt{a^2}\times\pi\div\frac{1}{\sqrt{a^2}}=\pi ab.$$

这就是说，椭圆的面积等于圆周率 π 与它的半长轴和半短轴乘积.

4.3.2 定积分在经济数学中的应用

例 4.3.4 已知某工厂生产某产品的总成本函数为 $C(q)$（单位：百元），q 为产量（单位：吨），边际成本为 $C'(q)=50+6q-1.2q^2$（百元/吨），求产量从 1 吨增加到 5 吨时总成本的改变量 ΔC.

解 由已知得总成本函数为：

$$C(q)=\int C'(q)\mathrm{d}q=\int(50+6q-1.2q^2)\mathrm{d}q=50q+3q^2-0.4q^3+C_0.$$

所以 $\Delta C = C(5) - C(1) = (275 + C_0) - (52.6 + C_0) = 222.4$(百元).

由牛顿—莱布尼茨公式知,求 $f(x)$在区间$[a,b]$上的定积分,即先求出 $f(x)$在区间$[a,b]$上的任一个原函数 $F(x)$,然后计算它在两端点的函数值之差 $F(b) - F(a)$.

因此,上例可直接用定积分计算

$$\Delta C = C(5) - C(1) = \int_1^5 C'(q)\mathrm{d}q = \int_1^5 (50 + 6q - 1.2q^2)\mathrm{d}q$$

$$= (50q + 3q^2 - 0.4q^3)\Big|_1^5 = 222.4(\text{百元}).$$

一般地,如果已知边际成本 $C'(q)$,则在产量 $q = q_0$ 的基础上,多生产 Δq 个单位产品所增加的总成本为

$$\Delta C = \int_{q_0}^{q_0+\Delta q} C'(q)\mathrm{d}q.$$

如果利润函数为 $L(q)$,边际利润 $L'(q)$,则在产量 $q = q_0$ 的基础上,多生产 Δq 个单位产品所增加的利润为

$$\Delta L = \int_{q_0}^{q_0+\Delta q} L'(q)\mathrm{d}q.$$

例 4.3.5 已知某工厂生产某产品的边际成本为 $C'(q) = 5$(元/件),固定成本为1000 元,边际收入为 $R'(q) = 30 - 0.05q$(元/件).求:

(1)当产量为多少时利润最大?

(2)在最大利润产量的基础上再生产 20 件时,利润的改变量.

解 (1)$L'(q) = R'(q) - C'(q) = 30 - 0.05q - 5 = 25 - 0.05q$.

令 $L'(q) = 0$,得驻点 $q = 500$.

因为在区间$(0, +\infty)$内只有唯一驻点,所以 $q = 500$ 为 $L(q)$的最大值点.即当产量为 500 件时,所获利润最大.

(2)产量由 500 件增加到 520 件时,利润的改变量为

$$\Delta L = \int_{500}^{520} L'(q)\mathrm{d}q = \int_{500}^{520} (25 - 0.05q)\mathrm{d}q = (25 - 0.025q^2)\Big|_{500}^{520} = -10.$$

此时利润将减少 10 元.

习题 4.3

1.求下列各曲线所围成的图形的面积.

(1)$y = \sin x\ (0 \leqslant x \leqslant \pi)$,$y = 0$;

(2)$y = 4x^2$,$y = x^2$ 与 $y = 1$;

(3)$y = 3 + 2x - x^2$ 与直线 $x = 1$,$x = 3$ 及 x 轴.

2.已知某商场销售一种商品的边际收入为

$$R'(x) = 2 + \frac{10}{\sqrt{x}}(\text{百元/千克}),$$

试求销售量从 4 千克增加到 9 千克时总收入的增量.

本章知识小结

- -元函数积分学及其应用
  - 不定积分
    - 原函数与不定积分的概念
    - 不定积分的性质
    - 不定积分的直接积分法
    - 不定积分的换元积分性
    - 不定积分的分部积分法
    - 不定积分的应用
  - 定积分
    - 定积分的概念与性质
    - 定积分的几何意义
    - 定积分基本公式
    - 定积分的换元积分法和分部积分法
  - 定积分的应用
    - 用定积分求平面图形的面积
    - 定积分在经济数学中的应用

单元能力测验 A(基础篇)

1.填空题.

(1)不定积分的的几何意义是________________________;

(2)$\left[\int x\tan x\,\mathrm{d}x\right]' =$________________;

(3)$\int (\mathrm{e}^x \ln x)'\,\mathrm{d}x =$________________;

(4)定积分 $\int_2^2 \mathrm{e}^x\,\mathrm{d}x =$________________;

(5)若 $f(x)$ 在$[a,b]$上连续,且 $\int_a^b f(x)\,\mathrm{d}x = 0$,则 $\int_a^b [f(x)+1]\,\mathrm{d}x =$________.

2.计算下列不定积分.

(1) $\int \frac{x^2}{1+x^2}\,\mathrm{d}x$;

(2) $\int \cot^2 x\,\mathrm{d}x$;

(3) $\int \cos^2 \frac{x}{2}\,\mathrm{d}x$;

(4) $\int \frac{(x+1)^2}{x^2+1}\,\mathrm{d}x$;

(5) $\int \frac{\cos\sqrt{x}}{\sqrt{x}}\,\mathrm{d}x$;

(6) $\int x\mathrm{e}^{x^2}\,\mathrm{d}x$;

(7) $\int \frac{x+2}{\sqrt{x-1}}\,\mathrm{d}x$;

(8) $\int \frac{x}{\sqrt{x}+\sqrt[3]{x}}\,\mathrm{d}x$;

(9) $\int \sqrt{a^2-x^2}\,\mathrm{d}x\ (a>0)$;

(10) $\int \frac{1}{x\sqrt{1+x^2}}\,\mathrm{d}x$.

3.计算下列定积分.

(1) $\int_0^1 (x^2+3x-2)\mathrm{d}x$；　　(2) $\int_0^2 (\mathrm{e}^t - t)\mathrm{d}t$；

(3) $\int_0^{\pi} (3\sin x - \cos x)\mathrm{d}x$；　　(4) $\int_1^2 (x^2 - \frac{1}{x} + 2^x)\mathrm{d}x$；

(5) $\int_1^{\sqrt{3}} \frac{1}{1+x^2}\mathrm{d}x$；　　(6) $\int_4^9 \sqrt{x}(1+\sqrt{x})\mathrm{d}x$；

(7) $\int_0^{\frac{\pi}{2}} \sin^2 \frac{x}{2}\mathrm{d}x$；　　(8) $\int_1^4 \frac{1}{1+\sqrt{x}}\mathrm{d}x$；

(9) $\int_3^8 \frac{x}{\sqrt{1+x}}\mathrm{d}x$；　　(10) $\int_0^4 \frac{\sqrt{x}+1}{\sqrt{x}}\mathrm{d}x$.

4.根据定积分的几何意义求下列几何图形的面积.

(1)求曲线 $y=x^2$ 与直线 $y=x$ 围成的图形的面积；

(2)求曲线 $y=\mathrm{e}^x, y=\mathrm{e}^{-x}$ 和 $x=1$ 围成的平面图形的面积；

(3)求曲线 $y=\frac{1}{x}, x=2$ 和 $x=4$ 围成平面图形的面积；

(4)求曲线 $y=x^2+1$ 与 $y=x+1$ 围成的图形的面积.

5.已知某产品的的销售量为 q 时,收入变化率为 $R'(q)=10-q$,求：

(1)销售量为 10 时的总收入；

(2)销售量从 20 到 30 时,总收入变化多少?

6.某企业每月生产某种产品 q 单位时,其边际成本函数为 $C'(q)=5q+10$(万元/单位),固定成本为 20(万元),边际收益为 $R'(q)=60$(万元/单位).求

(1)每月生产多少单位产品时,利润最大?

(2)如果利润达到最大时,产量再多增加生产 1 个单位,利润变化多少?

单元能力测验 B(提高篇)

1.解答题.

(1)设 $f(2x+1)=\mathrm{e}^x$, 求 $\int_3^5 f(x)\mathrm{d}x$；

(2)若 $\int_0^1 (2x+k)\mathrm{d}x=2$, 试确定 k 的值；

(3)若 $\int_0^c (2x+1)\mathrm{d}x=3$, 试确定 c 的值；

(4) 证明：$\int_x^1 \frac{1}{1+t^2}\mathrm{d}t = \int_1^{\frac{1}{x}} \frac{1}{1+t^2}\mathrm{d}t$(提示：令 $t=\frac{1}{u}$)；

(5)证明：$\int_0^4 \mathrm{e}^{x(4-x)}\,\mathrm{d}x = 2\int_0^2 \mathrm{e}^{x(4-x)}\,\mathrm{d}x$.

2.求下列曲线所围的平面区域的面积.

(1)$y=4-x^2$ 与 $y=0$；

(2)$y=\frac{1}{x}$，$y=x$ 及 $x=3$；

(3)$y=x^2$，$4y=x^2$ 及 $x=1$；

(4)$y=x^2$，$4y=x^2$ 及 $y=1$；

(5)$y=x^2$ 与 $x=y^2$；

(6)$x=y^2$ 与 $y=x-2$.

3.经济应用题.

(1)某产品在时刻 t 的变化率为 $12t+0.6t^2$（单位/小时），求从 $t=2$ 到 4 这两个小时的产量.

(2)已知生产某产品 x 件时的边际收益 $R'(x)=100-\frac{x}{20}$（元/件），求：

A.生产此产品 1000 件时的总收入；

B.产量从 1000 件到 2000 件时所增加的收入.

C.设某产品总成本 C（万元）的变化率是产量 x（百台）的函数 $C'(x)=4+\frac{x}{4}$，而边际收入 $R'(x)=8-x$，求：

(1)产量从 100 台到 500 台时，总收入与总成本各增加多少？

(2)已知固定成本为 $C(0)=1$（万元），分别求出总成本、总收益、总利润与 x 的关系；

(3)当产量为多少时，利润最大，并求出最大利润值.

数学实验四　MATLAB 求积分

1.用 MATLAB 求不定积分

利用 MATLAB 符号工具箱中的求积函数 int，可以求不定积分.其调用格式如下：

int(S)：求表达式 S 的不定积分.

int(S,v)：求表达式 S 关于 v 的不定积分.

2.用 MATLAB 求定积分

用 MATLAB 调用命令：int(f(x),a,b)，可以求函数 $f(x)$ 在闭区间 $[a,b]$ 上的定积分。

例 1　计算 $\int \frac{1+\sin x}{1+\cos x}e^x dx$.

解　输入

```
>>syms x
>>f=(1+sin(x))*exp(x)/(1+cos(x));
```

```
>>int(f,x)
```

得

```
ans = exp(x) * tan(1/2 * x)
```

所以 $\int \frac{1+\sin x}{1+\cos x} e^x dx = e^x \tan \frac{1}{2}x + C$.

注:用 MATLAB 软件求不定积分时,系统不能自动添加积分常数 C,所以在作答时要注意添加.由于积分命令 int 默认的积分变量为 x,所以,在对关于 x 的函数积分时,可以在积分命令 *int* 后面不加积分变量 x.

例 2 计算 $\int x^2 \arctan x \, dx$.

解 输入

```
>>syms x
>>y = x^2 * atan(x)
>>int(y)
```

得

```
ans = 1/3 * x^3 * atan(x) - 1/6 * x^2 + 1/6 * log(x^2 + 1).
```

所以 $\int x^2 \arctan x \, dx = \frac{x^3}{3}\arctan x - \frac{x^2}{6} + \frac{1}{6}\ln(x^2+1) + C$.

例 3 求定积分 $\int_0^1 x^2 dx$.

解 输入

```
>>syms x
>>y = x^2
>>int(y,0,1)
```

得

```
ans = 1/3
```

所以 $\int_0^1 x^2 dx = \frac{1}{3}$.

例 4 求定积分 $\int_{-1}^1 e^x dx$.

解 输入

```
>>syms x
>>y = exp(x)
>>int(y, -1,1)
```

得

```
ans = =  exp(1) - exp( - 1)
```

所以 $\int_{-1}^1 e^x dx = e - \frac{1}{e}$.

例 5 求定积分 $\int_0^4 |x-3|\mathrm{d}x$.

解 输入

```
>>syms x
>> y=abs(x-3)
>> int(y,0,4)
```

得

ans = 5

所以 $\int_0^4 |x-3|\mathrm{d}x = 5$.

扫码获取拓展资源

第五章 行列式

行列式出现于线性方程组的求解，它最早是一种速记的表达式，现在已经是数学中一种非常有用的工具.行列式是由德国数学家莱布尼兹和日本数学家关孝和提出的.关孝和在其著作《解伏题之法》中提出了行列式的概念与算法；莱布尼兹于 1693 年提出了行列式的概念，成为欧洲提出行列式概念的第一人.1750 年，瑞士数学家克莱姆在他的《线性代数分析导引》中对行列式的定义和展开法则给出了比较完整、明确的阐述，并给出了求解线性方程组的重要公式及克莱姆法则。之后的 E. Bezout，A - T. Vandermonde，Laplace 等数学家都对行列式的研究做出了很大的贡献.1815 年，法国数学家柯西将行列式理论进行发展，给出了相似行列式概念，改进了拉普拉斯的行列式展开理论并给出了一个证明，他在行列式方面的发现激起了人们对行列式应用的探索兴趣.继柯西之后，德国数学家 Jacobi 的著名论文《论行列式的形成和性质》标志着行列式系统理论的建成.由于行列式在数学分析、几何学、线性方程组、二次型理论等多方面的应用，促使行列式理论自身在 19 世纪得到了很大的发展。如今，随着信息技术的不断发展，行列式也在各行各业中得到了更加广泛的应用.

本章主要介绍行列式的概念，二阶、三阶行列式的计算，化三角形法、降阶法求解高阶行列式，克莱姆法则求解线性方程组。

5.1 行列式的概念

5.1.1 二阶行列式

行列式的概念是由解线性方程组的问题引出的.在中学我们学过用代入消元法和加减消元法解二元一次方程组和三元一次方程组.

引例 解方程组$\begin{cases}2x_1+3x_2=10,\\ x_1-2x_2=-2,\end{cases}$用加减消元法可解得$\begin{cases}x_1=2,\\ x_2=2.\end{cases}$

一般地，设有二元一次方程组：

$$\begin{cases}a_{11}x_1+a_{12}x_2=b_1 & ①\\ a_{21}x_1+a_{22}x_2=b_2 & ②\end{cases} \tag{5.1.1}$$

用消元法解该方程组

由①$\times a_{22}$－②$\times a_{12}$消去 x_2 得：$(a_{11}a_{22}-a_{12}a_{21})x_1=b_1a_{22}-a_{12}b_2$；

由②$\times a_{11}$－①$\times a_{21}$消去 x_1 得：$(a_{11}a_{22}-a_{12}a_{21})x_2=b_2a_{11}-a_{21}b_1$；

当 $a_{11}a_{22}-a_{12}a_{21}\neq 0$ 时，方程组有唯一解：

$$x_1=\frac{b_1a_{22}-b_2a_{12}}{a_{11}a_{22}-a_{12}a_{21}},x_2=\frac{b_2a_{11}-b_1a_{21}}{a_{11}a_{22}-a_{12}a_{21}}.$$

观察方程组的解发现，其分母是由方程组的 4 个系数组成，为了便于记忆方程组(5.1.1)的解，我们用记号 $\begin{vmatrix} a_{11} & a_{12} \\ a_{21} & a_{22} \end{vmatrix}$ 表示代数和 $a_{11}a_{22}-a_{12}a_{21}$，称为二阶行列式，用字母 $\boldsymbol{D}$ 表示，即

$$\boldsymbol{D}=\begin{vmatrix} a_{11} & a_{12} \\ a_{21} & a_{22} \end{vmatrix}=a_{11}a_{22}-a_{12}a_{21}.$$

其中 $a_{11},a_{12},a_{21},a_{22}$ 称为行列式的元素.横排称行、纵排称列.$a_{ij}(i=1,2;j=1,2)$ 的第一个下标 i 称为**行标**，第二个下标 j 称为**列标**，即 a_{ij} 是第 i 行第 j 列的元素. $a_{11}a_{22}-a_{12}a_{21}$ 称为行列式的**展开式**.从左上角 a_{11} 到右下角 a_{22} 的对角线称为**主对角线**；从左下角 a_{21} 到右上角 a_{12} 的对角线称为**次对角线**.因此，二阶行列式的展开式，就是主对角线上两个元素的乘积减去次对角线上两个元素的乘积所得的差.

据以上二阶行列式的定义，二元一次方程组的解可用二阶行列式简单表示为，

$$x_1=\frac{\boldsymbol{D}_1}{\boldsymbol{D}},x_2=\frac{\boldsymbol{D}_2}{\boldsymbol{D}}\quad(\boldsymbol{D}\neq 0),\tag{5.1.2}$$

其中

$$\boldsymbol{D}=\begin{vmatrix} a_{11} & a_{12} \\ a_{21} & a_{22} \end{vmatrix},\boldsymbol{D}_1=\begin{vmatrix} b_1 & a_{12} \\ b_2 & a_{22} \end{vmatrix},\boldsymbol{D}_2=\begin{vmatrix} a_{11} & b_1 \\ a_{21} & b_2 \end{vmatrix}.$$

从(5.1.2)我们可以看出

(1)行列式 $\boldsymbol{D}$ 是由方程组中未知量 x_1,x_2 的系数按原来的位置顺序构成的，我们把它称为这个方程组的系数行列式；

(2)把常数项 b_1,b_2 依次替换 $\boldsymbol{D}$ 中的 a_{11},a_{21}，就得到行列式 $\boldsymbol{D}_1$；把常数项 b_1,b_2 依次替换 $\boldsymbol{D}$ 中的 a_{12},a_{22}，就得到行列式 $\boldsymbol{D}_2$.

例 5.1.1 用行列式解二元一次方程组 $\begin{cases} 2x_1+3x_2=4, \\ x_1-5x_2=-11. \end{cases}$

解 因为 $\boldsymbol{D}=\begin{vmatrix} 2 & 3 \\ 1 & -5 \end{vmatrix}=2\times(-5)-1\times 3=-13\neq 0,$

$$\boldsymbol{D}_1=\begin{vmatrix} 4 & 3 \\ -11 & -5 \end{vmatrix}=4\times(-5)-3\times(-11)=13,$$

$$\boldsymbol{D}_2=\begin{vmatrix} 2 & 4 \\ 1 & -11 \end{vmatrix}=2\times(-11)-4\times 1=-26.$$

则有 $x_1=\frac{D_1}{D}=\frac{13}{-13}=-1, x_2=\frac{D_2}{D}=\frac{-26}{-13}=2.$

所以，原方程组的解是 $\begin{cases}x_1=-1,\\ x_2=2.\end{cases}$

5.1.2 三阶行列式

类似地，在讨论三元一次方程组 $\begin{cases}a_{11}x_1+a_{12}x_2+a_{13}x_3=b_1,\\ a_{21}x_1+a_{22}x_2+a_{23}x_3=b_2,\\ a_{31}x_1+a_{32}x_2+a_{33}x_3=b_3.\end{cases}$ (5.1.3)

的解时，我们引入三阶行列式这一工具，三阶行列式定义为

$$D=\begin{vmatrix}a_{11}&a_{12}&a_{13}\\a_{21}&a_{22}&a_{23}\\a_{31}&a_{32}&a_{33}\end{vmatrix}=a_{11}a_{22}a_{33}+a_{21}a_{32}a_{13}+a_{12}a_{23}a_{31}-a_{31}a_{22}a_{13}-a_{21}a_{12}a_{33}$$
$$-a_{32}a_{23}a_{11}.$$

注　(1)三阶行列式有三行三列 9 个元素，其展开式共有六项，每项都是不同行不同列的三个元素的乘积，三个正项，三个负项.此展开式法称为**对角线法**(如图 5-1).

(2)对角线法则只适用于二阶与三阶行列式的计算.

对三阶行列式的展开式进行变形，可以发现它与二阶行列式之间的关系：

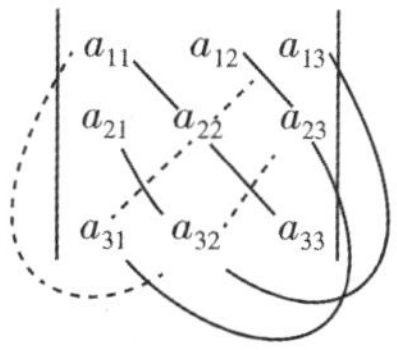

图 5-1

$$\begin{aligned}D&=\begin{vmatrix}a_{11}&a_{12}&a_{13}\\a_{21}&a_{22}&a_{23}\\a_{31}&a_{32}&a_{33}\end{vmatrix}\\
&=a_{11}a_{22}a_{33}+a_{21}a_{32}a_{13}+a_{12}a_{23}a_{31}-a_{31}a_{22}a_{13}-a_{21}a_{12}a_{33}-a_{32}a_{23}a_{11}\\
&=a_{11}(a_{22}a_{33}-a_{23}a_{32})-a_{12}(a_{21}a_{33}-a_{23}a_{31})+a_{13}(a_{21}a_{32}-a_{22}a_{31})\\
&=(-1)^{1+1}a_{11}\begin{vmatrix}a_{22}&a_{23}\\a_{32}&a_{33}\end{vmatrix}+(-1)^{1+2}a_{12}\begin{vmatrix}a_{21}&a_{23}\\a_{31}&a_{33}\end{vmatrix}+(-1)^{1+3}a_{13}\begin{vmatrix}a_{21}&a_{22}\\a_{31}&a_{32}\end{vmatrix}.\end{aligned}$$

这就是说，三阶行列式可以用二阶行列式来定义.

例 5.1.2　计算三阶行列式 $D=\begin{vmatrix}1&-3&7\\3&4&-2\\-1&2&5\end{vmatrix}$.

解　$D=\begin{vmatrix}1&-3&7\\3&4&-2\\-1&2&5\end{vmatrix}=1\times4\times5+3\times2\times7+(-3)\times(-2)\times(-1)$

$-(-1)\times4\times7-3\times(-3)\times5-2\times(-2)\times1=133.$

类似地，对三元线性方程组的求解公式可以简洁地表示为

$$x_1=\frac{\boldsymbol{D}_1}{\boldsymbol{D}},x_2=\frac{\boldsymbol{D}_2}{\boldsymbol{D}},x_3=\frac{\boldsymbol{D}_3}{\boldsymbol{D}}(\boldsymbol{D}\neq 0).\tag{5.1.4}$$

其中 $\boldsymbol{D}_1=\begin{vmatrix} b_1 & a_{12} & a_{13}\\ b_2 & a_{22} & a_{23}\\ b_3 & a_{32} & a_{33}\end{vmatrix},\boldsymbol{D}_2=\begin{vmatrix} a_{11} & b_1 & a_{13}\\ a_{21} & b_2 & a_{23}\\ a_{31} & b_3 & a_{33}\end{vmatrix},\boldsymbol{D}_3=\begin{vmatrix} a_{11} & a_{12} & b_1\\ a_{21} & a_{22} & b_2\\ a_{31} & a_{32} & b_3\end{vmatrix}.$

例 5.1.3 解三元线性方程组 $\begin{cases} x_1-2x_2+x_3=-2,\\ 2x_1+x_2-3x_3=1,\\ -x_1+x_2-x_3=0.\end{cases}$

解 因为 $\boldsymbol{D}=\begin{vmatrix} 1 & -2 & 1\\ 2 & 1 & -3\\ -1 & 1 & -1\end{vmatrix}=1\times1\times(-1)+(-2)\times(-3)\times(-1)+1\times2\times$ $1-1\times1\times(-1)-2\times(-2)\times(-1)-1\times1\times(-3)=-1-6+2+1-4+3=-5\neq0$，

同理

$$\boldsymbol{D}_1=\begin{vmatrix} -2 & -2 & 1\\ 1 & 1 & -3\\ 0 & 1 & -1\end{vmatrix}=-5,\boldsymbol{D}_2=\begin{vmatrix} 1 & -2 & 1\\ 2 & 1 & -3\\ -1 & 0 & -1\end{vmatrix}=-10,$$

$$\boldsymbol{D}_3=\begin{vmatrix} 1 & -2 & -2\\ 2 & 1 & 1\\ -1 & 1 & 0\end{vmatrix}=-5,$$

所以，原方程组的解为

$$x_1=\frac{\boldsymbol{D}_1}{\boldsymbol{D}}=1,x_2=\frac{\boldsymbol{D}_2}{\boldsymbol{D}}=2,x_3=\frac{\boldsymbol{D}_3}{\boldsymbol{D}}=1.$$

5.1.3 n 阶行列式

1.n 阶行列式的定义

从三阶行列式的讨论中，我们可以看到，三阶行列式可以用二阶行列来定义．类似地，四阶行列式也可以用三阶行列式来定义，五阶行列式可以用四阶行列式来定义……．这样，我们得到了 n 阶行列式的定义．

定义 5.1.1 由 n^2 个元素 $a_{ij}(i,j=1,2,\cdots,n)$ 排成 n 行、n 列，组成的记号

$$\boldsymbol{D}=\begin{vmatrix} a_{11} & a_{12} & \cdots & a_{1n}\\ a_{21} & a_{22} & \cdots & a_{2n}\\ \vdots & \vdots & & \vdots\\ a_{n1} & a_{n2} & \cdots & a_{nn}\end{vmatrix}=(-1)^{1+1}a_{11}\begin{vmatrix} a_{22} & a_{23} & \cdots & a_{2n}\\ a_{32} & a_{33} & \cdots & a_{3n}\\ \vdots & \vdots & & \vdots\\ a_{n2} & a_{n3} & \cdots & a_{nn}\end{vmatrix}$$

$$+(-1)^{1+2}a_{12}\begin{vmatrix} a_{21} & a_{23} & \cdots & a_{2n} \\ a_{31} & a_{33} & \cdots & a_{3n} \\ \vdots & \vdots & & \vdots \\ a_{n1} & a_{n3} & \cdots & a_{nn} \end{vmatrix}+\cdots+(-1)^{1+n}a_{1n}\begin{vmatrix} a_{21} & a_{22} & \cdots & a_{2,n-1} \\ a_{31} & a_{32} & \cdots & a_{3,n-1} \\ \vdots & \vdots & & \vdots \\ a_{n1} & a_{n2} & \cdots & a_{n,n-1} \end{vmatrix}.$$

称为 n 阶行列式.

在行列式 $\boldsymbol{D}$ 中,将 $a_{11},a_{22},\cdots,a_{nn}$ 所组成的对角线称为 $\boldsymbol{D}$ 的主对角线,而 a_{1n},$a_{2,n-1},\cdots,a_{n-1,2},a_{n1}$ 所组成的对角线则称为 $\boldsymbol{D}$ 的次对角线.

2.特殊的 n 阶行列式

n 阶行列式有如下几种特殊的行列式.

(1)**上三角行列式**

$$\boldsymbol{D}=\begin{vmatrix} a_{11} & a_{12} & \cdots & a_{1n} \\ 0 & a_{22} & \cdots & a_{2n} \\ \vdots & \vdots & & \vdots \\ 0 & 0 & \cdots & a_{nn} \end{vmatrix}=a_{11}a_{22}\cdots a_{nn}.$$

其特点是主对角线下方的所有元素均为零,其值等于其主对角线上各元素的乘积.

(2)**下三角行列式**

$$\boldsymbol{D}=\begin{vmatrix} a_{11} & 0 & \cdots & 0 \\ a_{21} & a_{22} & \cdots & 0 \\ \vdots & \vdots & & \vdots \\ a_{n1} & a_{n2} & \cdots & a_{nn} \end{vmatrix}=a_{11}a_{22}\cdots a_{nn}.$$

其特点是主对角线上方的所有元素均为零,其值等于其主对角线上各元素的乘积.

(3)**对角行列式**

如果行列式主对角线上的元素不全为零,主对角线以外的元素都为零,我们称这种行列式为对角行列式,其值等于主对角线元素乘积.

$$\boldsymbol{D}=\begin{vmatrix} a_{11} & 0 & \cdots & 0 \\ 0 & a_{22} & \cdots & 0 \\ \vdots & \vdots & & \vdots \\ 0 & 0 & \cdots & a_{nn} \end{vmatrix}=a_{11}a_{22}\cdots a_{nn}.$$

特别规定,一阶行列式 $|a|=a$.注意这里的行列式记号不要与绝对值记号混淆.

一般地,我们称四阶及四阶以上的行列式为高阶行列式.

习题 5.1

1.计算下列二阶行列式.

(1) $\begin{vmatrix} a & b \\ -c & -\mathrm{d} \end{vmatrix}$； (2) $\begin{vmatrix} a-b & c \\ -c & a+b \end{vmatrix}$；

(3) $\begin{vmatrix} -7 & 5 \\ -4 & 6 \end{vmatrix}$； (4) $\begin{vmatrix} 2020 & 2019 \\ 2021 & 2020 \end{vmatrix}$.

2.计算下列三阶行列式.

(1) $\begin{vmatrix} 1 & 2 & -4 \\ 0 & 1 & -2 \\ -1 & 0 & 3 \end{vmatrix}$； (2) $\begin{vmatrix} 3 & -2 & 5 \\ 1 & -1 & 4 \\ -6 & 7 & 0 \end{vmatrix}$；

(3) $\begin{vmatrix} 1 & 2 & 3 \\ 2 & 3 & 1 \\ 3 & 1 & 2 \end{vmatrix}$； (4) $\begin{vmatrix} a & b & c \\ -b & a & \mathrm{d} \\ -c & -\mathrm{d} & a \end{vmatrix}$.

3.用行列式求解下列方程组.

(1) $\begin{cases} -2x_1+5x_2=7, \\ x_1-3x_2=-1; \end{cases}$ (2) $\begin{cases} 3x_1-4x_2=5, \\ -2x_1+x_2=-3; \end{cases}$

(3) $\begin{cases} -x_1-x_2+x_3=-1, \\ 3x_1+2x_2-x_3=4, \\ x_1+4x_2-5x_3=-2; \end{cases}$ (4) $\begin{cases} x_1+2x_2+3x_3=11, \\ -3x_1-x_2-x_3=-7, \\ x_1-x_2-x_3=-1. \end{cases}$

4.计算下列特殊行列式.

(1) $\boldsymbol{D}=\begin{vmatrix} -5 & 0 & 0 & 0 \\ 4 & -6 & 0 & 0 \\ 1 & 2 & 3 & 0 \\ -3 & 7 & -2 & 1 \end{vmatrix}$； (2) $\boldsymbol{D}=\begin{vmatrix} 3 & -1 & -2 & 8 \\ 0 & -4 & 9 & 11 \\ 0 & 0 & -3 & 7 \\ 0 & 0 & 0 & -1 \end{vmatrix}$.

5.2 行列式的性质

扫码获取拓展资源

行列式阶数越高计算就越繁琐，为了解决行列式的计算问题，需要对行列式的性质进行进一步的讨论.

定义 5.2.1 把行列式 $\boldsymbol{D}$ 的行、列互换所得到的行列式称为 $\boldsymbol{D}$ 的转置行列式，记作 $\boldsymbol{D}^T$，即

$$D=\begin{vmatrix} a_{11} & a_{12} & \cdots & a_{1n} \\ a_{21} & a_{22} & \cdots & a_{2n} \\ \vdots & \vdots & & \vdots \\ a_{n1} & a_{n2} & \cdots & a_{nn} \end{vmatrix},\text{则 } D^T=\begin{vmatrix} a_{11} & a_{21} & \cdots & a_{n1} \\ a_{12} & a_{22} & \cdots & a_{n2} \\ \vdots & \vdots & & \vdots \\ a_{1n} & a_{2n} & \cdots & a_{nn} \end{vmatrix}.$$

性质 1 行列式与它的转置行列式相等,即 $D=D^T$.

例 5.2.1 设 $D=\begin{vmatrix} 1 & 5 & 6 \\ 0 & -3 & 2 \\ 2 & 1 & 4 \end{vmatrix}$,验证 $D=D^T$.

解 $D=\begin{vmatrix} 1 & 5 & 6 \\ 0 & -3 & 2 \\ 2 & 1 & 4 \end{vmatrix}=-12+20-(-36)-2=42$,

$$D^T=\begin{vmatrix} 1 & 0 & 2 \\ 5 & -3 & 1 \\ 6 & 2 & 4 \end{vmatrix}=-12+20-(-36)-2=42.$$

显然有 $D=D^T$.

由性质 1 可知,行列式中行与列具有对等的地位,对行成立的性质,对列也成立,反之亦然.所以我们仅讨论行的性质,然后引申到列即可.

注意:行列式中用 r_i 表示第 i 行,c_j 表示第 j 列.

性质 2 行列式两行(列)互换,行列式的值改变符号.

注意:交换行列式的第 i,j 两行,记为 $r_i \leftrightarrow r_j$,交换行列式的第 i,j 两列记为 $c_i \leftrightarrow c_j$.

例如,已知行列式 $D=\begin{vmatrix} -2 & 3 \\ 1 & 4 \end{vmatrix}$,若行列式中 $r_1 \leftrightarrow r_2$,得 $D_1=\begin{vmatrix} 1 & 4 \\ -2 & 3 \end{vmatrix}$,通过计算得 $D=-11=-D_1$.

推论 如果行列式有两行(列)的对应元素相同,则此行列式的值为零.

例如,下面行列式中第 1 行与第 2 行元素对应相同,则该行列式值为零

$$\begin{vmatrix} 1 & -3 & 4 \\ 1 & -3 & 4 \\ 2 & 5 & 0 \end{vmatrix}=0.$$

性质 3 把行列式的某一行(列)中的所有元素都乘以同一数 k,等于以数 k 乘以此行列式.

以数 k 乘以行列式的第 i 行(列),记为 $k \cdot r_i(k \cdot c_i)$

$$D=\begin{vmatrix} a_{11} & a_{12} & \cdots & a_{1n} \\ \vdots & \vdots & & \vdots \\ ka_{i1} & ka_{i2} & \cdots & ka_{in} \\ \vdots & \vdots & & \vdots \\ a_{n1} & a_{n2} & \cdots & a_{nn} \end{vmatrix}=k\begin{vmatrix} a_{11} & a_{12} & \cdots & a_{1n} \\ \vdots & \vdots & & \vdots \\ a_{i1} & a_{i2} & \cdots & a_{in} \\ \vdots & \vdots & & \vdots \\ a_{n1} & a_{n2} & \cdots & a_{nn} \end{vmatrix}.$$

推论 1 如果行列式中某一行(列)中的所有元素有公因子,则公因子可以提到行列式外面.

例如

$$D=\begin{vmatrix}1&-3&4\\-3&6&9\\2&5&0\end{vmatrix}=3\times\begin{vmatrix}1&-3&4\\-1&2&3\\2&5&0\end{vmatrix}.$$

推论 2 如果行列式某行(列)的元素全为零,则此行列式的值等于零.

例如

$$\begin{vmatrix}11&3&14\\0&0&0\\12&15&1\end{vmatrix}=0.$$

推论 3 如果行列式某两行(列)的元素对应成比例,则此行列式的值等于零.

例 5.2.2 计算行列式 $D=\begin{vmatrix}1&2&4\\2&4&8\\5&9&7\end{vmatrix}$.

解 根据性质 2 推论及性质 3 推论得

$$D=\begin{vmatrix}1&2&4\\2&4&8\\5&9&7\end{vmatrix}=2\begin{vmatrix}1&2&4\\1&2&4\\5&9&7\end{vmatrix}=0.$$

性质 4 如果行列式中某一行(列)的各元素都是二项的和,则这个行列式等于两个行列式的和.即

$$D=\begin{vmatrix}a_{11}&a_{12}&\cdots&a_{1n}\\\vdots&\vdots&&\vdots\\a_{i1}+b_{i1}&a_{i2}+b_{i2}&\cdots&a_{in}+b_{in}\\\vdots&\vdots&&\vdots\\a_{n1}&a_{n2}&\cdots&a_{nn}\end{vmatrix}=\begin{vmatrix}a_{11}&a_{12}&\cdots&a_{1n}\\\vdots&\vdots&&\vdots\\a_{i1}&a_{i2}&\cdots&a_{in}\\\vdots&\vdots&&\vdots\\a_{n1}&a_{n2}&\cdots&a_{nn}\end{vmatrix}+\begin{vmatrix}a_{11}&a_{12}&\cdots&a_{1n}\\\vdots&\vdots&&\vdots\\b_{i1}&b_{i2}&\cdots&b_{in}\\\vdots&\vdots&&\vdots\\a_{n1}&a_{n2}&\cdots&a_{nn}\end{vmatrix}.$$

例如,

$$D=\begin{vmatrix}1&2&3\\2+1&4+5&8+6\\-1&3&7\end{vmatrix}=\begin{vmatrix}1&2&3\\2&4&8\\-1&3&7\end{vmatrix}+\begin{vmatrix}1&2&3\\1&5&6\\-1&3&7\end{vmatrix}.$$

注 若行列式 D 中出现两行(列)及两行(列)以上可以写成两个元素之和,在计算时性质 4 可使用。

例如,

$$\begin{vmatrix}a_1+b_1&a_2+b_2\\a_3+b_3&a_4+b_4\end{vmatrix}=\begin{vmatrix}a_1&a_2\\a_3+b_3&a_4+b_4\end{vmatrix}+\begin{vmatrix}b_1&b_2\\a_3+b_3&a_4+b_4\end{vmatrix}$$

$$=\begin{vmatrix}a_1&a_2\\a_3&a_4\end{vmatrix}+\begin{vmatrix}a_1&a_2\\b_3&b_4\end{vmatrix}+\begin{vmatrix}b_1&b_2\\a_3&a_4\end{vmatrix}+\begin{vmatrix}b_1&b_2\\b_3&b_4\end{vmatrix}.$$

例 5.2.3　计算行列式 $\boldsymbol{D}=\begin{vmatrix}198 & 301 & 203\\ 1 & 0 & -1\\ 3 & 2 & 1\end{vmatrix}$.

解　$$\boldsymbol{D}=\begin{vmatrix}200-2 & 300+1 & 200+3\\ 1 & 0 & -1\\ 3 & 2 & 1\end{vmatrix}=\begin{vmatrix}200 & 300 & 200\\ 1 & 0 & -1\\ 3 & 2 & 1\end{vmatrix}+\begin{vmatrix}-2 & 1 & 3\\ 1 & 0 & -1\\ 3 & 2 & 1\end{vmatrix}$$

$$=100\times\begin{vmatrix}2 & 3 & 2\\ 1 & 0 & -1\\ 3 & 2 & 1\end{vmatrix}+\begin{vmatrix}-2 & 1 & 3\\ 1 & 0 & -1\\ 3 & 2 & 1\end{vmatrix}=100\times(-4)+(-2)=-402.$$

性质 5　把行列式某一行(列)的各元素乘以同一个数,加到另一行(列)对应的元素上去,行列式的值不变.

把行列式的第 i 行(列)乘以 k 加到第 j 行(列),记为 $r_j+k\cdot r_i(c_j+k\cdot c_i)$.

例如,$$\boldsymbol{D}=\begin{vmatrix}1 & 2 & 4\\ 2 & 4 & 1\\ 5 & 1 & 2\end{vmatrix}=\begin{vmatrix}1 & 2+4\times2 & 4\\ 2 & 4+1\times2 & 1\\ 5 & 1+2\times2 & 2\end{vmatrix}=\begin{vmatrix}1 & 2 & 4\\ 2 & 4 & 1\\ 5+1\times3 & 1+2\times3 & 2+4\times3\end{vmatrix}.$$

性质 5 是计算行列式时最常用的工具.

习题 5.2

利用行列式的性质计算下列行列式.

1. $\begin{vmatrix}199 & 3 & 1\\ 202 & 1 & 0\\ 197 & -2 & 4\end{vmatrix}$.

2. $\begin{vmatrix}1 & 3 & 1\\ -3 & 1 & 0\\ 4 & -2 & 0\end{vmatrix}$.

3. $\begin{vmatrix}2 & 1 & 5\\ 1 & 7 & 4\\ -1 & 2 & 6\end{vmatrix}$.

4. $\begin{vmatrix}-1 & 0 & 2\\ 4 & 3 & 0\\ -7 & -5 & 4\end{vmatrix}$.

5.3　行列式的计算

前面介绍了行列式的定义及一些基本性质,下面进一步讨论行列式的计算问题.行列式的计算方法较多,在这我们介绍两种主要方法.

扫码获取
拓展资源

5.3.1 三角化法

计算行列式时,依据行列式的性质(性质 2、性质 3、性质 5)将行列式化为上三角(或下三角)形行列式,从而可以计算出行列式的值,将这种方法称为三角化法.在计算行列式时,我们习惯进行行变换,所以在本节我们介绍化上三角形行列式的方法.

化上三角形行列式的步骤为：如果第一行第一列元素为 0，先将第一行与其他行交换使得该元素不为 0，然后把第一行分别乘以适当的数加到其他各行，使得第一列除第一个元素外其余元素全为 0；再用同样的方法处理除去第一行和第一列后余下的低一阶行列式；如此继续下去，直至使它成为上三角形行列式，这时主对角上元素的乘积就是所求行列式的值.

例 5.3.1 计算行列式

$$\boldsymbol{D}=\begin{vmatrix}-2 & 5 & -1 & 3\\ 1 & -9 & 13 & 7\\ 3 & -1 & 5 & -5\\ 2 & 8 & -7 & -10\end{vmatrix}.$$

解 $\boldsymbol{D}\xlongequal{r_1\leftrightarrow r_2}-\begin{vmatrix}1 & -9 & 13 & 7\\ -2 & 5 & -1 & 3\\ 3 & -1 & 5 & -5\\ 2 & 8 & -7 & -10\end{vmatrix}\xlongequal[r_4-2r_1]{r_2+2r_1 \atop r_3-3r_1}-\begin{vmatrix}1 & -9 & 13 & 7\\ 0 & -13 & 25 & 17\\ 0 & 26 & -34 & -26\\ 0 & 26 & -33 & -24\end{vmatrix}$

$\xlongequal{r_3+2r_2,r_4+2r_2}-\begin{vmatrix}1 & -9 & 13 & 7\\ 0 & -13 & 25 & 17\\ 0 & 0 & 16 & 8\\ 0 & 0 & 17 & 10\end{vmatrix}\xlongequal{r_4-\frac{17}{16}r_3}-\begin{vmatrix}1 & -9 & 13 & 7\\ 0 & -13 & 25 & 17\\ 0 & 0 & 16 & 8\\ 0 & 0 & 0 & \frac{3}{2}\end{vmatrix}$

$=-1\times(-13)\times16\times\frac{3}{2}=312.$

例 5.3.2 计算行列式

$$\boldsymbol{D}=\begin{vmatrix}a & b & b & b\\ b & a & b & b\\ b & b & a & b\\ b & b & b & a\end{vmatrix}.$$

解 $\boldsymbol{D}=\begin{vmatrix}a & b & b & b\\ b & a & b & b\\ b & b & a & b\\ b & b & b & a\end{vmatrix}\xlongequal{c_1+c_2+c_3+c_4}\begin{vmatrix}a+3b & b & b & b\\ a+3b & a & b & b\\ a+3b & b & a & b\\ a+3b & b & b & a\end{vmatrix}$

$=(a+3b)\begin{vmatrix}1 & b & b & b\\ 1 & a & b & b\\ 1 & b & a & b\\ 1 & b & b & a\end{vmatrix}\xlongequal{r_2-r_1 \atop {r_3-r_1 \atop r_4-r_1}}(a+3b)\begin{vmatrix}1 & b & b & b\\ 0 & a-b & 0 & 0\\ 0 & 0 & a-b & 0\\ 0 & 0 & 0 & a-b\end{vmatrix}$

$=(a+3b)(a-b)^3.$

5.3.2“降阶法”——依行列式的某行(列)展开的方法

定义 5.3.1 在 n 阶行列式中,划去元素 a_{ij} 所在的第 i 行、第 j 列,剩下的元素按原来的次序构成一个 $n-1$ 阶行列式,称为元素 a_{ij} 的余子式,记作 $\boldsymbol{M}_{ij}$.在 $\boldsymbol{M}_{ij}$ 前添加符号 $(-1)^{i+j}$ 所得的式子 $(-1)^{i+j}\boldsymbol{M}_{ij}$,称为元素 a_{ij} 的代数余子式,记作 $\boldsymbol{A}_{ij}=(-1)^{i+j}\boldsymbol{M}_{ij}$.

例如,在三阶行列式 $\boldsymbol{D}=\begin{vmatrix} a_{11} & a_{12} & a_{13} \\ a_{21} & a_{22} & a_{23} \\ a_{31} & a_{32} & a_{33} \end{vmatrix}=a_{11}a_{22}a_{33}+a_{21}a_{32}a_{13}+a_{12}a_{23}a_{31}$ $-a_{31}a_{22}a_{13}-a_{21}a_{12}a_{33}-a_{32}a_{23}a_{11}=a_{11}\begin{vmatrix} a_{22} & a_{23} \\ a_{32} & a_{33} \end{vmatrix}-a_{21}\begin{vmatrix} a_{12} & a_{13} \\ a_{32} & a_{33} \end{vmatrix}+$ $a_{31}\begin{vmatrix} a_{12} & a_{13} \\ a_{22} & a_{23} \end{vmatrix}$ 中,$\begin{vmatrix} a_{22} & a_{23} \\ a_{32} & a_{33} \end{vmatrix}$ 是从原三阶行列式中划去 a_{11} 所在的行与列后剩下的元素按原来顺序所组成,即 $\begin{vmatrix} a_{22} & a_{23} \\ a_{32} & a_{33} \end{vmatrix}$ 为 a_{11} 的余子式,记为 $\boldsymbol{M}_{11}$;$(-1)^{1+1}\begin{vmatrix} a_{22} & a_{23} \\ a_{32} & a_{33} \end{vmatrix}$ 为 a_{11} 的代数余子式,记为 $\boldsymbol{A}_{11}$.

类似地,$\boldsymbol{M}_{21}=\begin{vmatrix} a_{12} & a_{13} \\ a_{32} & a_{33} \end{vmatrix}$,$\boldsymbol{A}_{21}=(-1)^{2+1}\begin{vmatrix} a_{12} & a_{13} \\ a_{32} & a_{33} \end{vmatrix}$;$\boldsymbol{M}_{31}=\begin{vmatrix} a_{12} & a_{13} \\ a_{22} & a_{23} \end{vmatrix}$,$\boldsymbol{A}_{31}=(-1)^{3+1}\begin{vmatrix} a_{12} & a_{13} \\ a_{22} & a_{23} \end{vmatrix}$.

性质 6 n 阶行列式 $\boldsymbol{D}$ 的任一行(列)的各元素与其对应的代数余子式的乘积之和,等于 $\boldsymbol{D}$ 的值,即 $\boldsymbol{D}=a_{i1}\boldsymbol{A}_{i1}+a_{i2}\boldsymbol{A}_{i2}+\cdots+a_{in}\boldsymbol{A}_{in}=\sum_{k=1}^{n}a_{ik}\boldsymbol{A}_{ik}\ (i=1,2,\cdots,n)$.这个性质叫作行列式的展开性质.

据性质 6,三阶行列式按第一行展开得:

$$\boldsymbol{D}=\begin{vmatrix} a_{11} & a_{12} & a_{13} \\ a_{21} & a_{22} & a_{23} \\ a_{31} & a_{32} & a_{33} \end{vmatrix}=a_{11}\boldsymbol{A}_{11}+a_{12}\boldsymbol{A}_{12}+a_{13}\boldsymbol{A}_{13}.$$

例 5.3.3 计算行列式

$$\boldsymbol{D}=\begin{vmatrix} 2 & 3 & -1 \\ 1 & 0 & 5 \\ 4 & -1 & 6 \end{vmatrix}.$$

解 在第二行中,有一个元素是零,按第二行展开,得

$$\boldsymbol{D}=1\times(-1)^{1+2}\begin{vmatrix} 3 & -1 \\ -1 & 6 \end{vmatrix}+0\times(-1)^{2+2}\begin{vmatrix} 2 & -1 \\ 4 & 6 \end{vmatrix}+5\times(-1)^{2+3}\begin{vmatrix} 2 & 3 \\ 4 & -1 \end{vmatrix}=53.$$

例 5.3.4 计算行列式

$$D=\begin{vmatrix}-2&5&0&3\\1&-9&0&7\\3&-1&5&-5\\0&0&0&-10\end{vmatrix}.$$

解 因为第四行有三个零元素，按第四行展开，得

$$D=(-10)\times(-1)^{4+4}\begin{vmatrix}-2&5&0\\1&-9&0\\3&-1&5\end{vmatrix}=(-10)\times5\times(-1)^{3+3}\begin{vmatrix}-2&5\\1&-9\end{vmatrix}$$

$$=(-10)\times5\times13=-650.$$

注：计算行列式时，选择零元素多的行(或列)展开可简化行列式的计算.

例 5.3.5 计算行列式

$$D=\begin{vmatrix}3&2&0&4\\-1&0&2&-2\\0&1&-1&0\\1&-1&2&2\end{vmatrix}.$$

解 **方法一(三角化法)**

$$D=\begin{vmatrix}3&2&0&4\\-1&0&2&-2\\0&1&-1&0\\1&-1&2&2\end{vmatrix}\xlongequal{r_1\leftrightarrow r_4}-\begin{vmatrix}1&-1&2&2\\-1&0&2&-2\\0&1&-1&0\\3&2&0&4\end{vmatrix}$$

$$\xlongequal{r_2+r_1,r_4-3r_1}-\begin{vmatrix}1&-1&2&2\\0&-1&4&0\\0&1&-1&0\\0&5&-6&-2\end{vmatrix}\xlongequal[r_4+5r_2]{r_3+r_2}-\begin{vmatrix}1&-1&2&2\\0&-1&4&0\\0&0&3&0\\0&0&14&-2\end{vmatrix}$$

$$\xlongequal{r_4-\frac{14}{3}r_3}-\begin{vmatrix}1&-1&2&2\\0&-1&4&0\\0&0&3&0\\0&0&0&-2\end{vmatrix}=-1\times(-1)\times3\times(-2)=-6.$$

方法二(降阶法)

$$D=\begin{vmatrix}3&2&0&4\\-1&0&2&-2\\0&1&-1&0\\1&-1&2&2\end{vmatrix}\xlongequal[r_4+r_2]{r_1+3r_2}\begin{vmatrix}0&2&6&-2\\-1&0&2&-2\\0&1&-1&0\\0&-1&4&0\end{vmatrix}\text{(依第 1 列展开)}$$

$$=(-1)\times(-1)^{2+1}\begin{vmatrix}2&6&-2\\1&-1&0\\-1&4&0\end{vmatrix}=\begin{vmatrix}2&6&-2\\1&-1&0\\-1&4&0\end{vmatrix}\text{(依第 3 列展开)}$$

$$=(-2)\times(-1)^{1+3}\begin{vmatrix}1&-1\\-1&4\end{vmatrix}$$

$$=-6.$$

习题 5.3

1.计算下列行列式.

(1)$\boldsymbol{D}=\begin{vmatrix}1&4&0&1\\2&3&-1&-2\\0&1&5&0\\1&-1&3&1\end{vmatrix}$；　　(2)$\boldsymbol{D}=\begin{vmatrix}1&0&1&0\\0&4&-3&5\\-1&2&3&1\\1&1&-2&3\end{vmatrix}$；

(3)$\boldsymbol{D}=\begin{vmatrix}2&1&-4&1\\3&-1&2&1\\5&0&6&2\\1&2&3&2\end{vmatrix}$；　　(4)$\boldsymbol{D}=\begin{vmatrix}5&2&2&2\\2&5&2&2\\2&2&5&2\\2&2&2&5\end{vmatrix}$.

2.若 $\boldsymbol{D}=\begin{vmatrix}1&0&2\\x&3&1\\4&x&5\end{vmatrix}$ 的代数余子式 $\boldsymbol{A}_{12}=-1$，求代数余子式 $\boldsymbol{A}_{21}$，$\boldsymbol{D}$.

3.已知五阶行列式 $\boldsymbol{D}$ 的第 3 行元素分别是 $-1,0,1,2,-2$，他们对应的余子式分别为 $3,-2,0,1,-1$，求行列式 $\boldsymbol{D}$ 的值.

4.已知行列式 $\begin{vmatrix}a_{11}&a_{12}&a_{13}\\a_{21}&a_{22}&a_{23}\\a_{31}&a_{32}&a_{33}\end{vmatrix}=2$，求 $\begin{vmatrix}3a_{11}&-3a_{12}&3a_{13}\\a_{21}&-a_{22}&a_{23}\\-2a_{31}&2a_{32}&-2a_{33}\end{vmatrix}$.

5.4　克莱姆法则

定理 5.1(克莱姆法则)　如果 n 元线性方程组

$$\begin{cases}a_{11}x_1+a_{12}x_2+\cdots+a_{1n}x_n=b_1,\\a_{21}x_1+a_{22}x_2+\cdots+a_{2n}x_n=b_2,\\\cdots\cdots\cdots\cdots\\a_{n1}x_1+a_{n2}x_2+\cdots+a_{nn}x_n=b_n,\end{cases}$$

的系数行列式
$$D=\begin{vmatrix} a_{11} & a_{12} & \cdots & a_{1n} \\ a_{21} & a_{22} & \cdots & a_{2n} \\ \vdots & \vdots & & \vdots \\ a_{n1} & a_{n2} & \cdots & a_{nn} \end{vmatrix} \neq 0,$$

则该线性方程组有惟一解,其解为
$$x_1=\frac{D_1}{D}, x_2=\frac{D_2}{D}, \cdots, x_n=\frac{D_n}{D},$$

其中 $D_j(j=1,2,\cdots,n)$ 是把系数行列式 D 中第 j 列元素依次替换为 $b_1,b_2,\cdots,b_n$,而其余各列保持不变得到的行列式.

例 5.4.1 用克莱姆法则解方程组
$$\begin{cases} 2x_1+x_2-5x_3+x_4=8, \\ x_1+3x_2-6x_4=9, \\ 2x_2-x_3+2x_4=-5, \\ x_1+4x_2-7x_3+6x_4=0. \end{cases}$$

解 因为方程组的系数行列式
$$D=\begin{vmatrix} 2 & 1 & -5 & 1 \\ 1 & 3 & 0 & -6 \\ 0 & 2 & -1 & 2 \\ 1 & 4 & -7 & 6 \end{vmatrix}=69\neq 0,$$

因此可以用克莱姆法则,又有
$$D_1=\begin{vmatrix} 8 & 1 & -5 & 1 \\ 9 & 3 & 0 & -6 \\ -5 & 2 & -1 & 2 \\ 0 & 4 & -7 & 6 \end{vmatrix}=-225; \quad D_2=\begin{vmatrix} 2 & 8 & -5 & 1 \\ 1 & 9 & 0 & -6 \\ 0 & -5 & -1 & 2 \\ 1 & 0 & -7 & 6 \end{vmatrix}=-108;$$
$$D_3=\begin{vmatrix} 2 & 1 & 8 & 1 \\ 1 & 3 & 9 & -6 \\ 0 & 2 & -5 & 2 \\ 1 & 4 & 0 & 6 \end{vmatrix}=-261; \quad D_4=\begin{vmatrix} 2 & 1 & -5 & 8 \\ 1 & 3 & 0 & 9 \\ 0 & 2 & -1 & -5 \\ 1 & 4 & -7 & 0 \end{vmatrix}=-195.$$

所以方程组的唯一解为 $x_1=-\frac{75}{23}, x_2=-\frac{36}{23}, x_3=-\frac{87}{23}, x_4=-\frac{65}{23}$.

注 克莱姆法则应用要求线性方程组的未知量的个数等于方程的个数;系数行列式不等于零.一般地,克莱姆法则的运算量较大,遇到未知量较多的方程组,一般借助计算软件(如 MATLAB)求解.

习题 5.4

用克莱姆法则解下列线性方程组.

1. $\begin{cases} x_1+2x_3-x_4=-1, \\ x_2+x_3+x_4=1, \\ -x_1+x_2-x_4=0, \\ 2x_1+x_2-x_3=2. \end{cases}$

2. $\begin{cases} 2x_1+x_2-5x_3+x_4=2, \\ x_1-3x_2-6x_4=1, \\ 2x_2-x_3+2x_4=-1, \\ x_1+4x_2-7x_3+6x_4=0. \end{cases}$

本章知识小结

- 行列式
  - 行列式的概念
    - 二阶行列式
    - 三阶行列式
    - n阶行列式
  - 行列式性质
  - 行列式的计算
    - 三角化法
    - “降阶法”——依行列式的某行(列)展开的方法
  - 克莱姆法则

单元能力测验 A(基础篇)

1.计算下列行列式.

(1) $\begin{vmatrix} a & b \\ b & a \end{vmatrix}$;

(2) $\begin{vmatrix} a-1 & 1 \\ a & a^2+a+1 \end{vmatrix}$;

(3) $\begin{vmatrix} 5 & 7 \\ -2 & -1 \end{vmatrix}$;

(4) $\begin{vmatrix} 3 & 0 & 0 \\ 1 & 2 & 4 \\ -3 & 5 & 1 \end{vmatrix}$;

(5) $\begin{vmatrix} 1 & -2 & -3 \\ 2 & 7 & 1 \\ -5 & 0 & 4 \end{vmatrix}$;

(6) $\begin{vmatrix} 2 & 1 & 0 \\ -1 & 2 & 5 \\ 3 & 4 & 1 \end{vmatrix}$;

(7) $\begin{vmatrix} 3 & 1 & 2 \\ 1 & 5 & 4 \\ 2 & 4 & -1 \end{vmatrix}$;

(8) $\begin{vmatrix} 1 & 0 & 5 \\ -3 & 5 & 4 \\ 0 & 2 & 1 \end{vmatrix}$.

2.求下列行列式中指定元素的余子式与代数余子式.

(1) $\begin{vmatrix} 4 & 2 & 1 \\ 1 & 5 & 7 \\ -2 & 4 & -1 \end{vmatrix}$ 中的 $\boldsymbol{M}_{31}$, $\boldsymbol{M}_{32}$, $\boldsymbol{M}_{22}$, $\boldsymbol{A}_{13}$, $\boldsymbol{A}_{23}$, $\boldsymbol{A}_{33}$.

(2) $\begin{vmatrix} 1 & 0 & 1 & 0 \\ 0 & 3 & -2 & -1 \\ 4 & 0 & 1 & 0 \\ 1 & 0 & -9 & 5 \end{vmatrix}$ 中的 $\boldsymbol{M}_{11}, \boldsymbol{M}_{22}, \boldsymbol{M}_{44}, \boldsymbol{A}_{33}, \boldsymbol{A}_{14}, \boldsymbol{A}_{34}$.

3.计算下列行列式.

(1) $\begin{vmatrix} 1 & a & a^2 \\ 1 & b & b^2 \\ 1 & c & c^2 \end{vmatrix}$；

(2) $\begin{vmatrix} 1 & -2 & 1 & 0 \\ 0 & 3 & -2 & -1 \\ 4 & -1 & 0 & 3 \\ 1 & 2 & -6 & 3 \end{vmatrix}$；

(3) $\begin{vmatrix} 0 & 1 & 2 & 7 \\ 1 & 2 & 0 & 3 \\ 4 & 1 & 2 & 5 \\ 3 & 5 & 2 & 0 \end{vmatrix}$；

(4) $\begin{vmatrix} 1 & 2 & 3 & 4 \\ 0 & 4 & 5 & 6 \\ 0 & 0 & 6 & 7 \\ 0 & 0 & 0 & 8 \end{vmatrix}$；

(5) $\begin{vmatrix} 0 & a & b & a \\ a & 0 & a & b \\ b & a & 0 & a \\ a & b & a & 0 \end{vmatrix}$；

(6) $\begin{vmatrix} 1 & 1 & 2 & 2 \\ -1 & 1 & 2 & 2 \\ -1 & -1 & 1 & 2 \\ -1 & -1 & -1 & 2 \end{vmatrix}$.

4.解方程.

(1) $\begin{vmatrix} x & 2 \\ 2 & x \end{vmatrix} = 0$；

(2) $\begin{vmatrix} 5-x & 7 & 10 \\ 7-2x & 2 & 3 \\ 13-3x & 6 & 8 \end{vmatrix} = 0$.

5.用克莱姆法则求解下列方程组.

(1) $\begin{cases} 2x - z = 1, \\ 2x + 4y - z = 1, \\ -x + 8y + 3z = 2; \end{cases}$

(2) $\begin{cases} x_1 + x_2 + 2x_4 = 4, \\ 2x_1 - x_2 + 2x_3 = 3, \\ -x_1 + x_2 + x_3 + x_4 = 2, \\ x_1 + x_3 - x_4 = 1. \end{cases}$

单元能力测验 B(提高篇)

1.设行列式 $\begin{vmatrix} a_{11} & a_{12} \\ a_{21} & a_{22} \end{vmatrix} = 5$, $\begin{vmatrix} a_{13} & a_{11} \\ a_{23} & a_{21} \end{vmatrix} = 7$,计算行列式 $\begin{vmatrix} a_{11} & a_{12} - a_{13} \\ a_{21} & a_{22} - a_{23} \end{vmatrix}$.

2.若 $\begin{vmatrix} 1 & 1 & 1 \\ 1 & x & x^2 \\ 1 & -2 & 4 \end{vmatrix} = 0$,求变量 x.

3.已知行列式 $\begin{vmatrix} a_{11} & a_{12} & a_{13} \\ a_{21} & a_{22} & a_{23} \\ a_{31} & a_{32} & a_{33} \end{vmatrix}=3$,求 $\begin{vmatrix} 4a_{11} & -4a_{12} & 4a_{13} \\ a_{21} & -a_{22} & a_{23} \\ -2a_{31} & 2a_{32} & -2a_{33} \end{vmatrix}$.

4.计算下列行列式.

(1) $\begin{vmatrix} 2 & 4 & 5 & -2 \\ -3 & 7 & 8 & 4 \\ 5 & -9 & -5 & 7 \\ 2 & -5 & 2 & 2 \end{vmatrix}$;　　(2) $\begin{vmatrix} 1 & 1 & -3 & 4 \\ 2 & 0 & -4 & 7 \\ -1 & 0 & 5 & 0 \\ 1 & 3 & -5 & 0 \end{vmatrix}$.

5.用克莱姆法则解线性方程组.

$$\begin{cases} x_1+3x_2-5x_3+2x_4=-3, \\ 5x_1-2x_2+7x_3-2x_4=4, \\ 2x_1+x_2-4x_3-x_4=-1, \\ -3x_1-4x_2+6x_3-3x_4=10. \end{cases}$$

6.证明题.

(1) $\begin{vmatrix} 1 & 1 & 1 \\ x & y & z \\ x^3 & y^3 & z^3 \end{vmatrix}=(x+y+z)(y-x)(z-x)(z-y)$;

(2) $\begin{vmatrix} x-1 & 2 & 0 \\ 2 & x & 2 \\ 0 & 2 & x+1 \end{vmatrix}=0$;

(3) $\begin{vmatrix} 1+a & 1 & 1 & 1 \\ 1 & 1-a & 1 & 1 \\ 1 & 1 & 1+b & 1 \\ 1 & 1 & 1 & 1-b \end{vmatrix}=a^2b^2$.

数学实验五　MATLAB 求行列式

与本实验相关的 MATLAB 命令

命令	功能
HA = det(A)	输入 A,运行后输出 A 的行列式 $\|A\|$ 的值
syms	定义符号变量
Format rat	数据有理化,一般放在最前面

例 1 计算行列式(1)$\begin{vmatrix} 1 & 2 & 3 & 4 \\ 2 & 3 & 4 & 1 \\ 3 & 4 & 1 & 2 \\ 4 & 1 & 2 & 3 \end{vmatrix}$；(2)$\begin{vmatrix} 1 & -3 & -2 & -1 \\ -1 & 1 & -3 & -2 \\ -2 & -1 & 1 & -3 \\ -3 & -2 & -1 & 1 \end{vmatrix}$.

解 (1)在 MATLAB 命令窗口输入：

```
>>A=[1 2 3 4;2 3 4 1;3 4 2 1;4 3 2 1];
>>det(A)
```

运行程序后输出：

```
ans =160
```

(2)在 MATLAB 命令窗口输入：

```
>>B=[1 -3 -2 -1;-1 1 -3 -2;-2 -1 1 -3;-3 -2 -1 1];
>>det(B)
```

运行程序后输出：

```
ans = -195
```

例 2 计算行列式$\begin{vmatrix} b & a & a & a & a \\ a & b & a & a & a \\ a & a & b & a & a \\ a & a & a & b & a \\ a & a & a & a & b \end{vmatrix}$.

解 在 MATLAB 命令窗口输入：

```
>> syms a b
>> A=[b a a a a;a b a a a;a a b a a;a a a b a;a a a a b];
>> det(A)
```

运行程序后输出：

```
ans =
      4*a^5 - 15*a^4*b+20*a^3*b^2 - 10*a^2*b^3+b^5
```

例 3 用克莱姆法则解线性方程组$\begin{cases} 2x_1+x_2-5x_3+x_4=8, \\ x_1+4x_2-7x_3+6x_4=0, \\ x_1-3x_2-6x_4=9, \\ 2x_2-x_3+2x_4=-5. \end{cases}$

解 在 MATLAB 命令窗口输入：

```
>>format rat
>>A=[2 1 -5 1;1 4 -7 6;1 -3 0 -6;0 2 -1 2];
>>b=[8;0;9;-5];
>>D1=[b,A(:,2:4)];
```

```
>>D2=[A(:,1),b,A(:,3:4)];
>>D3=[A(:,1:2),b,A(:,4)];
>>D4=[A(:,1:3),b];
>>D=det(A);
>>x1=det(D1)/D;
>>x2=det(D2)/D;
>>x3=det(D3)/D;
>>x4=det(D4)/D;
>>X=[x1;x2;x3;x4]
```

运行程序后输出：

```
X=
    3
   -4
   -1
    1
```

例 4　设 $\boldsymbol{A}=\begin{pmatrix}1&2&3&4\\2&3&4&1\\3&4&1&2\\4&1&2&3\end{pmatrix}$，　$\boldsymbol{B}=\begin{pmatrix}1&-3&-2&-1\\-1&1&-3&-2\\-2&-1&1&-3\\-3&-2&-1&1\end{pmatrix}$，

计算 (1) $|\boldsymbol{A}|$；(2) $|\boldsymbol{B}|$；(3) $|\boldsymbol{AB}|$；(4) $|\boldsymbol{A}||\boldsymbol{B}|$.

解　输入

```
>>A=[1 2 3 4;2 3 4 1;3 4 2 1;4 3 2 1]
>>B=[1 -3 -2 -1;-1 1 -3 -2;-2 -1 1 -3;-3 -2 -1 1]
>>det(A)
ans =160
>>det(B)
ans = -195
>>det(A*B)
ans = -11700
>>det(A)*det(B)
ans =  -11700
```

所以　(1) $|\boldsymbol{A}|=160$；　　(2) $|\boldsymbol{B}|=-195$；

(3) $|\boldsymbol{AB}|=-11700$；　　(4) $|\boldsymbol{A}||\boldsymbol{B}|=-11700$.

扫码获取拓展资源

第六章 矩阵

矩阵是数学中的一个重要的基本概念，也是数学研究和应用的一个重要工具。“矩阵”是英国数学家西尔维特首先使用的，他是为了将数字的矩形阵列区别于行列式而发明了这个术语.而英国数学家凯莱被公认为矩阵论的奠基人，他将矩阵作为一个独立的数学概念提出.C.Hermite、A.Clebsch、A.Buchheim、H.Taber、G.Frobenius 等数学家在矩阵论的发展史上做出了很大的贡献.H.Metzler 引进了矩阵的超越函数概念并将其写成矩阵的幂级数的形式。傅里叶、西尔和庞加莱的著作中还讨论了无限阶矩阵的问题，这主要是为适用方程发展的需要而开始的.

矩阵本身所具有的性质依赖于元素的性质，矩阵由最初作为一种工具经过两个多世纪的发展，现在已成为独立的一门数学分支.矩阵是线性代数中非常重要的概念之一.它是研究线性方程组、线性变换等问题的有力工具.矩阵的应用是多方面的，不仅在数学领域中，在物理、科技等方面都有着十分广泛的应用.

本章主要简单介绍矩阵的概念、矩阵的基本运算、逆矩阵、矩阵的初等变换等；数学实验中介绍了 MATLAB 求解矩阵与行列式的运算.

6.1 矩阵的概念

6.1.1 矩阵的定义

引例 1 某工厂的月收入表如下(单位:万元)：

	产品Ⅰ	产品Ⅱ	产品Ⅲ
第一组	34	26	18
第二组	22	19	30
第三组	16	27	31

引例 2　会计系某班学生会计证考试成绩列表如下(简单起见,只列出一部分):

序　号	会计基础	会计实务	电算会计
1	78	83	71
2	81	84	75
……	……	……	……
45	86	89	82

观察这些表格,他们虽然内容不同,但是它们的数据都是由若干行与列组成,因此将它们简记为下列的矩形数表

$$\begin{pmatrix}34 & 26 & 18\\22 & 19 & 30\\16 & 27 & 31\end{pmatrix} 与 \begin{pmatrix}78 & 83 & 71\\81 & 84 & 75\\\vdots & \vdots & \vdots\\86 & 89 & 82\end{pmatrix}.$$

数学上把这种矩形数表称为**矩阵**.

定义 6.1.1　由 $m\times n$ 个数 $a_{ij}(i=1,2,\cdots,m;j=1,2,\cdots,n)$排成 m 行 n 列的矩形数表

$$\boldsymbol{A}=\begin{pmatrix}a_{11} & a_{12} & \cdots & a_{1n}\\a_{21} & a_{22} & \cdots & a_{2n}\\\vdots & \vdots & & \vdots\\a_{m1} & a_{m2} & \cdots & a_{mn}\end{pmatrix},$$

称为一个 m 行 n 列矩阵,简称 $m\times n$ 矩阵,其中 a_{ij} 称为矩阵 $\boldsymbol{A}$ 的(第 i 行、第 j 列的)元素.为表示上述矩形数表是一个整体,通常加上一个括号,并用大写字母 A,B,C 表示,通常简记为 $\boldsymbol{A}$, $\boldsymbol{A}_{m\times n}$ 或 $\boldsymbol{A}=(a_{ij})_{m\times n}$.

6.1.2 一些常用的特殊矩阵

1.**零矩阵**.如果矩阵 $\boldsymbol{A}$ 的所有元素都是零,则称 $\boldsymbol{A}$ 为零矩阵,记作 $\boldsymbol{O}$.即

$$\begin{pmatrix}0 & 0 & \cdots & 0\\\vdots & \vdots & & \vdots\\0 & 0 & \cdots & 0\end{pmatrix}_{m\times n}=\boldsymbol{O}_{m\times n}.$$

2.**行矩阵**.如果 $m=1$,矩阵 $\boldsymbol{A}=(a_{ij})_{m\times n}$ 只有一行,则称 $\boldsymbol{A}$ 为行矩阵.即

$$(a_{11}\quad a_{12}\quad \cdots\quad a_{1n})=\boldsymbol{A}_{1\times n}.$$

3.**列矩阵**.如果 $n=1$,矩阵 $\boldsymbol{A}=(a_{ij})_{m\times n}$ 只有一列,则称 $\boldsymbol{A}$ 为列矩阵.即

$$\begin{pmatrix}a_{11}\\\vdots\\a_{m1}\end{pmatrix}=\boldsymbol{A}_{m\times 1}.$$

如果 $m=n=1$，则矩阵 $\boldsymbol{A}$ 只有一个元素 a_{11}，这时我们把 $\boldsymbol{A}$ 就看成是数 a_{11}.

4.n **阶方阵**.如果 $m=n$，矩阵 $\boldsymbol{A}=(a_{ij})_{m\times n}$ 中行数与列数相等，则称 $\boldsymbol{A}$ 为 n 阶方阵.在 n 阶方阵中，元素 $a_{11},a_{22},a_{33},\cdots,a_{nn}$ 称为主对角线元素.即

$$\begin{pmatrix} a_{11} & a_{12} & \cdots & a_{1n} \\ a_{21} & a_{22} & \cdots & a_{2n} \\ \vdots & \vdots & & \vdots \\ a_{n1} & a_{n2} & \cdots & a_{nn} \end{pmatrix}_{n\times n} = \boldsymbol{A}_{n\times n}.$$

5.**上三角矩阵**.主对角线以下的元素都是零的方阵.即

$$\begin{pmatrix} a_{11} & a_{12} & \cdots & a_{1n} \\ 0 & a_{22} & \cdots & a_{2n} \\ \vdots & \vdots & & \vdots \\ 0 & 0 & \cdots & a_{nn} \end{pmatrix}.$$

6.**下三角矩阵**.主对角线以上的元素都是零的方阵.即

$$\begin{pmatrix} a_{11} & 0 & \cdots & 0 \\ a_{21} & a_{22} & \cdots & 0 \\ \vdots & \vdots & & \vdots \\ a_{n1} & a_{n2} & \cdots & a_{nn} \end{pmatrix}.$$

7.**对角矩阵**.如果一个 n 阶方阵除主对角线上的元素外，其余的元素都为零，则称该矩阵为 n 阶对角矩阵.通常简记作 $\boldsymbol{A}=\mathrm{diag}\{a_{11},a_{22},\cdots,a_{nn}\}$，即

$$\boldsymbol{A}=\begin{pmatrix} a_{11} & 0 & \cdots & 0 \\ 0 & a_{22} & \cdots & 0 \\ \vdots & \vdots & & \vdots \\ 0 & 0 & \cdots & a_{nn} \end{pmatrix}.$$

8.**数量矩阵**.如果 n 阶对角矩阵 $\boldsymbol{A}$ 中的元素 $a_{11}=a_{22}=\cdots=a_{nn}=a$，则称 $\boldsymbol{A}$ 为 n 阶数量矩阵.即

$$\boldsymbol{A}=\begin{pmatrix} a & 0 & \cdots & 0 \\ 0 & a & \cdots & 0 \\ \vdots & \vdots & & \vdots \\ 0 & 0 & \cdots & a \end{pmatrix}.$$

9.**单位矩阵**.如果 n 阶数量矩阵 $\boldsymbol{A}$ 中的元素 $a=1$，则称 $\boldsymbol{A}$ 为 n 阶单位矩阵，记作 $\boldsymbol{E}_n$ 或 $\boldsymbol{E}$，即

$$\boldsymbol{E}=\begin{pmatrix} 1 & 0 & \cdots & 0 \\ 0 & 1 & \cdots & 0 \\ \vdots & \vdots & & \vdots \\ 0 & 0 & \cdots & 1 \end{pmatrix}.$$

10.**同型矩阵**　行数相同、列数也相同的矩阵称为同型矩阵.

例如,矩阵$\begin{pmatrix}0 & 1 & -2\\ 3 & 4 & 0\end{pmatrix}$与矩阵$\begin{pmatrix}10 & -1 & 12\\ 23 & 4 & 5\end{pmatrix}$同型,都是2行3列的矩阵.

定义 6.1.2　如果$\boldsymbol{A}=(a_{ij})$与$\boldsymbol{B}=(b_{ij})$是同型矩阵,并且它们的对应元素都相等,则称矩阵A与矩阵B相等,记作$\boldsymbol{A}=\boldsymbol{B}$.

例如,$\begin{pmatrix}0 & 0 & 0\\ 0 & 0 & 0\end{pmatrix}=\boldsymbol{O}_{2\times 3}$是一个2行3列的零矩阵,而$\begin{pmatrix}0 & 0\\ 0 & 0\\ 0 & 0\end{pmatrix}=\boldsymbol{O}_{3\times 2}$是一个3行2列的零矩阵,两个矩阵同为零矩阵,但他们不同型,所以矩阵$\boldsymbol{O}_{2\times 3}\neq\boldsymbol{O}_{3\times 2}$.

例 6.1.1　已知$\boldsymbol{A}=\begin{pmatrix}a+b & 3\\ 3 & a-b\end{pmatrix}$,$\boldsymbol{B}=\begin{pmatrix}7 & 2c+d\\ c-d & 3\end{pmatrix}$,且$\boldsymbol{A}=\boldsymbol{B}$,求$a,b,c,d$.

解　根据矩阵相等的定义,可得方程组

$$\begin{cases}a+b=7,\\ 3=2c+d,\\ 3=c-d,\\ a-b=3.\end{cases}$$

解得　　$a=5,b=2,c=2,\mathrm{d}=-1.$

习题 6.1

已知$\boldsymbol{A}=\begin{pmatrix}2a+b & -1\\ 5 & a-3b\end{pmatrix}$,$\boldsymbol{B}=\begin{pmatrix}9 & c+3d\\ -c-d & -5\end{pmatrix}$且$\boldsymbol{A}=\boldsymbol{B}$,求$a,b,c,d$.

6.2　矩阵的运算

6.2.1 矩阵的线性运算

1.矩阵的加法运算

定义 6.2.1　设矩阵$\boldsymbol{A}=(a_{ij})_{m\times n}$,$\boldsymbol{B}=(b_{ij})_{m\times n}$,即$\boldsymbol{A}$与$\boldsymbol{B}$是同型矩阵,则$\boldsymbol{A}$与$\boldsymbol{B}$可加,规定其和为$\boldsymbol{A}+\boldsymbol{B}$,即$\boldsymbol{A}+\boldsymbol{B}=(a_{ij}+b_{ij})_{m\times n}$.

若$\boldsymbol{A}=(a_{ij})_{m\times n}$,则存在矩阵$-\boldsymbol{A}=(-a_{ij})_{m\times n}$,满足$\boldsymbol{A}+(-\boldsymbol{A})=\boldsymbol{O}$.称$-\boldsymbol{A}$为$\boldsymbol{A}$的负矩阵.由此可以定义矩阵减法为:$\boldsymbol{A}-\boldsymbol{B}=\boldsymbol{A}+(-\boldsymbol{B})$,即$\boldsymbol{A}-\boldsymbol{B}=(a_{ij}-b_{ij})_{m\times n}$.

利用矩阵加法的定义,可以验证以下运算规律:

(1)交换律$\boldsymbol{A}+\boldsymbol{B}=\boldsymbol{B}+\boldsymbol{A}$.

(2)结合律$(\boldsymbol{A}+\boldsymbol{B})+\boldsymbol{C}=\boldsymbol{A}+(\boldsymbol{B}+\boldsymbol{C})$.

(3)$\boldsymbol{A}+\boldsymbol{O}=\boldsymbol{O}+\boldsymbol{A}=\boldsymbol{A}$,其中$\boldsymbol{O}$为$\boldsymbol{A}=(a_{ij})_{m\times n}$的同型零矩阵.

(4)$\boldsymbol{A}+(-\boldsymbol{A})=\boldsymbol{O}$,$\boldsymbol{A}-\boldsymbol{B}=\boldsymbol{A}+(-\boldsymbol{B})$.

注 只有同型矩阵之间,才能进行矩阵的加减运算.

例 6.2.1 某公司一月份和二月份从两产地A,B分别运送产品到销地甲、乙、丙的运送量如下表所示(单位:吨):

销地 产地	月份	甲	乙	丙
A	1月	3	4	7
B		5	6	8
A	2月	4	6	9
B		2	3	5

那么,运输公司两个月分别从产地A,B分别运送产品到甲、乙、丙三地的运输总量各多少吨?

解 用矩阵表示为

$$\begin{pmatrix}3&4&7\\5&6&8\end{pmatrix}+\begin{pmatrix}4&6&9\\2&3&5\end{pmatrix}=\begin{pmatrix}7&10&16\\7&9&13\end{pmatrix},$$

即运输公司两个月从产地A,B分别运送产品到甲、乙、丙的运输量分别为7吨、10吨、16吨和7吨、9吨、13吨.

例 6.2.2 设矩阵$\boldsymbol{A}=\begin{pmatrix}1&-3\\-2&5\\0&-1\end{pmatrix}$,$\boldsymbol{B}=\begin{pmatrix}-11&6\\-7&4\\-5&3\end{pmatrix}$,求$\boldsymbol{A}+\boldsymbol{B}$,$\boldsymbol{B}-\boldsymbol{A}$.

解 $$\boldsymbol{A}+\boldsymbol{B}=\begin{pmatrix}1&-3\\-2&5\\0&-1\end{pmatrix}+\begin{pmatrix}-11&6\\-7&4\\-5&3\end{pmatrix}=\begin{pmatrix}1+(-11)&-3+6\\-2+(-7)&5+4\\0+(-5)&-1+3\end{pmatrix}=\begin{pmatrix}-10&3\\-9&9\\-5&2\end{pmatrix},$$

$$\boldsymbol{B}-\boldsymbol{A}=\begin{pmatrix}-11&6\\-7&4\\-5&3\end{pmatrix}-\begin{pmatrix}1&-3\\-2&5\\0&-1\end{pmatrix}=\begin{pmatrix}-11-1&6-(-3)\\(-7)-(-2)&4-5\\(-5)-0&3-(-1)\end{pmatrix}=\begin{pmatrix}-12&9\\-5&-1\\-5&4\end{pmatrix}.$$

2. 矩阵的数乘运算

定义 6.2.2 以数λ乘以矩阵$\boldsymbol{A}=(a_{ij})_{m\times n}$的每一个元素所得的矩阵,称为数$\lambda$与矩阵$\boldsymbol{A}$的乘积,记作$\lambda\boldsymbol{A}=(\lambda a_{ij})$.

并且,我们规定$\lambda\boldsymbol{A}=\boldsymbol{A}\lambda$.例如

$$3\begin{pmatrix}1&-1&0\\2&3&1\end{pmatrix}=\begin{pmatrix}1&-1&0\\2&3&1\end{pmatrix}3=\begin{pmatrix}3&-3&0\\6&9&3\end{pmatrix}.$$

矩阵的数乘满足以下运算规律：

(1)数与矩阵的结合律：$(k\lambda)\boldsymbol{A}=k(\lambda\boldsymbol{A})$.

(2)数对矩阵的分配律：$k(\boldsymbol{A}+\boldsymbol{B})=k\boldsymbol{A}+k\boldsymbol{B}$.

(3)矩阵对数的分配律：$(k+l)\boldsymbol{A}=k\boldsymbol{A}+l\boldsymbol{A}$.

(4)$1\boldsymbol{A}=\boldsymbol{A}$.

(5)$0\boldsymbol{A}=\boldsymbol{O}$(零矩阵).

例 6.2.3　设 $\boldsymbol{A}=\begin{pmatrix}1&0&1\\2&-1&3\end{pmatrix}$，$\boldsymbol{B}=\begin{pmatrix}2&-1&0\\3&2&5\end{pmatrix}$，求 $2\boldsymbol{A}-3\boldsymbol{B}$.

解

$$2\boldsymbol{A}-3\boldsymbol{B}=2\begin{pmatrix}1&0&1\\2&-1&3\end{pmatrix}-3\begin{pmatrix}2&-1&0\\3&2&5\end{pmatrix}=\begin{pmatrix}2&0&2\\4&-2&6\end{pmatrix}-\begin{pmatrix}6&-3&0\\9&6&15\end{pmatrix}$$

$$=\begin{pmatrix}2-6&0-(-3)&2-0\\4-9&-2-6&6-15\end{pmatrix}=\begin{pmatrix}-4&3&2\\-5&-8&-9\end{pmatrix}$$

矩阵的加减运算和数乘运算，又叫矩阵的线性运算.

例 6.2.4　求矩阵 $\boldsymbol{X}$，使式子 $\begin{pmatrix}3&1\\4&5\end{pmatrix}+2\boldsymbol{X}=\begin{pmatrix}1&5\\-2&3\end{pmatrix}$ 成立.

解　由 $2\boldsymbol{X}=\begin{pmatrix}1&5\\-2&3\end{pmatrix}-\begin{pmatrix}3&1\\4&5\end{pmatrix}=\begin{pmatrix}-2&4\\-6&-2\end{pmatrix}$

得 $\boldsymbol{X}=\dfrac{1}{2}\begin{pmatrix}-2&4\\-6&-2\end{pmatrix}=\begin{pmatrix}-1&2\\-3&-1\end{pmatrix}$.

6.2.2 矩阵的乘法

扫码获取
拓展资源

1.矩阵的乘法运算

为了进一步讨论矩阵与矩阵的运算，我们来看下面的例子：

引例 3　长沙市某户居民第二季度三个月水(单位：吨)、电(单位：度)、煤气(单位：立方米)的用量情况可以用矩阵 $\boldsymbol{A}$ 表示，三项收费标准用矩阵 $\boldsymbol{B}$ 表示

$$\begin{matrix}&\text{水}&\text{电}&\text{煤气}&\\ \boldsymbol{A}=&\left(\begin{matrix}6\\7\\8\end{matrix}\right.&\begin{matrix}30\\40\\45\end{matrix}&\left.\begin{matrix}14\\15\\16\end{matrix}\right)&\begin{matrix}\text{四月}\\\text{五月}\\\text{六月}\end{matrix}\end{matrix}\qquad \boldsymbol{B}=\begin{pmatrix}2.5\\0.6\\2.3\end{pmatrix}\begin{matrix}\text{水}\\\text{电}\\\text{煤气}\end{matrix}$$

求该户第二季度三个月每月的开支各是多少？

解　四月份的开支为：$6\times2.5+30\times0.6+14\times2.3=65.2$(元)

观察可以看到上述结果是矩阵 $\boldsymbol{A}$ 的第一行与列矩阵 $\boldsymbol{B}$ 的对应元素的乘积之和.

类似地，有

五月份的开支为：$7\times2.5+40\times0.6+15\times2.3=76$(元)；

六月份的开支为：$8\times2.5+45\times0.6+16\times2.3=83.8$(元).

我们用矩阵表示该用户第二季度各月在这几方面的开支为：

$$C=\begin{pmatrix}65.2\\76\\83.8\end{pmatrix}\begin{matrix}\text{四月}\\\text{五月}\\\text{六月}\end{matrix}$$

观察上述过程，每个月的开支，即 c_1, c_2, c_3 分别是矩阵 A 的第一、二、三行与矩阵 B 的第一列的对应元素的乘积之和.

定义 6.2.3 设矩阵 $\boldsymbol{A}=(a_{ij})_{m\times s}$，$\boldsymbol{B}=(b_{ij})_{s\times n}$，则由元素

$$c_{ij}=a_{i1}b_{1j}+a_{i2}b_{2j}+\cdots+a_{is}b_{sj}=\sum_{k=1}^{s}a_{ik}b_{kj}\quad(i=1,2,\cdots,m;\ j=1,2,\cdots,n),$$

构成的 m 行 n 列矩阵 $\boldsymbol{C}=(c_{ij})_{m\times n}$，称为矩阵 $\boldsymbol{A}$ 与矩阵 $\boldsymbol{B}$ 的乘积，记作 $\boldsymbol{AB}$，即 $\boldsymbol{C}=\boldsymbol{AB}$.从定义可以看出，两个矩阵要相乘，必须满足左边矩阵的列数与右边矩阵的行数相等.

例 6.2.5 计算下列矩阵的乘积.

(1) $\begin{pmatrix}1&0&2\\3&-1&4\end{pmatrix}\begin{pmatrix}2\\-1\\3\end{pmatrix}$； (2) $(-3\quad 1\quad 4)\begin{pmatrix}2\\-1\\3\end{pmatrix}$； (3) $\begin{pmatrix}2\\-1\\3\end{pmatrix}(-3\quad 1\quad 4)$.

解 (1) $\begin{pmatrix}1&0&2\\3&-1&4\end{pmatrix}\begin{pmatrix}2\\-1\\3\end{pmatrix}=\begin{pmatrix}1\times2+0\times(-1)+2\times3\\3\times2+(-1)\times(-1)+4\times3\end{pmatrix}=\begin{pmatrix}8\\19\end{pmatrix}$；

(2) $(-3\quad 1\quad 4)\begin{pmatrix}2\\-1\\3\end{pmatrix}=((-3)\times2+1\times(-1)+4\times3)=(5)$；

(3) $\begin{pmatrix}2\\-1\\3\end{pmatrix}(-3\quad 1\quad 4)=\begin{pmatrix}2\times(-3)&2\times1&2\times4\\-1\times(-3)&-1\times1&-1\times4\\3\times(-3)&3\times1&3\times4\end{pmatrix}=\begin{pmatrix}-6&2&8\\3&-1&-4\\-9&3&12\end{pmatrix}$.

注 例题(2)小题中最后结果是 1 行 1 列的矩阵，即元素中只有 1 个数字，括号可加也可不加.

例 6.2.6 设 $\boldsymbol{A}=\begin{pmatrix}1&9&7&6\\0&9&0&5\end{pmatrix}$，$\boldsymbol{B}=\begin{pmatrix}0&0\\3&6\\5&3\\7&6\end{pmatrix}$，计算 $\boldsymbol{AB}$ 和 $\boldsymbol{BA}$.

解 $\boldsymbol{AB}=\begin{pmatrix}1\times0+9\times3+7\times5+6\times7&1\times0+9\times6+7\times3+6\times6\\0\times0+9\times3+0\times5+5\times7&0\times0+9\times6+0\times3+5\times6\end{pmatrix}=\begin{pmatrix}104&111\\62&84\end{pmatrix}$

$$\boldsymbol{BA}=\begin{pmatrix}0\times1+0\times0&0\times9+0\times9&0\times7+0\times0&0\times6+0\times5\\3\times1+6\times0&3\times9+6\times9&3\times7+6\times0&3\times6+6\times5\\5\times1+3\times0&5\times9+3\times9&5\times7+3\times0&5\times6+3\times5\\7\times1+6\times0&7\times9+6\times9&7\times7+6\times0&7\times6+6\times5\end{pmatrix}$$

$$=\begin{pmatrix}0&0&0&0\\3&81&21&48\\5&72&35&45\\7&117&49&72\end{pmatrix}.$$

由此可以看出，矩阵的乘积不满足交换律，即一般情况下 $\boldsymbol{AB}\neq\boldsymbol{BA}$.当 $\boldsymbol{AB}=\boldsymbol{BA}$ 时，则称矩阵 $\boldsymbol{A}$ 与矩阵 $\boldsymbol{B}$ 可交换，在进行乘法运算时，一定要注意矩阵相乘的次序.对于单位矩阵 $\boldsymbol{E}$，有 $\boldsymbol{A}_{m\times n}\boldsymbol{E}_n=\boldsymbol{E}_m\boldsymbol{A}_{m\times n}=\boldsymbol{A}$.

例 6.2.7　设矩阵 $\boldsymbol{A}=\begin{pmatrix}1&-1\\-1&1\end{pmatrix}$，$\boldsymbol{B}=\begin{pmatrix}1&1\\-1&-1\end{pmatrix}$，$\boldsymbol{C}=\begin{pmatrix}2&0\\0&-2\end{pmatrix}$，求 $\boldsymbol{AB}$，$\boldsymbol{AC}$.

解
$$\boldsymbol{AB}=\begin{pmatrix}1&-1\\-1&1\end{pmatrix}\begin{pmatrix}1&1\\-1&-1\end{pmatrix}=\begin{pmatrix}2&2\\-2&-2\end{pmatrix},$$
$$\boldsymbol{AC}=\begin{pmatrix}1&-1\\-1&1\end{pmatrix}\begin{pmatrix}2&0\\0&-2\end{pmatrix}=\begin{pmatrix}2&2\\-2&-2\end{pmatrix}.$$

在这可以看出，$\boldsymbol{A}\neq 0$ 时，若 $\boldsymbol{AB}=\boldsymbol{AC}$，但 $\boldsymbol{B}\neq\boldsymbol{C}$，因此矩阵的乘法中消去律不成立.

例 6.2.8　设 $\boldsymbol{A}=\begin{pmatrix}2&4\\-3&-6\end{pmatrix}$，$\boldsymbol{B}=\begin{pmatrix}-2&4\\1&-2\end{pmatrix}$，求 $\boldsymbol{AB}$.

解　$\boldsymbol{AB}=\begin{pmatrix}2&4\\-3&-6\end{pmatrix}\begin{pmatrix}-2&4\\1&-2\end{pmatrix}=\begin{pmatrix}0&0\\0&0\end{pmatrix}$.

在上题中，$\boldsymbol{A}\neq\boldsymbol{O}$，$\boldsymbol{B}\neq\boldsymbol{O}$，但是 $\boldsymbol{AB}=\boldsymbol{O}$.

矩阵的乘法满足以下规律(假设运算是可行的)：

(1)结合律：$(\boldsymbol{AB})\boldsymbol{C}=\boldsymbol{A}(\boldsymbol{BC})$.

(2)左分配律：$\boldsymbol{A}(\boldsymbol{B}+\boldsymbol{C})=\boldsymbol{AB}+\boldsymbol{AC}$，右分配律：$(\boldsymbol{B}+\boldsymbol{C})\boldsymbol{A}=\boldsymbol{BA}+\boldsymbol{CA}$.

(3)数乘结合律：$k(\boldsymbol{AB})=(k\boldsymbol{A})\boldsymbol{B}=\boldsymbol{A}(k\boldsymbol{B})$(其中 k 为常数).

2.方阵的幂

用矩阵的乘法定义方阵的幂运算.

定义 6.2.4　设矩阵 $\boldsymbol{A}$ 为 $n\times n$ 阶方阵，k 为正整数，称 k 个 $\boldsymbol{A}$ 连乘为方阵 $\boldsymbol{A}$ 的 k 次幂，记作 $\boldsymbol{A}^k$，即

$$\boldsymbol{A}^k=\overbrace{\boldsymbol{A}\cdot\boldsymbol{A}\cdot\cdots\cdot\boldsymbol{A}}^{k\text{个}}.$$

方阵的幂具有以下运算规律：

(1)$\boldsymbol{A}^k\boldsymbol{A}^l=\boldsymbol{A}^{k+l}$；$(\boldsymbol{A}^k)^l=\boldsymbol{A}^{kl}$，其中 k，l 为任意非负整数.

(2)一般来说 $(\boldsymbol{AB})^k\neq\boldsymbol{A}^k\boldsymbol{B}^k$(矩阵的乘法一般情况下不满足交换律).

(3)规定 $\boldsymbol{A}^0=\boldsymbol{E}$.

例 6.2.9 已知 $\boldsymbol{A}=\begin{pmatrix}1&0\\1&1\end{pmatrix}$，求 $\boldsymbol{A}^4$.

解 $\boldsymbol{A}^2=\begin{pmatrix}1&0\\1&1\end{pmatrix}\begin{pmatrix}1&0\\1&1\end{pmatrix}=\begin{pmatrix}1&0\\2&1\end{pmatrix}$，$\boldsymbol{A}^4=\boldsymbol{A}^2\boldsymbol{A}^2=\begin{pmatrix}1&0\\2&1\end{pmatrix}\begin{pmatrix}1&0\\2&1\end{pmatrix}=\begin{pmatrix}1&0\\4&1\end{pmatrix}$.

例 6.2.10 已知 $\boldsymbol{A}=\begin{pmatrix}1&1&1\\2&2&2\\3&3&3\end{pmatrix}$，求 $\boldsymbol{A}^2,\boldsymbol{A}^4,\boldsymbol{A}^{100}$.

解 $\boldsymbol{A}^2=\begin{pmatrix}1&1&1\\2&2&2\\3&3&3\end{pmatrix}\begin{pmatrix}1&1&1\\2&2&2\\3&3&3\end{pmatrix}=\begin{pmatrix}6&6&6\\12&12&12\\18&18&18\end{pmatrix}=6\boldsymbol{A}$，

$$\boldsymbol{A}^4=\boldsymbol{A}^2\boldsymbol{A}^2=(6\boldsymbol{A})(6\boldsymbol{A})=6^2\boldsymbol{A}^2=6^2\times6\boldsymbol{A}=6^3\boldsymbol{A},$$

由此类推，$\boldsymbol{A}^{100}=6^{99}\boldsymbol{A}$.

3.矩阵的转置运算

定义 6.2.5 把 $m\times n$ 阶矩阵 $\boldsymbol{A}$ 的行、列互换，得到一个 $n\times m$ 矩阵，称为 $\boldsymbol{A}$ 的转置，记为 $\boldsymbol{A}^T$（或 $\boldsymbol{A}'$），即

若 $\boldsymbol{A}=\begin{pmatrix}a_{11}&a_{12}&\cdots&a_{1n}\\a_{21}&a_{22}&\cdots&a_{2n}\\\vdots&\vdots&&\vdots\\a_{m1}&a_{m2}&\cdots&a_{mn}\end{pmatrix}$，则 $\boldsymbol{A}'=\boldsymbol{A}^T=\begin{pmatrix}a_{11}&a_{21}&\cdots&a_{m1}\\a_{12}&a_{22}&\cdots&a_{m2}\\\vdots&\vdots&&\vdots\\a_{1n}&a_{2n}&\cdots&a_{mn}\end{pmatrix}$.

矩阵的转置满足下述运算律（设运算是可行的）：

(1) $(\boldsymbol{A}^T)^T=\boldsymbol{A}$； (2) $(\boldsymbol{A}+\boldsymbol{B})^T=\boldsymbol{A}^T+\boldsymbol{B}^T$；

(3) $(\lambda\boldsymbol{A})^T=\lambda\boldsymbol{A}^T$（$\lambda$ 为常数）； (4) $(\boldsymbol{AB})^T=\boldsymbol{B}^T\boldsymbol{A}^T$.

例 6.2.11 设 $\boldsymbol{A}=\begin{pmatrix}2&0&-1\\1&3&2\end{pmatrix}$，$\boldsymbol{B}=\begin{pmatrix}1&7\\4&2\\2&0\end{pmatrix}$，求 $(\boldsymbol{AB})^T$.

解 $(\boldsymbol{AB})^T=\boldsymbol{B}^T\boldsymbol{A}^T=\begin{pmatrix}1&4&2\\7&2&0\end{pmatrix}\begin{pmatrix}2&1\\0&3\\-1&2\end{pmatrix}=\begin{pmatrix}0&17\\14&13\end{pmatrix}$.

定义 6.2.6 设 $\boldsymbol{A}$ 为 n 阶方阵，若 $\boldsymbol{A}=\boldsymbol{A}^T$，即 $a_{ij}=a_{ji}(i,j=1,2,\cdots,n)$，则称 $\boldsymbol{A}$ 为对称矩阵；若 $\boldsymbol{A}^T=-\boldsymbol{A}$，即 $a_{ij}=-a_{ji}(i,j=1,2,\cdots,n)$，$a_{ii}=0$，则称 $\boldsymbol{A}$ 为反对称矩阵.

例如，$\begin{pmatrix}3&-2&1\\-2&4&7\\1&7&5\end{pmatrix}$ 为对称矩阵，$\begin{pmatrix}0&2&-1\\-2&0&7\\1&-7&0\end{pmatrix}$ 为反对称矩阵.

例 6.2.12 设矩阵 $\boldsymbol{A}$ 为对称矩阵，$\boldsymbol{B}$ 为反对称矩阵，证明：

(1) $\boldsymbol{AA}^T$ 是对称矩阵；

(2) $\boldsymbol{AB}-\boldsymbol{BA}$ 是对称矩阵.

证　(1)因为 $(\boldsymbol{AA}^T)^T=(\boldsymbol{A}^T)^T\boldsymbol{A}^T=\boldsymbol{AA}^T$，所以 $\boldsymbol{AA}^T$ 是对称矩阵.

(2)因为 $(\boldsymbol{AB}-\boldsymbol{BA})^T=(\boldsymbol{AB})^T-(\boldsymbol{BA})^T=\boldsymbol{B}^T\boldsymbol{A}^T-\boldsymbol{A}^T\boldsymbol{B}^T=(-\boldsymbol{B})\boldsymbol{A}-\boldsymbol{A}(-\boldsymbol{B})=$

$$-\boldsymbol{BA}+\boldsymbol{AB}=\boldsymbol{AB}-\boldsymbol{BA},$$

所以 $\boldsymbol{AB}-\boldsymbol{BA}$ 是对称矩阵.

4.方阵的行列式

定义 6.2.7　由 n 阶方阵 $\boldsymbol{A}$ 的元素所构成的行列式(各元素的位置不变)，称为方阵 $\boldsymbol{A}$ 的行列式，记作 $|\boldsymbol{A}|$ 或 $\det(\boldsymbol{A})$.

对方阵取行列式，是施加于方阵的一种运算，且满足下列运算律(其中 $\boldsymbol{A},\boldsymbol{B}$ 为 n 阶方阵，λ 为数)：

(1) $|\boldsymbol{A}^T|=|\boldsymbol{A}|$；

(2) $|\lambda\boldsymbol{A}|=\lambda^n|\boldsymbol{A}|$；

(3) $|\boldsymbol{AB}|=|\boldsymbol{A}||\boldsymbol{B}|$.

例 6.2.13　设 $\boldsymbol{A},\boldsymbol{B}$ 为 4×4 阶矩阵，且 $|\boldsymbol{A}|=2$，$|\boldsymbol{B}|=-3$，求 $|3\boldsymbol{A}|$，$|2\boldsymbol{AB}|$.

解　因为 $\boldsymbol{A}$ 为四阶方阵，所以 $|3\boldsymbol{A}|=3^4|\boldsymbol{A}|=81\times2=162$；

因为设 $\boldsymbol{A},\boldsymbol{B}$ 为 4×4 阶矩阵，$|2\boldsymbol{AB}|=2^4|\boldsymbol{A}||\boldsymbol{B}|=16\times2\times(-3)=-96$.

习题 6.2

1.若 $\boldsymbol{A}=\begin{pmatrix}2&-5\\1&7\end{pmatrix}$，$\boldsymbol{B}=\begin{pmatrix}-1&0\\-3&2\end{pmatrix}$，求 $3\boldsymbol{A}-2\boldsymbol{B}$.

2.设 $\boldsymbol{A}=(1\quad -1\quad 4)$，求 $\boldsymbol{AA}^T$，$\boldsymbol{A}^T\boldsymbol{A}$.

3.设 $\boldsymbol{A}$ 为 3 阶方阵，且 $|\boldsymbol{A}|=-3$，求 $|-2\boldsymbol{A}|$，$|\boldsymbol{AA}^T|$.

4.计算.

(1) $3\begin{pmatrix}1&0\\-1&2\\0&-3\end{pmatrix}+5\begin{pmatrix}0&-1\\-2&0\\1&2\end{pmatrix}-\begin{pmatrix}-7&-2\\1&4\\5&0\end{pmatrix}-2\begin{pmatrix}2&1\\0&3\\-1&-2\end{pmatrix}$；

(2) $\begin{pmatrix}-1&0&2\\0&1&3\end{pmatrix}\begin{pmatrix}2&0&1&-1\\0&-1&1&4\\1&-2&-3&1\end{pmatrix}$；

(3) $\begin{pmatrix}1&1\\0&1\end{pmatrix}^7$；　　(4) $\begin{pmatrix}1&1\\0&0\end{pmatrix}^6$；

(5)已知 $\boldsymbol{A}=\begin{pmatrix}2&2&2\\4&4&4\\5&5&5\end{pmatrix}$，求 $\boldsymbol{A}^2$，$\boldsymbol{A}^4$，$\boldsymbol{A}^{100}$.

5.已知 $\boldsymbol{A}=\begin{pmatrix}-1 & 2\\ 3 & -5\end{pmatrix}$，$\boldsymbol{B}=\begin{pmatrix}1 & 0 & -3\\ 0 & 4 & 5\end{pmatrix}$，$\boldsymbol{C}=\begin{pmatrix}-1 & -3 & 0\\ -2 & 1 & -7\end{pmatrix}$，求 $\boldsymbol{AB}$ 和 $\boldsymbol{AC}$.

6.已知 $\boldsymbol{A}=\begin{pmatrix}-1 & 1\\ 3 & -3\end{pmatrix}$，$\boldsymbol{B}=\begin{pmatrix}1 & -3\\ 3 & -1\end{pmatrix}$，

求(1)$\boldsymbol{AB}$ 和 $\boldsymbol{BA}$；(2)$(\boldsymbol{A}+\boldsymbol{B})(\boldsymbol{A}-\boldsymbol{B})$；(3)$\boldsymbol{A}^2-\boldsymbol{B}^2$.

6.3 矩阵的初等变换

扫码获取拓展资源

6.3.1 矩阵的初等变换的概念

矩阵的初等变换是线性代数的一种最基本的运算.

定义 6.3.1 下面三种变换称为矩阵的初等行(列)变换：

(1)交换矩阵的两行(列)(对调 i,j 两行(列)记为 $r_i \leftrightarrow r_j(c_i \leftrightarrow c_j)$)；

(2)用非零数 k 乘以矩阵的某行(列)中所有元素(第 i 行(列)乘 k 记为 $kr_i(kc_i)$)；

(3)把矩阵的某一行(列)所有元素乘以 k 加到另一行(列)的对应元素.

矩阵的初等行变换与初等列变换，统称为矩阵的初等变换.

例如，对矩阵 $\boldsymbol{A}=\begin{pmatrix}1 & 2 & 2\\ 1 & -3 & -3\\ 3 & 1 & 1\end{pmatrix}$ 作初等变换得

$$\boldsymbol{A}=\begin{pmatrix}1 & 2 & 2\\ 1 & -3 & -3\\ 3 & 1 & 1\end{pmatrix}\xrightarrow[r_3-3r_1]{r_2-r_1}\begin{pmatrix}1 & 2 & 2\\ 0 & -5 & -5\\ 0 & -5 & -5\end{pmatrix}\xrightarrow{r_3-r_2}\begin{pmatrix}1 & 2 & 2\\ 0 & -5 & -5\\ 0 & 0 & 0\end{pmatrix}=\boldsymbol{B}.$$

注 (1)矩阵的初等变换均是可逆的，即可还原的.例如，若两行互换，则再次互换它们就会还原回原来的状态.

(2)如果矩阵 $\boldsymbol{A}$ 经过有限次初等变换后变成矩阵 $\boldsymbol{B}$，就称矩阵 $\boldsymbol{A}$ 与矩阵 $\boldsymbol{B}$ 等价，记作 $\boldsymbol{A}\equiv\boldsymbol{B}$.

矩阵的等价关系有下列性质：

(1)反身性：$\boldsymbol{A}\equiv\boldsymbol{A}$；

(2)对称性：如果 $\boldsymbol{A}\equiv\boldsymbol{B}$，则 $\boldsymbol{B}\equiv\boldsymbol{A}$；

(3)传递性：如果 $\boldsymbol{A}\equiv\boldsymbol{B}$，$\boldsymbol{B}\equiv\boldsymbol{C}$，则 $\boldsymbol{A}\equiv\boldsymbol{C}$.

定义 6.3.2 如果矩阵 $\boldsymbol{A}=(a_{ij})_{m\times n}$ 满足下列条件：

(1) 矩阵的零行(如果存在的话)在矩阵最下方；

(2) 非零行的首非零元素其列标随着行标递增而严格增大.

则称该矩阵 $\boldsymbol{A}$ 为阶梯形矩阵，简称**阶梯矩阵**.

注 (1)所有 a_{ij}，当 $i>j$ 时，都有 $a_{ij}=0$，称满足此条件的矩阵为上阶梯型矩阵；

(2)所有 a_{ij}，当 $i<j$ 时，都有 $a_{ij}=0$，称满足此条件的矩阵为下阶梯型矩阵.

定义 6.3.3　首非零元素等于 1，而且首非零元素 1 所在列的其他元素全为零的阶梯矩阵称为行简化阶梯形矩阵，简称行简化阶梯矩阵.例如

$\begin{pmatrix}1&3&2&5\\0&0&1&-1\\0&0&4&-3\end{pmatrix}$ 为非阶梯矩阵，$\begin{pmatrix}1&4&3&7\\0&0&1&-1\\0&0&0&0\end{pmatrix}$ 为阶梯矩阵，$\begin{pmatrix}1&0&4\\0&1&3\\0&0&0\end{pmatrix}$ 为行简化阶梯矩阵.

定理 6.3.1　任意一个矩阵 $\boldsymbol{A}_{m\times n}$ 可以经过有限次的初等行变换必可化为阶梯矩阵，并进一步可化为行简化阶梯矩阵.均可化为下面的形式

$$\boldsymbol{A}=\begin{pmatrix}1&3&0&2\\1&4&-4&2\\2&6&0&4\end{pmatrix}$$

在 MATLAB 中，用命令 rref(A)可以将矩阵化为最简形矩阵.

例 6.3.1　把矩阵 $\boldsymbol{A}=\begin{pmatrix}1&3&0&2\\1&4&-4&2\\2&6&0&4\end{pmatrix}$ 化为行简化阶梯矩阵.

解　$A=\begin{pmatrix}1&3&0&2\\1&4&-4&2\\2&6&0&4\end{pmatrix}\xrightarrow[r_3+r_1\cdot(-2)]{r_2+r_1\cdot(-1)}\begin{pmatrix}1&3&0&2\\0&1&-4&0\\0&0&0&0\end{pmatrix}\xrightarrow{r_1+r_2\cdot(-3)}\begin{pmatrix}1&0&12&2\\0&1&-4&0\\0&0&0&0\end{pmatrix}$，

$\begin{pmatrix}1&3&0&2\\0&1&-4&0\\0&0&0&0\end{pmatrix}$ 为矩阵 $\boldsymbol{A}$ 的阶梯矩阵，$\begin{pmatrix}1&0&12&2\\0&1&-4&0\\0&0&0&0\end{pmatrix}$ 为矩阵 $\boldsymbol{A}$ 的行简化阶梯矩阵.

6.3.2 矩阵的秩

定义 6.3.4　经过有限次的初等行变换将矩阵 $\boldsymbol{A}$ 化为阶梯矩阵后，该阶梯矩阵中非零行的行数称为矩阵 $\boldsymbol{A}$ 的**秩**，记为**秩($\boldsymbol{A}$)或 $r(\boldsymbol{A})$**.

矩阵的秩是矩阵的本质属性之一，可以证明，初等变换不改变矩阵的秩.因此，可以通过施行行初等变换的方法求矩阵的秩.如上例 6.3.1 中初等变换后的阶梯矩阵 $\begin{pmatrix}1&3&0&2\\0&1&-4&0\\0&0&0&0\end{pmatrix}$ 中非零行的行数是 2，所以有该矩阵的秩 $r(\boldsymbol{A})=2$.

定义 6.3.5　对于 n 阶方阵 $\boldsymbol{A}$，如果 $r(\boldsymbol{A})=n$，则称 $\boldsymbol{A}$ 为**满秩矩阵**，或**非奇异矩阵**.

定理 6.3.2　任何一个满秩矩阵都能通过初等行变换化为单位矩阵.

例 6.3.2 将矩阵 $\boldsymbol{A}$ 化为单位矩阵

$$\boldsymbol{A}=\begin{pmatrix}3&2&1\\1&2&2\\3&4&3\end{pmatrix}.$$

解 因为 $|\boldsymbol{A}|=-2\neq0$,所以 $\boldsymbol{A}$ 为非奇异矩阵.

则
$$\boldsymbol{A}=\begin{pmatrix}3&2&1\\1&2&2\\3&4&3\end{pmatrix}\xrightarrow{r_1\leftrightarrow r_2}\begin{pmatrix}1&2&2\\3&2&1\\3&4&3\end{pmatrix}\xrightarrow[r_3-3r_1]{r_2-3r_1}\begin{pmatrix}1&2&2\\0&-4&-5\\0&-2&-3\end{pmatrix}$$

$$\xrightarrow{r_2\leftrightarrow r_3}\begin{pmatrix}1&2&2\\0&-2&-3\\0&-4&-5\end{pmatrix}\xrightarrow{-\frac{1}{2}r_2}\begin{pmatrix}1&2&2\\0&1&\frac{3}{2}\\0&-4&-5\end{pmatrix}$$

$$\xrightarrow{4r_2+r_3}\begin{pmatrix}1&2&2\\0&1&\frac{3}{2}\\0&0&1\end{pmatrix}\xrightarrow{r_1-2r_2}\begin{pmatrix}1&0&-1\\0&1&\frac{3}{2}\\0&0&1\end{pmatrix}\xrightarrow[r_2-\frac{3}{2}r_3]{r_3+r_1}\begin{pmatrix}1&0&0\\0&1&0\\0&0&1\end{pmatrix}.$$

6.3.3 逆矩阵

我们知道,在代数运算中,有一个单位数字“1”,如果两个实数 a 和 b 的乘积为 1,则 a,b 互为倒数.即

$$ab=1\Leftrightarrow a=\frac{1}{b}=b^{-1}.$$

类似地,在矩阵运算中,如果给定一个矩阵 A,是否也存在相应的矩阵 B 使得

$$\boldsymbol{AB}=\boldsymbol{BA}=\boldsymbol{E}.$$

在解一元一次方程 $ax=b$ 时,当 $a\neq0$,则方程的解为 $x=a^{-1}b$,则称 a^{-1} 为 a 的逆.

类似地,在线性方程组中,对于线性方程组

$$\boldsymbol{AX}=\boldsymbol{B}.$$

是否存在矩阵 $\boldsymbol{C}$ 使得 $\boldsymbol{X}=\boldsymbol{CB}$.

以上就是我们要讨论的问题.

1. 逆矩阵的概念

定义 6.3.6 对于 n 阶方阵 $\boldsymbol{A}$,若存在一个同阶方阵 $\boldsymbol{B}$,能使 $\boldsymbol{AB}=\boldsymbol{BA}=\boldsymbol{E}$,则称方阵 $\boldsymbol{A}$ 是可逆的,而称 $\boldsymbol{B}$ 是 $\boldsymbol{A}$ 的逆矩阵,记作:$\boldsymbol{B}=\boldsymbol{A}^{-1}$.可逆矩阵也称为非奇异矩阵,不可逆矩阵称为奇异矩阵.

例如,对于矩阵 $\boldsymbol{A}=\begin{pmatrix}1&0\\1&1\end{pmatrix}$,$\boldsymbol{B}=\begin{pmatrix}1&0\\-1&1\end{pmatrix}$,

有 $$AB=\begin{pmatrix}1&0\\1&1\end{pmatrix}\begin{pmatrix}1&0\\-1&1\end{pmatrix}=\begin{pmatrix}1&0\\0&1\end{pmatrix}=E,$$

$$BA=\begin{pmatrix}1&0\\-1&1\end{pmatrix}\begin{pmatrix}1&0\\1&1\end{pmatrix}=\begin{pmatrix}1&0\\0&1\end{pmatrix}=E.$$

所以 A 为可逆矩阵，且其逆矩阵为 B.同理，B 也是可逆矩阵，其逆矩阵为 A.即 A 与 B 互为逆矩阵.

定义 6.3.7 若 n 阶方阵 A 的行列式 $|A|\neq 0$，则称 A 为非奇异矩阵.反之，若 $|A|=0$，则称 A 为奇异矩阵.

2. 逆矩阵的性质

性质 1 若方阵 A 可逆，则 A 的逆矩阵是唯一的.把 A 的逆矩阵记为 A^{-1}，即 $A^{-1}A=AA^{-1}=E$.

证 设 B 和 C 都是 A 的逆矩阵，则有

$$AB=BA=E, AC=CA=E,$$

显然 $B=BE=B(AC)=(BA)C=EC=C$,

因此，A 的逆矩阵由 A 唯一确定.

性质 2 若 A 可逆，则 A^{-1} 亦可逆，且 $(A^{-1})^{-1}=A$.

性质 3 若 A 可逆，数 $\lambda\neq 0$，则 λA 亦可逆，且 $(\lambda A)^{-1}=\frac{1}{\lambda}A^{-1}$.

性质 4 若 A 可逆，则 A^T 亦可逆，且 $(A^T)^{-1}=(A^{-1})^T$.

证 因为 $A^T(A^{-1})^T=(A^{-1}A)^T=E^T=E$，所以 $(A^T)^{-1}=(A^{-1})^T$.

性质 5 若 A,B 可乘且皆可逆，则 AB 亦可逆，且 $(AB)^{-1}=B^{-1}A^{-1}$.

证 因为 $AB(B^{-1}A^{-1})=A(BB^{-1})A^{-1}=AEA^{-1}=AA^{-1}=E$，所以 $(AB)^{-1}=B^{-1}A^{-1}$.

注 此性质可以推广到有限个同阶可逆矩阵的情形，即若 $A_1,A_2,\cdots,A_n$ 均是 n 阶可逆矩阵，则 $A_1,A_2,\cdots,A_n$ 也可逆，且 $(A_1A_2\cdots A_n)^{-1}=A_n^{-1}\cdots A_2^{-1}A_1^{-1}$.

3.伴随矩阵求逆矩阵

扫码获取拓展资源

定义 6.3.8 设矩阵 $A=(a_{ij})_{n\times n}$，行列式 $|A|$ 的各个元素的代数余子式 A_{ij} 所构成的矩阵

$$A^*=\begin{pmatrix}A_{11}&A_{21}&\cdots&A_{n1}\\A_{12}&A_{22}&\cdots&A_{n2}\\\vdots&\vdots&&\vdots\\A_{1n}&A_{2n}&\cdots&A_{nn}\end{pmatrix}$$

称为矩阵 A 的伴随矩阵.

定理 6.3.3 n 阶方阵 $\boldsymbol{A}$ 可逆的充分必要条件是其行列式 $|\boldsymbol{A}|\neq 0$，且当 $\boldsymbol{A}$ 可逆时，有

$$\boldsymbol{A}^{-1}=\frac{1}{|\boldsymbol{A}|}\boldsymbol{A}^{*}$$

其中 $\boldsymbol{A}^{*}$ 为矩阵 $\boldsymbol{A}$ 的伴随矩阵.

证(必要性) 因为 $\boldsymbol{A}$ 可逆，则存在 $\boldsymbol{n}$ 阶矩阵 $\boldsymbol{B}$ 使得 $\boldsymbol{AB}=\boldsymbol{E}$，有

$$|\boldsymbol{A}||\boldsymbol{B}|=|\boldsymbol{AB}|=|\boldsymbol{E}|=1\neq 0,$$

所以，$|\boldsymbol{A}|\neq 0$，同时 $|\boldsymbol{B}|\neq 0$.

(充分性)设 $\boldsymbol{A}=(a_{ij})_{n\times n}$，则

$$\boldsymbol{AA}^{*}=\begin{pmatrix}a_{11}&a_{12}&\cdots&a_{1n}\\a_{21}&a_{22}&\cdots&a_{2n}\\\vdots&\vdots&&\vdots\\a_{n1}&a_{n2}&\cdots&a_{nn}\end{pmatrix}\begin{pmatrix}\boldsymbol{A}_{11}&\boldsymbol{A}_{21}&\cdots&\boldsymbol{A}_{n1}\\\boldsymbol{A}_{12}&\boldsymbol{A}_{22}&\cdots&\boldsymbol{A}_{n2}\\\vdots&\vdots&&\vdots\\\boldsymbol{A}_{1n}&\boldsymbol{A}_{2n}&\cdots&\boldsymbol{A}_{nn}\end{pmatrix}$$

$$=\begin{pmatrix}|\boldsymbol{A}|&0&\cdots&0\\0&|\boldsymbol{A}|&\cdots&0\\\vdots&\vdots&&\vdots\\0&0&\cdots&|\boldsymbol{A}|\end{pmatrix}=|\boldsymbol{A}|\begin{pmatrix}1&0&\cdots&0\\0&1&\cdots&0\\\vdots&\vdots&&\vdots\\0&0&\cdots&1\end{pmatrix}=|\boldsymbol{A}|\boldsymbol{E},$$

当 $|\boldsymbol{A}|\neq 0$ 时，有 $\boldsymbol{A}\left(\frac{1}{|\boldsymbol{A}|}A^{*}\right)=\boldsymbol{E}$.

同理可得 $\boldsymbol{A}^{*}\boldsymbol{A}=\boldsymbol{E}$，当 $|\boldsymbol{A}|\neq 0$ 时，有 $\left(\frac{1}{|\boldsymbol{A}|}\boldsymbol{A}^{*}\right)\boldsymbol{A}=\boldsymbol{E}$.

由逆矩阵的定义可得，矩阵 $\boldsymbol{A}$ 可逆，且 $\boldsymbol{A}^{-1}=\frac{1}{|\boldsymbol{A}|}\boldsymbol{A}^{*}$.

由定理可得伴随矩阵法求方阵逆矩阵的步骤为：

(1)先求 $|\boldsymbol{A}|$.若 $|\boldsymbol{A}|\neq 0$，则方阵 $\boldsymbol{A}$ 可逆；若 $|\boldsymbol{A}|=0$，则方阵 $\boldsymbol{A}$ 不可逆.

(2)再求伴随矩阵 $\boldsymbol{A}^{*}=\begin{pmatrix}\boldsymbol{A}_{11}&\boldsymbol{A}_{21}&\cdots&\boldsymbol{A}_{n1}\\\boldsymbol{A}_{12}&\boldsymbol{A}_{22}&\cdots&\boldsymbol{A}_{n2}\\\vdots&\vdots&&\vdots\\\boldsymbol{A}_{1n}&\boldsymbol{A}_{2n}&\cdots&\boldsymbol{A}_{nn}\end{pmatrix}$.

(3)利用公式 $\boldsymbol{A}^{-1}=\frac{1}{|\boldsymbol{A}|}\boldsymbol{A}^{*}$，求出 $\boldsymbol{A}^{-1}$.

例 6.3.3 用伴随矩阵法求矩阵 $\boldsymbol{A}=\begin{pmatrix}1&0&2\\3&1&4\\0&-1&3\end{pmatrix}$ 的逆.

解 因为 $|\boldsymbol{A}|=\begin{vmatrix}1&0&2\\3&1&4\\0&-1&3\end{vmatrix}\xlongequal{r_2-3r_1}\begin{vmatrix}1&0&2\\0&1&-2\\0&-1&3\end{vmatrix}$

$$=1\times(-1)^{1+1}\begin{vmatrix}1 & -2\\ -1 & 3\end{vmatrix}=1\neq 0,$$

所以 $\boldsymbol{A}$ 可逆.

又$\boldsymbol{A}_{11}=(-1)^{1+1}\begin{vmatrix}1 & 4\\ -1 & 3\end{vmatrix}=7$,$\boldsymbol{A}_{12}=(-1)^{1+2}\begin{vmatrix}3 & 4\\ 0 & 3\end{vmatrix}=-9$,

$$\boldsymbol{A}_{13}=(-1)^{1+3}\begin{vmatrix}3 & 1\\ 0 & -1\end{vmatrix}=-3.$$

$$\boldsymbol{A}_{21}=(-1)^{2+1}\begin{vmatrix}0 & 2\\ -1 & 3\end{vmatrix}=-2,\boldsymbol{A}_{22}=(-1)^{2+2}\begin{vmatrix}1 & 2\\ 0 & 3\end{vmatrix}=3,$$

$$\boldsymbol{A}_{23}=(-1)^{2+3}\begin{vmatrix}1 & 0\\ 0 & -1\end{vmatrix}=1.$$

$$\boldsymbol{A}_{31}=(-1)^{3+1}\begin{vmatrix}0 & 2\\ 1 & 4\end{vmatrix}=-2,\boldsymbol{A}_{32}=(-1)^{3+2}\begin{vmatrix}1 & 2\\ 3 & 4\end{vmatrix}=2,\boldsymbol{A}_{33}=(-1)^{3+3}\begin{vmatrix}1 & 0\\ 3 & 1\end{vmatrix}=1,$$

则 $\boldsymbol{A}$ 的伴随矩阵 $\boldsymbol{A}^*$ 为

$$\boldsymbol{A}^*=\begin{pmatrix}\boldsymbol{A}_{11} & \boldsymbol{A}_{21} & \boldsymbol{A}_{31}\\ \boldsymbol{A}_{12} & \boldsymbol{A}_{22} & \boldsymbol{A}_{32}\\ \boldsymbol{A}_{13} & \boldsymbol{A}_{23} & \boldsymbol{A}_{33}\end{pmatrix}=\begin{pmatrix}7 & -2 & -2\\ -9 & 3 & 2\\ -3 & 1 & 1\end{pmatrix},$$

由公式可得：$\boldsymbol{A}^{-1}=\dfrac{1}{|\boldsymbol{A}|}\boldsymbol{A}^*=\begin{pmatrix}7 & -2 & -2\\ -9 & 3 & 2\\ -3 & 1 & 1\end{pmatrix}$.

4.用矩阵的初等变换求逆矩阵

对于由 n 个线性方程组成的线性方程组 $\boldsymbol{AX}=\boldsymbol{B}$，如果 $|\boldsymbol{A}|\neq 0$，则矩阵 $\boldsymbol{A}$ 可逆，用 $\boldsymbol{A}^{-1}$左乘方程两边，则方程有唯一解：$\boldsymbol{X}=\boldsymbol{A}^{-1}\boldsymbol{B}$. 一般地，用消元法解线性方程组 $\boldsymbol{AX}=\boldsymbol{B}$ 的过程，就相当于对矩阵施行初等行变换，这一过程可表示为：

$$\boldsymbol{AX}=\boldsymbol{EB}\xrightarrow{\text{初等行变换}}\boldsymbol{EX}=\boldsymbol{A}^{-1}\boldsymbol{B}.$$

比较变换前后的式子可以发现，对方程两边施行初等行变换时，在将方程左边的矩阵 $\boldsymbol{A}$ 变换为 $\boldsymbol{E}$ 时，方程右边的矩阵 $\boldsymbol{E}$ 变换成 $\boldsymbol{A}^{-1}$.这就启发我们得出用初等行变换求逆矩阵的方法：

$$(\boldsymbol{A}\,|\,\boldsymbol{E})\xrightarrow{\text{初等行变换}}(\boldsymbol{E}\,|\,\boldsymbol{A}^{-1}).$$

这就是说，要求可逆矩阵 $\boldsymbol{A}$ 的逆矩阵，可以在矩阵 $\boldsymbol{A}$ 的右边写出一个同阶的单位矩阵 $\boldsymbol{E}$，这样就得到了一个 $n\times 2n$ 的矩阵($\boldsymbol{A}\,|\,\boldsymbol{E}$)，用初等行变换将其左半部分矩阵 $\boldsymbol{A}$ 化为单位矩阵 $\boldsymbol{E}$，与此同时右半部分的单位矩阵就化为了 $\boldsymbol{A}$ 的逆矩阵 $\boldsymbol{A}^{-1}$.

例 6.3.4 用初等行变换求方阵 $\boldsymbol{A}=\begin{pmatrix}1&2&3\\2&2&1\\3&4&3\end{pmatrix}$ 的逆矩阵 $\boldsymbol{A}^{-1}$.

解 因为

$$(\boldsymbol{A}\mid\boldsymbol{E})=\left(\begin{array}{ccc|ccc}1&2&3&1&0&0\\2&2&1&0&1&0\\3&4&3&0&0&1\end{array}\right)\to\left(\begin{array}{ccc|ccc}1&2&3&1&0&0\\0&-2&-5&-2&1&0\\0&-2&-6&-3&0&1\end{array}\right)$$

$$\to\left(\begin{array}{ccc|ccc}1&2&3&1&0&0\\0&-2&-5&-2&1&0\\0&0&-1&-1&-1&1\end{array}\right)\to\left(\begin{array}{ccc|ccc}1&2&0&-2&-3&3\\0&-2&0&3&6&-5\\0&0&1&1&1&-1\end{array}\right)$$

$$\to\left(\begin{array}{ccc|ccc}1&0&0&1&3&-2\\0&1&0&-\frac{3}{2}&-3&\frac{5}{2}\\0&0&1&1&1&-1\end{array}\right),$$

所以 $$\boldsymbol{A}^{-1}=\begin{pmatrix}1&3&-2\\-\frac{3}{2}&-3&\frac{5}{2}\\1&1&-1\end{pmatrix}.$$

例 6.3.5 用初等行变换求方阵 $\boldsymbol{A}=\begin{pmatrix}3&3&3\\0&3&3\\0&0&3\end{pmatrix}$ 的逆矩阵 $\boldsymbol{A}^{-1}$.

解 因为

$$(\boldsymbol{A}\mid\boldsymbol{E})=\left(\begin{array}{ccc|ccc}3&3&3&1&0&0\\0&3&3&0&1&0\\0&0&3&0&0&1\end{array}\right)\xrightarrow{r_2-r_3,r_1-r_3}\left(\begin{array}{ccc|ccc}3&3&0&1&0&-1\\0&3&0&0&1&-1\\0&0&3&0&0&1\end{array}\right)$$

$$\xrightarrow{r_1-r_2}\left(\begin{array}{ccc|ccc}3&0&0&1&-1&0\\0&3&0&0&1&-1\\0&0&3&0&0&1\end{array}\right)\xrightarrow{\frac{r_1}{3},\frac{r_2}{3},\frac{r_3}{3}}\left(\begin{array}{ccc|ccc}1&0&0&\frac{1}{3}&-\frac{1}{3}&0\\0&1&0&0&\frac{1}{3}&-\frac{1}{3}\\0&0&1&0&0&\frac{1}{3}\end{array}\right),$$

所以 $$\boldsymbol{A}^{-1}=\begin{pmatrix}\frac{1}{3}&-\frac{1}{3}&0\\0&\frac{1}{3}&-\frac{1}{3}\\0&0&\frac{1}{3}\end{pmatrix}.$$

6.3.4 矩阵方程

1.线性方程组的矩阵表示

例如,给出线性方程组:$\begin{cases} x_1 - x_2 - x_3 + 3x_5 = -1, \\ 2x_1 - 2x_2 - x_3 + 2x_4 + 4x_5 = -2, \\ 3x_1 - 2x_2 - x_3 + 4x_4 + 5x_5 = -3, \\ x_1 - x_2 + x_3 + x_4 + 8x_5 = 2. \end{cases}$

令 $\boldsymbol{A} = \begin{pmatrix} 1 & -1 & -1 & 0 & 3 \\ 2 & -2 & -1 & 2 & 4 \\ 3 & -2 & -1 & 4 & 5 \\ 1 & -1 & 1 & 1 & 8 \end{pmatrix}, \boldsymbol{B} = \begin{pmatrix} -1 \\ -2 \\ -3 \\ 2 \end{pmatrix}, \boldsymbol{X} = \begin{pmatrix} \boldsymbol{x}_1 \\ \boldsymbol{x}_2 \\ \boldsymbol{x}_3 \\ \boldsymbol{x}_4 \end{pmatrix}$,

则该方程组可以化为:$\boldsymbol{AX} = \boldsymbol{B}$.

2.矩阵方程的求解

利用逆矩阵,可求解线性方程组.设由 n 个未知量和 n 个方程构成的线性方程组的矩阵形式为 $\boldsymbol{AX} = \boldsymbol{B}$,若 $\boldsymbol{A}$ 可逆(即 $|\boldsymbol{A}| \neq 0$),用 $\boldsymbol{A}^{-1}$ 左乘 $\boldsymbol{AX} = \boldsymbol{B}$,得

$$\boldsymbol{X} = \boldsymbol{A}^{-1}\boldsymbol{B}.$$

这样,就求出了线性方程组 $\boldsymbol{AX} = \boldsymbol{B}$ 的解.

例 6.3.6 用逆矩阵表示线性方程组的解

$$\begin{cases} x_1 + 2x_2 + 3x_3 = 2, \\ 2x_1 + 2x_2 + x_3 = 1, \\ 3x_1 + 4x_2 + 3x_3 = 2. \end{cases}$$

解 方程组的矩阵形式为

$$\begin{pmatrix} 1 & 2 & 3 \\ 2 & 2 & 1 \\ 3 & 4 & 3 \end{pmatrix} \begin{pmatrix} x_1 \\ x_2 \\ x_3 \end{pmatrix} = \begin{pmatrix} 2 \\ 1 \\ 2 \end{pmatrix} \quad \left(\begin{vmatrix} 1 & 2 & 3 \\ 2 & 2 & 1 \\ 3 & 4 & 3 \end{vmatrix} = 2 \neq 0 \right),$$

则方程组的解为

$$\boldsymbol{X} = \begin{pmatrix} 1 & 2 & 3 \\ 2 & 2 & 1 \\ 3 & 4 & 3 \end{pmatrix}^{-1} \begin{pmatrix} 2 \\ 1 \\ 2 \end{pmatrix}.$$

例 6.3.7 求解方程组 $\begin{cases} x_1 + 2x_2 + 3x_3 = 2, \\ 2x_1 + 2x_2 + x_3 = 1, \\ 3x_1 + 4x_2 + 3x_3 = 2. \end{cases}$

解 因为 $\begin{pmatrix} 1 & 2 & 3 \\ 2 & 2 & 1 \\ 3 & 4 & 3 \end{pmatrix} \begin{pmatrix} x_1 \\ x_2 \\ x_3 \end{pmatrix} = \begin{pmatrix} 2 \\ 1 \\ 2 \end{pmatrix}$,

又由例 6.3.4 可得 $\begin{pmatrix}1&2&3\\2&2&1\\3&4&3\end{pmatrix}^{-1}=\begin{pmatrix}1&3&-2\\-\dfrac{3}{2}&-3&\dfrac{5}{2}\\1&1&-1\end{pmatrix}$,

所以 $\boldsymbol{X}=\begin{pmatrix}x_1\\x_2\\x_3\end{pmatrix}=\begin{pmatrix}1&2&3\\2&2&1\\3&4&3\end{pmatrix}^{-1}\begin{pmatrix}2\\1\\2\end{pmatrix}=\begin{pmatrix}1&3&-2\\-\dfrac{3}{2}&-3&\dfrac{5}{2}\\1&1&-1\end{pmatrix}\begin{pmatrix}2\\1\\2\end{pmatrix}=\begin{pmatrix}1\\-1\\1\end{pmatrix}$.

所以,方程组的解是:$\boldsymbol{X}=(1\quad -1\quad 1)^T$.

例 6.3.8 某企业生产 A,B,C 三种玩具,每种产品需要甲、乙、丙三种零件的个数分别为 2,1,2 和 1,1,1 以及 3,2,1,现有零件甲 7700 个,零件乙 5200 个,零件丙 4700 个,问 A,B,C 三种玩具生产多少,才能使零件得到充分利用?

解 设 A,B,C 三种玩具的产量分别为 x,y,z 为使零件得到充分的利用,x,y,z 必须满足方程组

$$\begin{cases}2x+y+3z=7700\\x+y+2z=5200\\2x+y+z=4700\end{cases}$$

输入

A=[2 1 3;1 1 2;2 1 1]

B=[7700 5200 4700]

X = inv(A) * B

得 X = 1000

1200

1500

所以当 A,B,C 三种玩具的产量分别为 1000,1200,1500 个单位时,才能使零件得到充分的利用.

习题 6.3

1.用矩阵的初等变换求下列矩阵的秩.

(1)$\boldsymbol{A}=\begin{pmatrix}1&-1&1\\2&0&-1\\1&-3&4\end{pmatrix}$; (2)$\boldsymbol{A}=\begin{pmatrix}0&0\\1&3\\2&6\\3&9\end{pmatrix}$; (3)$\boldsymbol{A}=\begin{pmatrix}0&1&2&3\\0&3&6&9\end{pmatrix}$.

2.已知矩阵 $\boldsymbol{A}=\begin{pmatrix}1&2&1\\1&1&1\\2&3&a+1\end{pmatrix}$,$r(\boldsymbol{A})=2$,求 a.

3.设矩阵 $\boldsymbol{A}=\begin{pmatrix} a_{11} & a_{12} \\ a_{21} & a_{22} \end{pmatrix}$,若 $a_{11}a_{22}-a_{12}a_{21}\neq 0$,证明 $\boldsymbol{A}^{-1}=\dfrac{1}{a_{11}a_{22}-a_{12}a_{21}}\begin{pmatrix} a_{22} & -a_{12} \\ -a_{21} & a_{11} \end{pmatrix}$.

4.用伴随矩阵法求矩阵 $\boldsymbol{A}=\begin{pmatrix} -1 & 1 & 1 \\ 1 & 0 & -2 \\ 1 & -2 & 1 \end{pmatrix}$ 的逆矩阵.

5.设矩阵 $\boldsymbol{A}=\begin{pmatrix} 1 & 0 & -2 \\ 1 & -2 & 0 \end{pmatrix}$,$\boldsymbol{B}=\begin{pmatrix} 6 & 3 \\ 1 & 2 \\ 4 & 1 \end{pmatrix}$,计算 $(\boldsymbol{AB})^{-1}$.

6.已知 $\boldsymbol{A}=\begin{pmatrix} -1 & 1 & 3 \\ 1 & -1 & 5 \\ 1 & -2 & -1 \end{pmatrix}$,用初等变换法求 $(\boldsymbol{E}+\boldsymbol{A})^{-1}$.

7.用初等行变换求矩阵 $\boldsymbol{A}=\begin{pmatrix} 1 & 0 & 1 \\ -2 & 1 & 1 \\ -1 & 2 & -3 \end{pmatrix}$ 的逆.

8.已知矩阵 $\boldsymbol{A}=\begin{pmatrix} 1 & 4 \\ 2 & 3 \end{pmatrix}$,$\boldsymbol{B}=\begin{pmatrix} 1 & -5 \\ 0 & 3 \end{pmatrix}$,且满足 $\boldsymbol{AX}=\boldsymbol{B}$,求未知矩阵 $\boldsymbol{X}$.

9.求满足下列方程的矩阵 $\boldsymbol{X}$:

$$\begin{pmatrix} 2 & 0 & 0 \\ 0 & 1 & 0 \\ 0 & 0 & 1 \end{pmatrix}\boldsymbol{X}=\begin{pmatrix} 1 & 8 \\ -1 & 3 \\ 0 & 4 \end{pmatrix}.$$

本章知识小结

- 矩阵
  - 矩阵的概念
    - 矩阵的定义
    - 一些常用的特殊矩阵
  - 矩阵的运算
    - 矩阵的线性运算
    - 矩阵的乘法
  - 矩阵的初等变换
    - 矩阵的初等变换的概念
    - 矩阵的秩
    - 逆矩阵
    - 矩阵方程

单元能力测验 A(基础篇)

1.求下列矩阵的行列式.

(1)$\boldsymbol{A}=\begin{pmatrix} 1 & 0 & 2 \\ 4 & 5 & -2 \\ 3 & 2 & 1 \end{pmatrix}$;　(2)$\boldsymbol{B}=\begin{pmatrix} 1 & 4 & 2 \\ 3 & -3 & 0 \\ 2 & 0 & 1 \end{pmatrix}$;　(3)$\boldsymbol{C}=\begin{pmatrix} a & 0 & 0 & 0 \\ 0 & b & 0 & 0 \\ 0 & 0 & c & 0 \\ 0 & 0 & 0 & \mathrm{d} \end{pmatrix}$.

2.设 $\boldsymbol{A}=\begin{pmatrix}1 & -3\\ 2 & 1\\ -1 & 5\end{pmatrix}$，$\boldsymbol{B}=\begin{pmatrix}2 & 3 & 1\\ 4 & -5 & -1\end{pmatrix}$，求 $2\boldsymbol{A}+3\boldsymbol{B}'$，$3\boldsymbol{A}'-\boldsymbol{B}$.

3.计算下列各题.

(1) $\begin{pmatrix}2 & 0 & 3\end{pmatrix}\begin{pmatrix}4 & -1 & 3\\ -2 & 0 & 5\\ 5 & 6 & -7\end{pmatrix}$；　(2) $\begin{pmatrix}4 & -1 & 3\\ -2 & 0 & 5\\ 5 & 6 & -7\end{pmatrix}\begin{pmatrix}2 & -2\\ 3 & 0\\ 1 & 4\end{pmatrix}$；

(3) $\begin{pmatrix}4 & 0 & -2\\ 3 & 5 & -4\\ 3 & 7 & 8\end{pmatrix}\begin{pmatrix}1\\ 2\\ 3\end{pmatrix}$；　(4) $\begin{pmatrix}x & y & z\end{pmatrix}\begin{pmatrix}a & 0 & 0\\ 0 & b & 0\\ 0 & 0 & c\end{pmatrix}\begin{pmatrix}x\\ y\\ z\end{pmatrix}$；

(5) $\begin{pmatrix}1 & 2 & 3\end{pmatrix}\begin{pmatrix}1\\ 2\\ 3\end{pmatrix}$；　(6) $\begin{pmatrix}1\\ 2\\ 3\end{pmatrix}\begin{pmatrix}3 & -1 & 2\end{pmatrix}$.

4.设矩阵

$$\boldsymbol{A}=\begin{pmatrix}3 & 2\\ 5 & 4\end{pmatrix},\boldsymbol{B}=\begin{pmatrix}7 & 4\\ -5 & 3\end{pmatrix},\boldsymbol{C}=\begin{pmatrix}2 & 1\\ 3 & 4\end{pmatrix},$$

求：(1)$\boldsymbol{AB}$；(2)$\boldsymbol{BC}$；(3)$\boldsymbol{A}(3\boldsymbol{B}+\boldsymbol{C})$；(4)$(2\boldsymbol{A}-\boldsymbol{B})\boldsymbol{C}$.

5.判断下列矩阵是否为行简化阶梯矩阵，若不是，将其化为行简化阶梯矩阵.

(1) $\begin{pmatrix}1 & -1 & 2\\ 2 & -3 & 5\\ 3 & -2 & 4\end{pmatrix}$；　(2) $\begin{pmatrix}1 & 0 & -2 & 5\\ 0 & 1 & 4 & -1\\ 0 & 1 & 2 & 3\end{pmatrix}$；　(3) $\begin{pmatrix}1 & 0 & 0 & 3 & 0\\ 0 & 0 & 1 & 1 & 0\\ 0 & 0 & 0 & 0 & 1\end{pmatrix}$.

6.求下列矩阵的秩.

(1) $\begin{pmatrix}1 & 2 & 1\\ 2 & 1 & 3\\ 3 & 5 & 4\end{pmatrix}$；　(2) $\begin{pmatrix}3 & 4 & 2 & 1\\ -2 & 1 & -2 & 1\\ 0 & -1 & 0 & -1\\ 1 & 2 & 4 & 3\end{pmatrix}$.

7.用初等变换求下列矩阵的逆矩阵.

(1) $\begin{pmatrix}1 & 2 & -1\\ 3 & 5 & 0\\ -1 & 0 & 5\end{pmatrix}$；　(2) $\begin{pmatrix}3 & 2 & -5\\ 2 & -1 & -3\\ -4 & 0 & 1\end{pmatrix}$；

(3) $\begin{pmatrix}2 & 2 & -1\\ 1 & -2 & 4\\ 5 & 8 & 2\end{pmatrix}$；　(4) $\begin{pmatrix}1 & 3 & 3\\ 1 & 4 & 3\\ 1 & 3 & 4\end{pmatrix}$.

8.用逆矩阵求解线性方程组.

(1)$\begin{cases} x_1 - x_2 + 3x_3 = 8, \\ 2x_1 - x_2 + 4x_3 = 11, \\ -x_1 + 2x_2 - 4x_3 = -11; \end{cases}$　　(2)$\begin{cases} x_1 + 2x_2 - x_3 = 1, \\ x_1 + x_2 + 2x_3 = 2, \\ x_1 - x_2 - x_3 = 3; \end{cases}$

(3)$\begin{pmatrix} 1 & 1 & -1 \\ -2 & 1 & 1 \\ 1 & 1 & 1 \end{pmatrix}\boldsymbol{X} = \begin{pmatrix} 2 \\ 3 \\ 6 \end{pmatrix}$;　　(4)$\boldsymbol{X}\begin{pmatrix} 1 & 1 & -1 \\ 2 & 1 & 0 \\ 1 & -1 & 1 \end{pmatrix} = \begin{pmatrix} 1 & 1 & 3 \\ 4 & 3 & 2 \\ 1 & 2 & 5 \end{pmatrix}$.

单元能力测验 B(提高篇)

1.计算$\begin{pmatrix} 1 & 0 \\ 0 & 2 \end{pmatrix}\begin{pmatrix} a & c \\ b & \mathrm{d} \end{pmatrix}\begin{pmatrix} 0 & 2 \\ 1 & 0 \end{pmatrix}$.

2.计算$(a \quad b \quad c)\begin{pmatrix} 1 & -2 & 4 \\ -1 & 0 & 3 \\ 2 & 1 & 5 \end{pmatrix}\begin{pmatrix} a \\ b \\ c \end{pmatrix}$.

3.设 $f(x) = x^2 - 5x + 3, A = \begin{pmatrix} 2 & -1 \\ -3 & 3 \end{pmatrix}$,求 $f(A)$.

4.甲、乙两种产品均含有 A,B,C 三种成分,其成分如下表

	A	B	C
甲	0.8	0.1	0.1
乙	0.4	0.3	0.3

现有甲产品 30 吨,乙产品 20 吨,求 A,B,C 三种成分的数量.

5.设 A,B 均为三阶方阵,且 $|\boldsymbol{A}| = |\boldsymbol{B}| = 3$,求 $|-2\boldsymbol{A}\boldsymbol{B}^T|$.

6.求矩阵 $\boldsymbol{A} = \begin{pmatrix} 1 & -1 & 2 & 1 & 0 \\ 2 & -2 & 4 & -2 & 0 \\ 3 & 0 & 6 & -1 & 1 \\ 0 & 3 & 0 & 0 & 1 \end{pmatrix}$ 的秩.

7.已知矩阵 $\boldsymbol{A} = \begin{pmatrix} 1 & 1 & 1 \\ 1 & 1 & 2 \\ b+1 & 2 & 3 \end{pmatrix}$,$b$ 为何值时,$r(\boldsymbol{A}) = 2$;(2)b 为何值时,$r(\boldsymbol{A}) = 3$.

8.若 $\boldsymbol{A}^2 = \boldsymbol{O}$,证明矩阵$(\boldsymbol{E} - \boldsymbol{A})$可逆,并求$(\boldsymbol{E} - \boldsymbol{A})^{-1}$.

数学实验六　MATLAB 中矩阵的相关运算

1.MATLAB 中的矩阵输入

在 MATLAB 中可以输入矩阵,方法是按行输入,每个元素用空格隔开,用“;”换

行，某些特殊矩阵可以通过函数产生.

zeros(n,m)	产生一个零矩阵	magic	生成幻方矩阵
ones(n,m)	生成全1矩阵	tril	取一个矩阵的下三角
eye	生成单位矩阵	triu	取一个矩阵的上三角

例如，在 MATLAB 中输入

ones(3,5)

得

```
ans =

    1    1    1    1    1
    1    1    1    1    1
    1    1    1    1    1
```

这是一个3行5列，所有元素为都为1的矩阵

在 MATLAB 中输入

A = magic(3)

得

```
A =

    8    1    6
    3    5    7
    4    9    2
```

矩阵 A 所表示的矩阵，也叫三阶幻方，是最简单的幻方.相传，我国古代大禹治水时，洛水中出现了一个“神龟”，它的背上有美妙的图案，史称“洛书”.用现在的数字翻译出来，就是三阶幻方. 南宋数学家杨辉概括其构造方法为：“九子斜排，上下对易，左右相更，四维突出.”用 MATLAB 可以轻松得到一个 n 阶幻方.

2.MATLAB 中矩阵的基本运算

(1)在 MATLAB 中矩阵 $\boldsymbol{A}$,$\boldsymbol{B}$ 的和、差、积、数乘分别表示为:$\boldsymbol{A}+\boldsymbol{B}$,$\boldsymbol{A}-\boldsymbol{B}$,$\boldsymbol{A}*\boldsymbol{B}$,$\boldsymbol{k}*\boldsymbol{A}$.

(2)在 MATLAB 中，矩阵 $\boldsymbol{A}$ 转置矩阵记为 $\boldsymbol{A}'$ 的.

(3)在 MATLAB 中，用命令 rref(A)将矩阵 $\boldsymbol{A}$ 化为最简形矩阵.

(4)在 MATLAB 中，用命令 inv(A)可以方便地求可逆矩阵 $\boldsymbol{A}$ 的逆.

例 1 用 MATLAB 求解 例 6.2.11.

解 输入

```
>>A=[2 0 -1;1 3 2]
>>B=[1 7;4 2;2 0]
>>(A*B)'
ans =
```

0 17

14 13

所以，$(\boldsymbol{AB})^T = \begin{pmatrix} 0 & 17 \\ 14 & 13 \end{pmatrix}$.

例 2 用 MATLAB 命令 rref(A)将矩阵 **A** 化为最简形矩阵：

$$\boldsymbol{A} = \begin{pmatrix} 1 & 1 & 2 & 3 & 1 \\ 0 & 1 & 1 & -4 & 1 \\ 1 & 2 & 3 & -1 & 4 \\ 2 & 3 & -1 & -1 & -6 \end{pmatrix}.$$

解 输入

\>>A=[1 1 2 3 1;0 1 1 -4 1;1 2 3 -1 4;2 3 -1 -1 -6]

\>>rref(A)

得

ans =

1.0000	0	0	6.5000	0
0	1.0000	0	-4.5000	0
0	0	1.0000	0.5000	0
0	0	0	0	1.0000

所以

$$\boldsymbol{A} = \begin{pmatrix} 1 & 1 & 2 & 3 & 1 \\ 0 & 1 & 1 & -4 & 1 \\ 1 & 2 & 3 & -1 & 4 \\ 2 & 3 & -1 & -1 & -6 \end{pmatrix} \to \begin{pmatrix} 1 & 0 & 0 & 6.5 & 0 \\ 0 & 1 & 0 & -4.5 & 0 \\ 0 & 0 & 1 & -0.5 & 0 \\ 0 & 0 & 0 & 0 & 1 \end{pmatrix}.$$

例 3 MATLAB 求解例 6.3.5 中的逆矩阵.

解 输入

\>>A=[1 2 3;2 2 1;3 4 3]

\>>B=[2 1 2]'   %将常数矩阵转置成为列矩阵

\>>X=inv(A)*B

得

X = 1.0000

-1.0000

1.0000

扫码获取拓展资源

第七章 线性方程组

线性方程组的理论已经广泛渗透数学发展的许多分支，许多非线性问题的处理最后也会归结为线性方程组的问题解决，线性方程组已广泛应用于工程技术、空间技术、电子技术和经济等许多领域.

线性方程组是用矩阵的方法解决线性代数问题的一个重要手段.前面学习了利用行列式和逆矩阵解线性方程组的方法，此法只适用于解方程组的个数与未知量的个数相等且系数行列式不等于零的线性方程组，本章我们将进一步讨论一般线性方程组的问题，主要介绍高斯消元法及线性方程组解的结构与判定.

7.1 高斯消元法

7.1.1 线性方程组

一般称有 n 个未知数、m 个方程组成的线性方程组为

$$\begin{cases} a_{11}x_1+a_{12}x_2+\cdots+a_{1n}x_n=b_1, \\ a_{21}x_1+a_{22}x_2+\cdots+a_{2n}x_n=b_2, \\ \cdots\cdots\cdots\cdots \\ a_{m1}x_1+a_{m2}x_2+\cdots+a_{mn}x_n=b_m, \end{cases}$$

其中 x_j 为未知数，a_{ij} 为系数，b_j 为常数，当方程组中的常数项 $b_1,b_2,\cdots,b_m$ 不全为零的时候，称线性方程组为非齐次线性方程组.当 $b_1,b_2,\cdots,b_m$ 全为零时，称该线性方程组为齐次线性方程组，即

$$\begin{cases} a_{11}x_1+a_{12}x_2+\cdots+a_{1n}x_n=0, \\ a_{21}x_1+a_{22}x_2+\cdots+a_{2n}x_n=0, \\ \cdots\cdots\cdots\cdots \\ a_{m1}x_1+a_{m2}x_2+\cdots+a_{mn}x_n=0. \end{cases}$$

方程组所有可能的解的集合称为方程组的解集，若两个方程组有相同的解集，则称这两个线性方程组为同解方程组.

通常把由它的系数矩阵和常数列矩阵一起构成的矩阵

$$\widetilde{\boldsymbol{A}}=\begin{pmatrix} a_{11} & a_{12} & \cdots & a_{1n} & b_1 \\ a_{21} & a_{22} & \cdots & a_{2n} & b_2 \\ \vdots & \vdots & & \vdots & \vdots \\ a_{m1} & a_{m2} & \cdots & a_{mn} & b_m \end{pmatrix}$$

称为线性方程组的增广矩阵.

扫码获取拓展资源

7.1.2 高斯消元法

引例　解线性方程组 $\begin{cases} x+2y=1, & ① \\ 2x+3y=5. & ② \end{cases}$

方程组的消元过程与增广矩阵的初等行变换过程对照如下：

方程组的消元过程	增广矩阵的初等行变换
$\begin{cases} x+2y=1 & ① \\ 2x+3y=5 & ② \end{cases}$	$\widetilde{\boldsymbol{A}}=\left(\begin{array}{cc\|c} 1 & 2 & 1 \\ 2 & 3 & 5 \end{array}\right)$
①×(−2)+② 得	①×(−2)+② 得
$\begin{cases} x+2y=1 & ① \\ -y=3 & ② \end{cases}$	$\left(\begin{array}{cc\|c} 1 & 2 & 1 \\ 0 & -1 & 3 \end{array}\right)$
②×2+① 得	②×2+① 得
$\begin{cases} x=7 & ① \\ -y=3 & ② \end{cases}$	$\left(\begin{array}{cc\|c} 1 & 0 & 7 \\ 0 & -1 & 3 \end{array}\right)$
②×(−1)得方程组的解	②×(−1)得行简化阶梯矩阵
$\begin{cases} x=7 \\ y=-3 \end{cases}$	$\left(\begin{array}{cc\|c} 1 & 0 & 7 \\ 0 & 1 & -3 \end{array}\right)$

通过上表可以看出，对线性方程组做加减消元的过程，实质上是对增广矩阵施行初等行变换的过程.因此，用消元法解一般线性方程组，只需对其增广矩阵进行初等行变换，使其化为行简化阶梯矩阵，最后还原最简线性方程组，从而写成方程组的解.这种方法称为**高斯消元法**，简称**消元法**.

例 7.1.1　用高斯消元法解线性方程组

$$\begin{cases} x_1+x_2+2x_3+3x_4=1, \\ 2x_1+3x_2+5x_3+2x_4=-3, \\ 3x_1-x_2-x_3-2x_4=-4, \\ 3x_1+5x_2+2x_3-2x_4=-10. \end{cases}$$

扫码获取拓展资源

解 对增广矩阵施以初等行变换，得

$$\widetilde{\boldsymbol{A}}=\begin{pmatrix}1&1&2&3&1\\2&3&5&2&-3\\3&-1&-1&-2&-4\\3&5&2&-2&-10\end{pmatrix}\xrightarrow{r_2-2r_1,r_3-3r_1,r_4-3r_1}\begin{pmatrix}1&1&2&3&1\\0&1&1&-4&-5\\0&-4&-7&-11&-7\\0&2&-4&-11&-13\end{pmatrix}$$

$$\xrightarrow{r_3+4r_1,r_4-2r_1,r_1-r_2}\begin{pmatrix}1&0&1&7&6\\0&1&1&-4&-5\\0&0&-3&-27&-27\\0&0&-6&-3&-3\end{pmatrix}\xrightarrow{-\frac{1}{3}r_3}\begin{pmatrix}1&0&1&7&6\\0&1&1&-4&-5\\0&0&1&9&9\\0&0&-6&-3&-3\end{pmatrix}$$

$$\xrightarrow{r_2-r_3,r_1-r_3,r_4+6r_3}\begin{pmatrix}1&0&0&-2&-3\\0&1&0&-13&-14\\0&0&1&9&9\\0&0&0&51&51\end{pmatrix}\xrightarrow{\frac{1}{51}r_4}\begin{pmatrix}1&0&0&-2&-3\\0&1&0&-13&-14\\0&0&1&9&9\\0&0&0&1&1\end{pmatrix}$$

$$\xrightarrow{r_{3\ 1}-9r_4,r_2+13r_4,r+2r_4}\begin{pmatrix}1&0&0&0&-1\\0&1&0&0&-1\\0&0&1&0&0\\0&0&0&1&1\end{pmatrix}.$$

故原方程组的解为

$$\begin{cases}x_1=-1,\\x_2=-1,\\x_3=0,\\x_4=1.\end{cases}$$

例 7.1.2 解线性方程组

$$\begin{cases}x_1+5x_2-9x_3=-7,\\x_2-7x_3=-6,\\x_1+3x_2+5x_3=5.\end{cases}$$

扫码获取
拓展资源

解 对增广矩阵施以初等行变换

$$\widetilde{\boldsymbol{A}}=\begin{pmatrix}1&5&-9&-7\\0&1&-7&-6\\1&3&5&5\end{pmatrix}\xrightarrow{r_3-r_1}\begin{pmatrix}1&5&-9&-7\\0&1&-7&-6\\0&-2&14&12\end{pmatrix}$$

$$\xrightarrow{r_3+2r_2}\begin{pmatrix}1&5&-9&-7\\0&1&-7&-6\\0&0&0&0\end{pmatrix}\xrightarrow{r_1-5r_2}\begin{pmatrix}1&0&26&23\\0&1&-7&-6\\0&0&0&0\end{pmatrix}.$$

由最后一个矩阵知，原方程组的同解方程组为

$$\begin{cases}x_1+26x_3=23,\\x_2-7x_3=-6.\end{cases}$$

把上述方程组含有 x_3 的项移到等号右边，得

$$\begin{cases}x_1=-26x_3+23,\\x_2=7x_3-6.\end{cases}$$

这里 x_3 称为**自由未知量**，也就是说，x_3 在方程组中可以取任意值，令 $x_3=c$，c 为任意常数，可求出方程的解，因此，原方程有无穷多解.这无穷多组解的一般形式表示为

$$\begin{cases}x_1=-26c+23,\\x_2=7c-6,\qquad (c\text{ 为任意常数})\\x_3=c.\end{cases}$$

例 7.1.3　解下列线性方程组

$$\begin{cases}x_1+x_2+2x_3=1,\\3x_1+2x_2+3x_3=0,\\x_2+3x_3=5.\end{cases}$$

解　写出对应的增广矩阵

$$\widetilde{\boldsymbol{A}}=\begin{pmatrix}1&1&2&1\\3&2&3&0\\0&1&3&5\end{pmatrix}\xrightarrow{r_2+r_1(-3)}\begin{pmatrix}1&1&2&1\\0&-1&-3&-3\\0&1&3&5\end{pmatrix}\xrightarrow[r_2\cdot(-1)]{r_3+r_2}\begin{pmatrix}1&1&2&1\\0&1&3&3\\0&0&0&2\end{pmatrix}.$$

得到原方程组的同解方程组为 $\begin{cases}x_1+x_2+2x_3=1, & ①\\x_2+3x_3=3, & ②\\0=2, & ③\end{cases}$ 第三个等式不成立，所以此线性方程组无解.

综上所述，用消元法解线性方程组的具体步骤可归纳如下：

第 1 步，写出增广矩阵 $\widetilde{A}$，用初等行变换将 $\widetilde{A}$ 化为行简化阶梯矩阵；

第 2 步，根据行简化阶梯矩阵，写出同解方程组，判断或得出线性方程组的一般解.

习题 7.1

用高斯消元法解下列方程组.

1. $\begin{cases}x_1+x_2+2x_3=1,\\x_2+x_3=-2,\\2x_1-x_2+2x_3=0.\end{cases}$

2. $\begin{cases}x_1+2x_2+3x_3=1,\\3x_1-x_2=2,\\-x_1+x_2+2x_3=0.\end{cases}$

3. $\begin{cases}x_1+x_2+x_3-x_4=1,\\-x_2+x_3+2x_4=0,\\2x_1+2x_2+2x_3-2x_4=2.\end{cases}$

4. $\begin{cases}x_1+2x_2+3x_3=2,\\2x_1-x_2-x_3=1,\\3x_1+x_2+2x_3=0.\end{cases}$

5. $\begin{cases}2x_1-4x_2+5x_3+3x_4=0,\\3x_1-6x_2+4x_3+2x_4=0,\\4x_1-8x_2+17x_3+11x_4=0.\end{cases}$

扫码获取
拓展资源

7.2 线性方程组解的讨论

7.2.1 线性方程组解的判定

定理 7.2.1 线性方程组 $\boldsymbol{AX}=\boldsymbol{B}$ 有解的充分必要条件是它的系数矩阵的秩与增广矩阵的秩相等，即 $r(\boldsymbol{A})=r(\widetilde{\boldsymbol{A}})$.

(1)若 $r(\boldsymbol{A})=r(\widetilde{\boldsymbol{A}})=r=n$，则该线性方程组有唯一一组解.

(2)若 $r(\boldsymbol{A})=r(\widetilde{\boldsymbol{A}})=r<n$，则该线性方程组有无穷多组解.

(3)若 $r(\boldsymbol{A})\neq r(\widetilde{\boldsymbol{A}})$，则该线性方程组无解.

例 7.2.1 λ 取何值时，线性方程组

$$\begin{cases}\lambda x_1+x_2+x_3=1,\\ x_1+\lambda x_2+x_3=\lambda,\\ x_1+x_2+\lambda x_3=\lambda^2,\end{cases}$$

(1)有唯一解；(2)无解；(3)有无穷多解？

解 对方程组的增广矩阵进行初等行变换，得

$$\widetilde{\boldsymbol{A}}=\begin{pmatrix}\lambda&1&1&1\\1&\lambda&1&\lambda\\1&1&\lambda&\lambda^2\end{pmatrix}\rightarrow\begin{pmatrix}1&1&\lambda&\lambda^2\\1&\lambda&1&\lambda\\\lambda&1&1&1\end{pmatrix}\rightarrow\begin{pmatrix}1&1&\lambda&\lambda^2\\0&\lambda-1&1-\lambda&\lambda-\lambda^2\\0&1-\lambda&1-\lambda^2&1-\lambda^3\end{pmatrix}$$

$$\rightarrow\begin{pmatrix}1&1&\lambda&\lambda^2\\0&\lambda-1&1-\lambda&\lambda-\lambda^2\\0&0&2-\lambda-\lambda^2&1+\lambda-\lambda^2-\lambda^3\end{pmatrix}$$

$$\rightarrow\begin{pmatrix}1&1&\lambda&\lambda^2\\0&\lambda-1&1-\lambda&\lambda-\lambda^2\\0&0&(\lambda-1)(\lambda+2)&(\lambda-1)(\lambda+1)^2\end{pmatrix}.$$

(1)由定理可知，当$(\lambda-1)(\lambda+2)\neq0$，即$\lambda\neq1$ 且 $\lambda\neq-2$ 时，有：$r(\boldsymbol{A})=r(\widetilde{\boldsymbol{A}})=r=n=3$，方程组有唯一解.

(2)当 $\lambda=1$ 时，上述最后一个矩阵为

$$\begin{pmatrix}1&1&1&1\\0&0&0&0\\0&0&0&0\end{pmatrix}$$

$r(\boldsymbol{A})=r(\widetilde{\boldsymbol{A}})=r=1<3=n$，方程组有无穷多解.

(3)当 $\lambda=-2$ 时，$r(\boldsymbol{A})=2$，$r(\widetilde{\boldsymbol{A}})=3$，$r(\boldsymbol{A})\neq r(\widetilde{\boldsymbol{A}})$，原线性方程组无解.

7.2.2 线性方程组的一般解

1. 非齐次线性方程组的解

根据定理得线性方程组 $\boldsymbol{AX}=\boldsymbol{B}$，当 $r(\boldsymbol{A})=r(\widetilde{\boldsymbol{A}})=r<n$ 时，方程组有无穷多个解，它的解中有 $n-r$ 个自由变量.

如在上例中，$r(\boldsymbol{A})=r(\widetilde{\boldsymbol{A}})=r=1<3=n$，方程组有无穷多解，这时方程组的同解方程组为

$$\begin{pmatrix}1&1&\lambda&\lambda^2\\1&\lambda&1&\lambda\\\lambda&1&1&1\end{pmatrix}\to\begin{pmatrix}\lambda&1&1&1\\1&\lambda&1&\lambda\\1&1&\lambda&\lambda^2\end{pmatrix}\to\begin{pmatrix}1&1&\lambda&\lambda^2\\0&\lambda-1&1-\lambda&\lambda-\lambda^2\\0&1-\lambda&1-\lambda^2&1-\lambda^3\end{pmatrix}$$ $x_1+x_2+x_3=1$（令 x_2,x_3 为自由变量），

则 方程组的一般解为 $\begin{cases}x_1=1-c_1-c_2,\\x_2=c_1,\\x_3=c_2.\end{cases}$ （c_1,c_2 为任意常数）

扫码获取
拓展资源

2.齐次线性方程组的解

当齐次线性方程组 $\boldsymbol{AX}=\boldsymbol{O}$ 的系数矩阵的秩 $r(\boldsymbol{A})=n$（未知量的个数）时，方程组只有零解；而当 $r(\boldsymbol{A})=r<n$ 时，则方程组有非零解.

例 7.2.2 解齐次方程组 $\begin{cases}x_1+x_2+x_3=0,\\2x_1+x_2+x_3=0,\\x_1+2x_2+2x_3=0.\end{cases}$

解 用系数矩阵 $\boldsymbol{A}$ 作初等行变换：

$$\boldsymbol{A}=\begin{pmatrix}1&1&1\\2&1&1\\1&2&2\end{pmatrix}\to\begin{pmatrix}1&1&1\\0&-1&-1\\0&1&1\end{pmatrix}\to\begin{pmatrix}1&0&0\\0&1&1\\0&0&0\end{pmatrix},$$

$r(\boldsymbol{A})=2<3$，故方程组有非零解，同解方程组为

$$\begin{cases}x_1=0,\\x_2+x_3=0,\end{cases}$$

所以原齐次线性方程组的解为：$\begin{cases}x_1=0,\\x_2=-c,\text{（其中 }c\text{ 为任意实数）}\\x_3=c.\end{cases}$

习题 7.2

1.设线性方程组为

$$\begin{cases}x_1-3x_2-x_3=0,\\x_1-4x_2+ax_3=b,\\2x_1-x_2+3x_3=5.\end{cases}$$

问 a,b 取何值时(1)方程组无解?(2)方程组有唯一组解?(3)方程组有无穷多组解?有无穷多解时写出其全部解.

2.已知非齐次线性方程组

$$\begin{pmatrix}1 & -1 & -3\\0 & 1 & a-2\\3 & a & 5\end{pmatrix}\begin{pmatrix}x_1\\x_2\\x_3\end{pmatrix}=\begin{pmatrix}2\\a\\16\end{pmatrix}$$

有无穷多解,求 a.

3.已知齐次线性方程组

$$\begin{cases}\lambda x_1+x_2+x_3=0,\\x_1+\lambda x_2+x_3=0,\\x_1+x_2+x_3=0,\end{cases}$$

只有零解,则 λ 应满足什么条件?

7.3 线性方程组模型

一个复杂的实际问题往往可以简化为一个线性问题,线性方程(组)就是最简单的方程(组).大型的输电网络、商品销售、交通管理、经济学中的投入产出模型及保健等都可以建立线性方程组模型.

7.3.1 T 恤衫销售模型

小红百货商场销售四种型号(S、M、L、XL)的 T 恤衫,各种型号的 T 恤衫的销售价格分别为 22 元/件、24 元/件、26 元/件、30 元/件.某日盘点时,小明把各型号的 T 恤衫数量弄混了,但她知道共售出了 13 件 T 恤衫,收入为 320 元,且 L 号的销售量为 S 号与 XL 号的销售量之和,L 号的销售收入也为 S 号与 XL 号的销售收入之和.问小红当日销售了各种型号的 T 恤衫各多少件?

1.模型假设与变量说明

(1)假设各种型号的 T 恤衫均按销售价格出售.

(2)假设收入是指卖出 T 恤衫的毛收入,未扣除成本.

(3)设 S、M、L、XL 四种型号的 T 恤衫的销售量分别为 $x_i(i=1,2,3,4)$.

2.模型的分析与建立

有已知可得,$x_i(i=1,2,3,4)$满足以下方程组

$$\begin{cases}x_1+x_2+x_3+x_4=13,\\22x_1+24x_2+26x_3+30x_4=320,\\x_3=x_1+x_4,\\26x_3=22x_1+30x_4.\end{cases}$$

整理得

$$\begin{cases} x_1 + x_2 + x_3 + x_4 = 13, \\ 22x_1 + 24x_2 + 26x_3 + 30x_4 = 320, \\ x_1 - x_3 + x_4 = 0, \\ 22x_1 - 26x_3 + 30x_4 = 0. \end{cases}$$

3.模型求解

用 MATLAB 软件求解：

```
>>A=[1,1,1,1,13;22,24,26,30,320;1,0,-1,1,0;22,0,-26,30,0];
>>rref(A)
ans=
1 0 0 0 1
0 1 0 0 9
0 0 1 0 2
0 0 0 1 1
```

所以，S、M、L、XL 四种型号的 T 恤衫的销售量分别是 1 件，9 件，2 件，1 件.

7.3.2 交通管理模型

图 7-1 是某地区的交通网络图，设所有道路均为单行道，且路边不能停车，图中的箭头表示的是交通的方向，标识的数据为高峰期每小时进出道路网络的车辆数.若进入每个交叉点的车辆数等于离开该点的车辆数，则交通流量平衡的条件得以满足，交通就不出现堵塞.问各支路交通流量各为多少时此交通流量达到平衡.

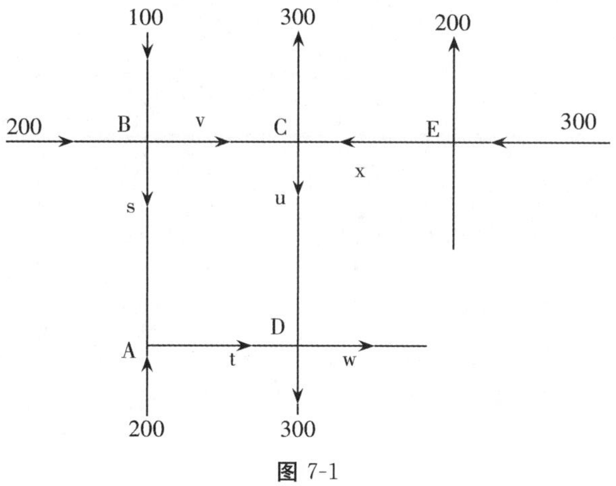

图 7-1

1.模型假设与变量说明

假设一个交通网络的交通流量达到平衡指在该交通网络中每个交通节点上进、出该节点的车辆数相等.

2.模型的分析与建立

各支路交通流量达到平衡，每一个道路交叉点应满足交通流量平衡的条件即可建立每个道路交叉点进、出车辆相等的方程.

设每小时进、出交叉点的车辆数如上图所示，根据题意，列方程如下：

A 点：$200+s=t$；(进入该点的车辆数 = 离开该点的车辆数)

B 点：$200+100=s+v$；

C 点：$v+x=300+u$；

D 点：$u+t=300+w$；

E 点：$300+w=200+x$.

则有该交通网络交通流量平衡的线性方程组为

$$\begin{cases} s-t=-200, \\ s+v=300, \\ -u+v+x=300, \\ t+u-w=300, \\ -w+x=100. \end{cases}$$

3.模型求解

用 MATLAB 求解如下：

\>\>A=[1,-1,0,0,0,0,-200;1,0,0,1,0,0,300;0,0,-1,1,0,1,300;0,1,1,0,-1,0,300;0,0,0,0,-1,1,100];

\>\>rref(A)

ans =

1	0	0	1	0	0	300
0	1	0	1	0	0	500
0	0	1	-1	0	-1	-300
0	0	0	0	1	-1	-100
0	0	0	0	0	0	0

由此可知，方程组有无穷多组解，方程组的解为

$$\begin{cases} s=300-v, \\ t=500-v, \\ u=-300+v+x, \\ w=-100+x. \end{cases} \text{（其中 } v,x \text{ 为自由变量）}$$

又由于出入各节点的车辆不能为负数，即各未知数必须为正.则有 v、x 还需满足以下条件：

$$0\leqslant v\leqslant 300,x\geqslant 100,\text{且 } v+x\geqslant 300.$$

例如，取 $v=100,x=210$，则可以得到一组解(200,400,10,100,110,210).

这是一个交通网络流平衡问题，通过分析每一个路口(网络节点)的情况，建立整个交通网络的平衡模型.

在现如今的网络生活中，可将每一个事件看作处在某一个网络节点上.要维持一个网络的平衡状态，即通过分析各节点的情况，建立相应的关系式.

7.3.3 投入产出模型

某地区有三个重要企业：一个煤矿、一个发电厂和一条地方铁路.开采 1 元的煤，煤矿要支付 0.25 元的电费及 0.25 元的运输费.生产 1 元的电力，发电厂需要支付 0.65 元的煤费、0.05 元的电费及 0.05 元的运输费.创收 1 元运输费，铁路要支付 0.55 元的煤费及 0.1 元的电费.在某一周内，煤矿接到外地金额为 50000 元的订货，发电厂接到外地金额为 2500 元的订货，外界对地方铁路没有需求.问三个企业在这一周内总产值各为多少？三个企业相互支付多少金额？

1.模型假设与变量说明

(1)假设该地区三个产业间需要的资源完全由该地区提供.

(2)设本周内煤矿的总产值为 x_1，电厂的总产值为 x_2，铁路的总产值为 x_3.

2.模型的分析与建立

这个问题中出现三个自身相互关联同时又与外界发生关联的变量：煤费、电费、运输费.这里，费用可转化为相应的产值.

煤的产值 = 订货值 +(发电 + 运输)所需煤的费用；

电厂的产值 = 订货值 +(开采煤 + 运输 + 发电)；

铁路的产值 = 订货组 +(开采煤 + 发电)所需要的运输费用.

综上，可得该问题的数学模型为

$$\begin{cases}x_1-(0\times x_1+0.65x_2+0.55x_3)=50000,\\ x_2-(0.25x_1+0.05x_2+0.1x_3)=2500,\\ x_3-(0.25x_1+0.05x_2+0\times x_3)=0.\end{cases}$$

化简得

$$\begin{cases}x_1-0.65x_2-0.55x_3=50000,\\ -0.25x_1+0.95x_2-0.1x_3=2500,\\ -0.25x_1-0.05x_2+x_3=0.\end{cases}$$

3.模型求解

用 MATLAB 求解如下：

```
>>A=[1,-0.65,-0.55,50000;-0.25,0.95,-0.1,2500;-0.25,-0.05,1,0];
>>rref(A)
ans =
1.0e+04 *
    0.0001         0          0    7.7843
         0    0.0001          0    2.5298
         0         0     0.0001    2.0726
```

项目	煤矿	电厂	铁路	外界需求	总产出
煤矿	0	16444	11399	50000	77843
电厂	19461	1265	2073	2500	25298
铁路	19461	1265	0	0	20726
总投入	38922	18974	13472		

在社会经济生活和工作中，各种因素间相关影响，相互发生着关系，构成一个复杂的社会系统.这时，需要厘清关系，建立各因素之间的相应模型，才能准确地得到各种数量及相互关系.

习题 7.3

1.(配方问题)一种佐料由 4 种原料 A,B,C,D 混合而成，这种佐料现有两种规格，这两种规格的佐料中，4 种原料的比例分别为 2∶3∶1∶1 和 1∶2∶1∶2.现在需要 4 种原料的比例为 4∶7∶3∶5 的第三种规格原料，问第三种规格的佐料能否由前两种规格的佐料按一定比例配置而成？

2.(平衡价格问题)假设一经济系统由每天、电力、钢铁行业组成，每个行业的产出在各个行业中的分配如下表所示：

产出分配			购买者
煤炭	电力	钢铁	
0	0.4	0.6	煤炭
0.6	0.1	0.2	电力
0.4	0.5	0.2	钢铁

每一列中的元素表示占该行业总产出的比例.求使得每个行业的投入与产出都相等的平衡价格.

3.(剑桥减肥食谱问题)下表是剑桥减肥食谱中的三种食物以及 100 克每种食物成

分含有某些营养素的数量，如果用这种食物作为每天的主要食物，那么它们的用量应各取多少，才能全面准确的实现这个营养要求？

营养	每 100 克食物所含营养			减肥所需的每日营养量
	脱脂牛奶	大豆面粉	乳清	
蛋白质	36	51	13	33
碳水化合物	52	34	74	45
脂肪	0	7	1.1	3

7.4 线性规划

线性规划是经济领域广泛应用的一种经济分析方法，它是研究在有限的人力、物力、财力等资源条件下，合理地调配和有效地使用资源，以达到最优目标的一种数学方法.

7.4.1 线性规划问题的数学模型

人们在实际生产、经营活动中，总是希望能找到一个最佳方案，即在一定的条件下，如何使效益达到最大；或者在实现预计的效益目标时，如何使投入最少；等等.在数学上我们称为规划问题.

我们先来看一些实例，看看什么是线性规划模型，讨论如何建立线性规划模型.

例 7.4.1(生产计划问题) 某工厂生产甲、乙两种产品，要用 A,B,C 三种不同的原料，从工艺资料知道：每生产 1 件甲种产品，需要三种原料分别为 1，1，0 单位；生产 1 件乙种产品，需要三种原料分别为 1，2，1 单位；每天原料供应的能力分别为 6，6，3 单位.又知道，每生产 1 件甲、乙产品，工厂利润收入分别为 3 千元和 4 千元，问：工厂应如何安排计划，使一天的总利润为最大？

解 第一步，明确问题的条件.一般将问题的条件列成表格形式如下表.

产 品	甲	乙	原料供应量(单位)
A	1	1	6
B	1	2	6
C	0	1	3
单位利润(千元)	3	4	

第二步，明确问题的变量.为了做出决策，我们把决策中关键量设为未知量，这种变量称为决策变量.本例中，设甲、乙的日产量分别为 x_1,x_2 件($x_1\geqslant 0,x_2\geqslant 0$).

第三步，明确问题的目标.该问题的目标是在现有条件下，追求最大的利润.设该工厂一天获得的总利润为 S，则依题意，得 $S=3x_1+4x_2$.

问题是要求它的最大值，因此目标函数为 $S_{\max}=3x_1+4x_2$.

第四步，明确问题的约束条件.

A 种原料每天只能供给 6 个单位，即 $x_1+x_2\leqslant 6$；

B 种原料每天只能供给 6 个单位，即 $x_1+2x_2\leqslant 6$；

C 种原料每天只能供给 3 个单位，即 $x_2\leqslant 3$；

因此，对变量 x_1,x_2 的限制为

$$\begin{cases}x_1+x_2\leqslant 6,\\x_1+2x_2\leqslant 6,\\x_2\leqslant 3,\\x_1\geqslant 0,x_2\geqslant 0,\end{cases}$$

上述不等式称为该问题的约束条件.

综上分析，该问题的数学模型如下：

$$S_{\max}=3x_1+4x_2$$

$$\begin{cases}x_1+x_2\leqslant 6,\\x_1+2x_2\leqslant 6,\\x_2\leqslant 3,\\x_1\geqslant 0,x_2\geqslant 0.\end{cases}$$

例 7.4.2(合理下料问题) 某工地需要型号相同、长度不同的成套钢筋，每套由 7 根 2 米长与 2 根 7 米长的钢筋组成，现有 15 米长的钢筋 150 根，问应如何下料，才能使余料最少？

解 把 15 米长的钢筋分割成 7 米和 2 米的规格的所有方法如下表所示.

分割法	7 米	2 米	余料长(米)
方案一	1	4	0
方案二	2	0	1
方案三	0	7	1

设依方案一、二、三下料的原料根数分别为 x_1,x_2,x_3，则要解决的问题是采用合理的下料方案，使得余料的总长 $z=x_2+x_3$ 最少.

问题中的限制条件：

(1)钢筋的总根数为：$x_1+x_2+x_3=150$；

(2)根据配套要求，每套由 7 根 2 米长和 2 根 7 米长的钢筋组成：

$(4x_1+7x_3):(x_1+2x_2)=7:2$，

整理后得：$x_1-14x_2+14x_3=0$.

(3)方案一、二、三下料的原料根数都必须是非负的，即 $x_1\geqslant 0,x_2\geqslant 0,x_3\geqslant 0$.

综上分析，上述问题的数学模型如下：

$$Z_{\min}=x_2+x_3.$$

使得
$$\begin{cases} x_1+x_2+x_3=150, \\ x_1-14x_2+14x_3=0, \\ x_1\geqslant 0, x_2\geqslant 0, x_3\geqslant 0. \end{cases}$$

由上述例子可以看出，上述数学问题有着如下共同特征：

(1)问题的未知变量取值都是非负的；

(2)存在一定的限制条件，这些限制条件都可以用一组线性等式或不等式表示；

(3)表示问题最优化（最大化或最小化）的目标函数都是线性函数.

我们把具有以上共同特征的数学模型称为线性规划问题的数学模型.

7.4.2 线性规划问题数学模型的一般形式

一般线性规划问题的数学模型可以写成：

$$S_{\max}(\text{或 } S_{\min})=c_1x_1+c_2x_2+\cdots+c_nx_n, \tag{7.4.1}$$

$$\begin{cases} a_{11}x_1+a_{12}x_2+\cdots a_{1n}x_n\leqslant(=,\geqslant)b_1, \\ a_{21}x_1+a_{22}x_2+\cdots a_{2n}x_n\leqslant(=,\geqslant)b_2, \\ \cdots\cdots\cdots\cdots \\ a_{m1}x_1+a_{m2}x_2+\cdots a_{mn}x_n\leqslant(=,\geqslant)b_m, \\ x_1\geqslant 0, x_2\geqslant 0, \cdots x_n\geqslant 0. \end{cases} \tag{7.4.2}$$

式子(7.4.1)中的函数称为目标函数；(7.4.2)称为约束条件；$x_1,x_2,\cdots,x_n$ 称为决策变量.

上述标准形式简化为

$$S_{\max}(\text{或 } S_{\min})=\sum_{j=1}^{n}c_jx_j,$$

$$\begin{cases} \sum_{j=1}^{n}a_{ij}x_j\leqslant(=,\geqslant)b_i(b_i\geqslant 0, i=1,2,\cdots,m), \\ x_j\geqslant 0(j=1,2,\cdots,n). \end{cases}$$

用矩阵表示为

$$S_{\max}(\text{或 } S_{\min})=\boldsymbol{CX},$$

$$\begin{cases} \boldsymbol{AX}\leqslant(=,\geqslant)b, \\ \boldsymbol{X}\geqslant\boldsymbol{O}. \end{cases}$$

其中 $\boldsymbol{C}=\begin{pmatrix} c_1 \\ c_2 \\ \vdots \\ c_n \end{pmatrix}^T$, $\boldsymbol{A}=\begin{pmatrix} a_{11} & a_{12} & \cdots & a_{1n} \\ a_{21} & a_{22} & \cdots & a_{2n} \\ \vdots & \vdots & & \vdots \\ a_{m1} & a_{m2} & \cdots & a_{mn} \end{pmatrix}$, $\boldsymbol{b}=\begin{pmatrix} b_1 \\ b_2 \\ \vdots \\ b_m \end{pmatrix}$, $\boldsymbol{O}=\begin{pmatrix} 0 \\ 0 \\ \vdots \\ 0 \end{pmatrix}$.

7.4.3 两个变量线性规划问题的图解法

图解法是求线性规划问题的一种几何方法，简单直观，有助于了解线性规划问题求解的基本原理，下面我们通过举例说明图解法.

例 7.4.3 用图解法求解下列线性规划问题：

$$S_{\max}=3x_1+4x_2,$$

$$\begin{cases}x_1+x_2\leqslant 6,\\ x_1+2x_2\leqslant 8,\\ x_2\leqslant 3,\\ x_1\geqslant 0, x_2\geqslant 0.\end{cases}$$

解 (1)以 x_1 为横轴，x_2 为纵轴建立直角坐标系，在直角坐标系中画出直线 $x_1+x_2=6$，$x_1+2x_2=8$，$x_2=3$；又因为满足不等式 $x_1+x_2\leqslant 6$ 所有的点都在直线 $x_1+x_2=6$ 左下方平面内；满足不等式 $x_1+2x_2\leqslant 8$ 所有的点都在直线 $x_1+2x_2=8$ 左下方平面内；满足不等式 $x_2\leqslant 3$ 所有的点都在直线 $x_2=3$ 下半平面内；同时满足 $x_1\geqslant 0$，$x_2\geqslant 0$ 所有的点在坐标系的第一象限内.所以同时满足上述多边形五个不等式的点组成的区域即为五个平面的公共部分，即图 7-2 中的多边形 $OABCD$(阴影部分).故 $OABCD$ 为该线性规划问题的**可行域**.

(2)可行域找到后，接下来就是在可行域内找一个最优解，就是找使目标函数值最大的可行解.方法是，将 S 看成参数，则目标函数 $3x_1+4x_2=S$ 表示一组平行的直线族，且这组直线具有相同的斜率(如图 7-3)，我们称此直线为目标函数 S 的**等值线**.

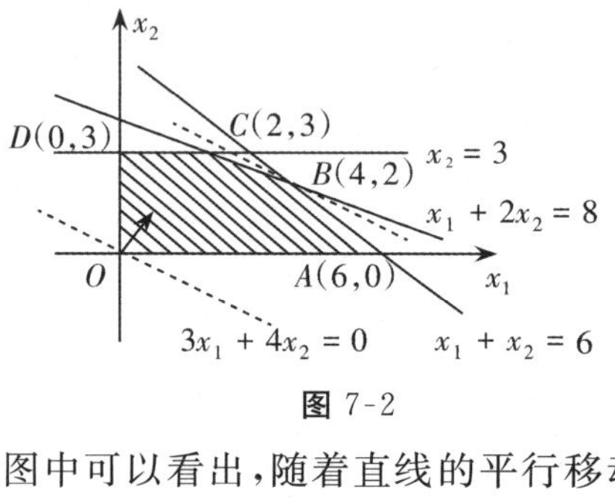

图 7-2

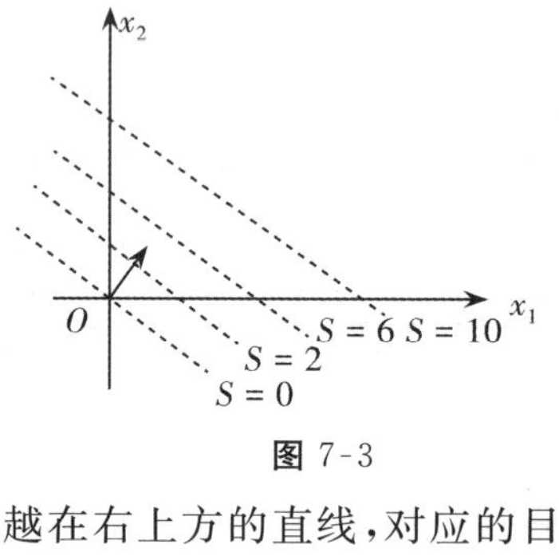

图 7-3

(3)从图中可以看出，随着直线的平行移动，越在右上方的直线，对应的目标函数值越大，同时最大值点必须位于凸多边形 $OABCD$ 内或边界上.由图 7-2 可以看出，经过 B 点的等值线符合要求.即 B 点坐标既满足约束条件，又使目标函数取最大值.解方程 $\begin{cases}x_1+x_2=6,\\ x_1+2x_2=8,\end{cases}$ 得 B 的坐标(4,2)，则该目标函数的最优解为 $x_1=4$，$x_2=2$.相应的目标函数的最大(最优)值为：$S=3\times 4+4\times 2=20$.

我们称目标函数取得最优值的可行域内的点为**最优点**，最优点的变量取值称为该线性规划问题的**最优解**，最优解的目标函数值称为**最优值**.

由上例我们归纳出图解法的一般步骤如下：

(1)画出可行域：同时满足所有约束不等式(或等式)的点组成的区域；

(2)画出等值线；

(3)找最优点，求最优解、最优值.

例 7.4.4　用图解法解下列线性规划问题：

$$S_{\max}=2x_1+2x_2,$$

$$\begin{cases}x_1+x_2\leqslant 6,\\ x_1+2x_2\leqslant 8,\\ x_2\leqslant 3,\\ x_1\geqslant 0,x_2\geqslant 0.\end{cases}$$

解　(1)画可行域：该问题约束条件与例 7.4.3 相同，可行域仍为如图 7-4 所示的凸多边形 $OABCD$ 内部或边界上的点集.

(2)画等值线：目标函数 $S=2x_1+2x_2$ 表示一组斜率为 -1 的平行直线族.

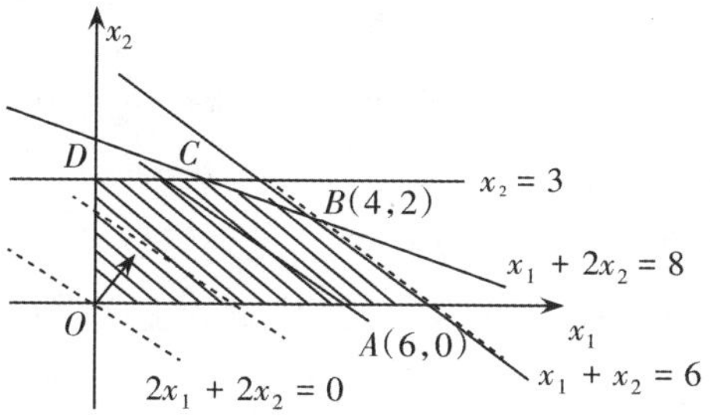

图 7-4

(3)找最优点，求最优解、最优值：随着等值线的平行移动，由图 7-4 可以看出线段 AB 上所有的点都既满足约束条件，又使得函数取最大值，求出点 A 和点 B 的坐标 $A(6,0)$，$B(4,2)$，代入目标函数，得最大值 $S=12$.这时称该线性规划问题有无穷多个最优解.

例 7.4.5　用图解法解下列线性规划问题：

$$S_{\max}=4x_1+3x_2,$$

$$\begin{cases}x_1-x_2\geqslant -4,\\ x_1-2x_2\leqslant 8,\\ x_1\geqslant 0,\\ x_2\geqslant 0.\end{cases}$$

解　(1)画可行域：如图 7-5，由图可以看出，该线性规划问题的可行域是个无界区域.

(2)画等值线.

(3)找最优点：目标函数求的是最大值，在无界区域内满足约束条件的最优点不存在，所以该线性规划问题无最优解.

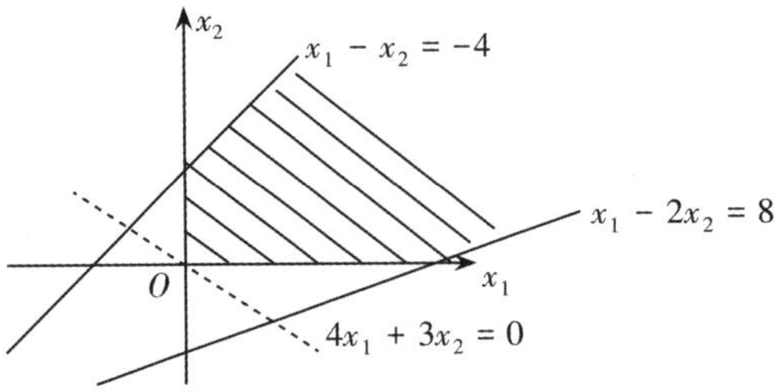

图 7-5

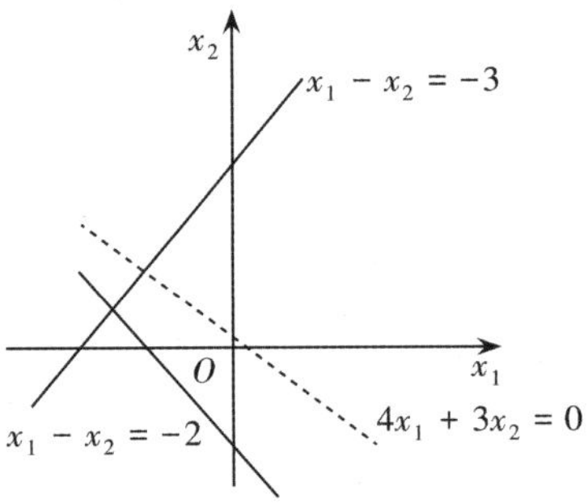

图 7-6

例 7.4.6 用图解法解下列线性规划问题：

$$S_{\max} = 4x_1 + 3x_2,$$

$$\begin{cases} x_1 - x_2 \leqslant -3, \\ x_1 + x_2 \leqslant -2, \\ x_1 \geqslant 0, \\ x_2 \geqslant 0. \end{cases}$$

解 由图 7-6 可以看出，同时满足约束条件的点不存在，即该问题的可行域是空集，因此，无最优点即没有最优解.

由以上几个例题可以得出图解法求解线性规划问题解的几种情况：

(1)最优解存在：解存在两种情况，唯一最优解和无穷多最优解.

(2)可行域为无界区域，该类问题的最优解是否存在与目标函数相关.

(3)最优解不存在：可行域是空集.

本章知识小结

- 线性方程组
  - 高斯消元法
    - 线性方程组
    - 高斯消元法
  - 线性方程组解的讨论
    - 线性方程组的判定
    - 线性方程组的一般解
  - 线性方程组模型
    - T恤衫销售模型
    - 交通管理模型
    - 投入产出模型
  - 线性规划
    - 线性规划问题的数学模型
    - 线性规划问题的数学模型一般形式
    - 两个变量的线性规划问题的图解法

单元能力测验 A(基础篇)

1.用高斯消元法解下列线性方程组.

(1)$\begin{cases}3x_1+2x_2+6x_3=6,\\3x_1+5x_2+6x_3=9,\\6x_1+4x_2+15x_3=15;\end{cases}$　(2)$\begin{cases}x_1+2x_2+3x_3=-7,\\2x_1-x_2+2x_3=-8,\\x_1+3x_2=7;\end{cases}$

(3)$\begin{cases}x_1+2x_2+3x_3=4,\\3x_1+5x_2+7x_3=9,\\5x_1+8x_2+11x_3=14;\end{cases}$　(4)$\begin{cases}x_1+2x_2+2x_3+x_4=0,\\2x_1+x_2-2x_3-2x_4=0,\\x_1-x_2-4x_3-3x_4=0.\end{cases}$

2.判断下列方程组解的情况.

(1)$\begin{cases}x_1-2x_2+x_3=-2,\\x_1+4x_2+x_3=5,\\2x_1-3x_2-2x_3=-2;\end{cases}$　(2)$\begin{cases}x_1+x_2-x_3=4,\\-x_1-x_2+x_3=1,\\x_1-x_2+2x_3=-4;\end{cases}$

(3)$\begin{cases}x_1+2x_2-x_3-x_4=0,\\x_1+2x_2+x_4=4,\\-x_1-2x_2+2x_3+3x_4=5;\end{cases}$　(4)$\begin{cases}x_1+x_2-3x_3=-3,\\2x_1+2x_2-2x_3=-2,\\x_1+x_2+x_3=1,\\3x_1+3x_2-5x_3=-5.\end{cases}$

3.求非齐次线性方程组$\begin{cases}x_1+x_2-2x_4=-6,\\4x_1-x_2-x_3-x_4=1,\\3x_1-x_2-x_3=3,\end{cases}$的所有解.

4.当 a,b 取何值时,线性方程组$\begin{cases}x_1+2x_3=-1,\\-x_1+x_2-3x_3=2,\\2x_1-x_2+ax_3=b.\end{cases}$

(1)无解;(2)有唯一解;(3)有无穷多解?在有解的情况下,求出它的解.

5.当 λ 取何值时,其次线性方程组$\begin{cases}x_1+x_2+x_3=0,\\x_1+2x_2+2x_3=0,\\x_1+2x_2+\lambda x_3=0.\end{cases}$

(1)只有零解;(2)有非零解,并求出非零解.

单元能力测验 B(提高篇)

1.用高斯消元法解下列方程组.

(1)$\begin{cases}2x_1+7x_2+3x_3+x_4=5,\\x_1+3x_2+5x_3-2x_4=3,\\x_1+5x_2-9x_3+8x_4=1,\\5x_1+18x_2+4x_3+5x_4=12;\end{cases}$　(2)$\begin{cases}2x_1-x_2-x_3=-3,\\x_1+2x_2+2x_3=11,\\3x_1+x_2-x_3=2,\\2x_1+x_2-x_3=1.\end{cases}$

2.解矩阵方程 $\boldsymbol{AX}+\boldsymbol{B}=\boldsymbol{X}$,其中

$$\boldsymbol{A}=\begin{pmatrix}0&1&0\\-1&1&1\\-1&0&-1\end{pmatrix},\boldsymbol{B}=\begin{pmatrix}1&-1\\2&0\\5&-3\end{pmatrix}$$

.3.设齐次线性方程组为

$$\begin{cases}x_1-3x_2+2x_3=0,\\2x_1-5x_2+3x_3=0,\\3x_1-8x_2+\lambda x_3=0,\end{cases}$$

则 λ 取何值时方程组有非零解,并求一般解.

4.当 λ 取何值时方程组

$$\begin{cases}x_1+x_2+x_3=1,\\2x_1+x_2-4x_3=\lambda,\\-x_1+5x_3=1,\end{cases}$$

有解? 并求一般解.

线性代数总复习题

1.填空题

(1)设 $\boldsymbol{A}=(a_{ij})_{m\times n}$,$\boldsymbol{B}=(b_{ij})_{s\times t}$,当且仅当____________时,有 $\boldsymbol{A}=\boldsymbol{B}$.

(2)设矩阵 $\boldsymbol{A}_{m\times n}$,$\boldsymbol{B}_{n\times t}$,则 $\boldsymbol{AB}$ 是一个________行________列矩阵.

(3)矩阵 $\boldsymbol{A}$ 的秩是________________.

(4)齐次线性方程组 $\boldsymbol{AX}=\boldsymbol{O}$ 总有________解;当它所含方程的个数小于未知量的个数时,它解是____________.

(5)齐次线性方程组 $\begin{cases}x_1+x_2=0,\\\lambda x_1+x_2=0,\end{cases}$ 当 $\lambda=$________时有非零解.

2.计算题

已知矩阵 $\boldsymbol{A}=\begin{pmatrix}3&-2&0\\1&-4&5\end{pmatrix}$,$\boldsymbol{B}=\begin{pmatrix}7&2\\-3&6\\1&5\end{pmatrix}$, 计算

(1)$2\boldsymbol{A}-3\boldsymbol{B}^T$; (2)$\boldsymbol{AB}$,$\boldsymbol{BA}$;

(3)求 $\boldsymbol{X}$,使得 $3\boldsymbol{A}^T-\boldsymbol{X}=\boldsymbol{B}$.

3.问 k 为何值时,线性方程组 $\begin{cases}x_1+x_2+kx_3=4,\\-x_1+kx_2+x_3=k^2,\\x_1-x_2+2x_3=-4,\end{cases}$ 有唯一解,无解,有无穷多解?在有无穷多解时,求出其一般解.

4.某厂生产甲、乙、丙三种产品,其一年四个季度的产量(单位:吨)如表所示:

产品	季度			
	一	二	三	四
甲	2	3	4	3
乙	3	2	3	4
丙	1	2	3	5

三种产品的单位成本(每吨)依次 2 万元、3 万元、4 万元,销售利润(每吨)依次为 4 万元、6 万元、8 万元,试用矩阵乘法计算该厂每个季度的成本总额及年度总利润.

5.某工厂生产某项产品,每单位标准重量为 100 千克,由 A,B,C 三种原料混合而成,其组成成分是每单位产品中 A 不得超过 30 千克,B 不得少于 15 千克,C 不得少于 20 千克,而 A,B,C 每克成本分别为 5 元、6 元、7 元.问如何配置这种产品,使成本最低? 试写出该问题的数学模型,并求出其最优解.

6.某电视台栏目播放两套宣传片.其中宣传片甲播映时间为 3 分 30 秒,广告时间为 30 秒,收视观众为 60 万,宣传片乙播映时间为 1 分钟,广告时间为 1 分钟,收视观众为 20 万.广告公司规定每周至少有 3.5 分钟广告,而电视台每周只能为该栏目宣传片提供不多于 16 分钟的节目时间.电视台每周应播映两套宣传片各多少次,才能使得收视观众最多? 试建立此问题的线性规划模型.

7.某工厂用两种不同原料均可生产同一产品,若采用甲种原料,每吨成本 1000 元,运费 500 元,可得产品 90 千克;若采用乙种原料,每吨成本为 1500 元,运费 400 元,可得产品 100 千克,如果每月原料的总成本不超过 6000 元,运费不超过 2000 元,那么此工厂每月最多可生产多少千克产品? 试建立此问题的线性规划模型.

8.某工厂利用 3 台设备 A_1,A_2,A_3,生产 4 种产品 B_1,B_2,B_3,B_4.每件产品在各台设备上的加工时间(分钟)、各台设备每天的加工能力(每天工作的时间)和销售每件产品的单位利润(元)如下表:

设备	产品				每天工作能力(分钟)
	B_1	B_2	B_3	B_4	
A_1	2	1	3	2	430
A_2	3	2	0	1	450
A_3	1	3	2	4	440
利润(元)	3	3	2	4	

问:怎样安排生产,才能使利润最大? 试写出该问题的数学模型.

9.某产品重量为 150 斤,每种产品需要 A、B 两种原料制成.每单位 A 原料成本为 2 元,每单位 B 原料成本为 8 元,该产品至少需要 14 单位 B 原料,最多含 20 单位 A 原料.每单位 A 原料重 5 斤,每单位 B 原料重 10 斤,为使成本最小,该产品中 A,B 两种原料应各占多少? 试写出该问题的数学模型.

10.用图解法求解下列下面的线性规划问题.

(1) $S_{\max}=x_1+3x_2$,

$$\begin{cases}x_1+x_2\leqslant 7,\\ x_1-x_2\leqslant 5,\\ x_1,x_2\geqslant 0;\end{cases}$$

(2) $S_{\max}=2x_1+3x_2$,

$$\begin{cases}2x_1+3x_2\leqslant 18,\\ x_1-x_2\leqslant 5,\\ x_2\leqslant 4,\\ x_1,x_2\geqslant 0;\end{cases}$$

(3) $S_{\max}=2x_1+4x_2$,

$$\begin{cases}x_1\leqslant 4,\\ x_2\leqslant 3,\\ x_1+2x_2\leqslant 8,\\ x_1\geqslant 0,x_2\geqslant 0.\end{cases}$$

11.(任务分配问题)某车间有甲、乙两台机床,可用于加工三种工件.假定这两台车床的可用台时数分别为 800 和 900,三种工件的数量分别为 400、600 和 500,且已知用三种不同车床加工单位数量不同工件所需的台时数和加工费用如下表.问怎样分配车床的加工任务,才能既满足加工工件的要求,又使加工费用最低?
试建立刚问题的数学模型,并用 MATLAB 求解出该模型.

车类类型	单位工件所需要加工台时数			单位工件的加工费用			可用台时数
	工件 1	工件 2	工件 3	工件 1	工件 2	工件 3	
甲	0.4	1.1	1.0	13	9	10	800
乙	0.5	1.2	1.3	11	12	8	900

数学实验七　MATLAB 求解线性方程组

与本实验相关的 MATLAB 命令如下

命令	功能
,或 空格	矩阵行元素分隔符号
;	矩阵列元素分隔符号
B=rref(A)	输入 $m\times n$ 矩阵 A,运行后输出矩阵 A 的行简化阶梯矩阵 B
rank(A)	输入 $m\times n$ 矩阵 A,运行后输出矩阵 A 的秩

在 MATLAB 命令窗口输入矩阵时,矩阵元素及其行(列)分隔符均在英文半角状态下输入.

例 1　已知矩阵 $\boldsymbol{A}=\begin{pmatrix}1&3&1&2&1\\3&9&3&8&4\\-1&-5&3&4&2\\2&4&6&12&6\\2&7&0&2&3\end{pmatrix}$,将 $\boldsymbol{A}$ 化成行简化阶梯矩阵,并求 $\boldsymbol{A}$ 的秩.

解在 MATLAB 命令窗口输入：

```
>>A=[1,3,1,2,1;3,9,3,8,4;-1,-5,3,4,2;2,4,6,12,6;2,7,0,2,3];
>>B=rref(A)
```

运行程序后输出：

```
B =
     1     0     7     0     0
     0     1    -2     0     0
     0     0     0     1     0
     0     0     0     0     1
     0     0     0     0     0
```

在 MATLAB 命令窗口输入：

```
>>rank(A)
```

运行程序后输出：

```
ans =
     4
```

例 2　求齐次线性方程组$\begin{cases}2x_1-4x_2+5x_3+3x_4=0,\\3x_1-6x_2+4x_3+2x_4=0,\\4x_1-8x_2+17x_3+11x_4=0.\end{cases}$

解　在 MATLAB 命令窗口输入：

```
>>format rat
>>A=[2 -4 5 3;3 -6 4 2;4 -8 17 11];
>>B=rref(A)
```

运行程序后输出：

```
B =
     1          -2          0          -2/7
     0           0          1           5/7
     0           0          0           0
```

由上可知，方程组的解为

$$\begin{cases}x_1=2x_2+\dfrac{2}{7}x_4\\[2ex] x_3=-\dfrac{5}{7}x_4\end{cases}\text{（其中 }x_2,x_4\text{ 为自由未知量）.}$$

线性规划是一种优化方法，MATLAB 优化工具箱中有函数 linprog 对如下方式描述（标准）的线性规划问题求解：

求目标函数的最小值：　$\min z=f(x)$

约束条件： $AX \leqslant b$

(等式约束条件)： Aeq X = beq

决策变量组 X 的范围 $lb \leqslant x \leqslant ub$

命令调用方式为 [x,fval] = linprog(f,A,b,Aeq,beq,lb,ub)

其中 x = linprog(f,A,b)返回值 x 为最优解向量.

x = linprog(f,A,b,Aeq,beq) 作有等式约束的问题.若没有不等式约束，则令 A = [ ]、b = [ ].

例 3 用 MATLAB 解下列线性规划问题：求 min z 和 max z.

$$z = 5x_1 - 2x_2,$$

$$\begin{cases} x_1 - x_2 \geqslant -4, \\ 6x_1 + x_2 \leqslant 11 \\ x_1 - 3x_2 \leqslant 5, \\ 3x_1 + 2x_2 \geqslant -7. \end{cases}$$

解 先将约束条件化为规定形式

$$\begin{cases} -x_1 + x_2 \leqslant 4, \\ 6x_1 + x_2 \leqslant 11, \\ x_1 - 3x_2 \leqslant 5, \\ -3x_1 - 2x_2 \leqslant 7. \end{cases}$$

(1)求 min z,输入：

```
f=[5 -2];
A=[-1 1;6 1;1 -3;-3 -2];
b=[4;11;5;7];
[x,fval]=linprog(f,A,b)
```

结果为 x =

```
        -3.0000
         1.0000
    fval =
       -17.0000
```

所以当 $x_1 = -3, x_2 = 1$ 时，min $z = -17$.

(2)求 max z，设 $z_1 = -z = -5x_1 + 2x_2$ 输入：

```
z1=[-5 2];
A=[-1 1;6 1;1 -3;-3 -2];
b=[4;11;5;7];
[x,fval]=linprog(z1,A,b)
```

结果为 x =

```
    2.0000
   - 1.0000
fval =
   - 12.0000
```

所以当 $x_1=2,x_2=-1$ 时，$\max z=12$.

例 4 某厂每日 8 小时的产量不低于 1800 件.为了进行质量控制，计划聘请两种不同水平的检验员.一级检验员的标准为：速度 25 件/小时，正确率 98%，计时工资 4 元/小时；二级检验员的标准为：速度 15 小时/件，正确率 95%，计时工资 3 元/小时.检验员每错检一次，工厂要损失 2 元.为使总检验费用最省，该工厂应聘一级、二级检验员各几名？

解 设需要一级和二级检验员的人数分别为 x_1,x_2 人，
则应付检验员的工资为：$8\times4\times x_1+8\times3\times x_2=32x_1+24x_2$.

因检验员错检而造成的损失为：

$$(8\times25\times2\%\times x_1+8\times15\times5\%\times x_2)\times2=8x_1+12x_2,$$

故目标函数为：$\min z=(32x_1+24x_2)+(8x_1+12x_2)=40x_1+36x_2$

约束条件为：

$$\begin{cases}8\times25\times x_1+8\times15x_2\geqslant1800,\\8\times25\times x_1\leqslant1800,\\8\times15x_2\leqslant1800,\\x_1\geqslant0,x_2\geqslant0.\end{cases}$$

则线性规划数学模型为

$$\min z=40x_1+36x_2,$$

$$\begin{cases}5x_1+3x_2\geqslant45,\\x_1\leqslant9,\\x_2\leqslant15,\\x_1\geqslant0,x_2\geqslant0.\end{cases}$$

将约束条件化为 MATLAB 命令规定形式得

$$\begin{cases}-5x_1-3x_2\leqslant-45,\\x_1\leqslant9,\\x_2\leqslant15,\\x_1\geqslant0,x_2\geqslant0.\end{cases}$$

在 MATLAB 命令窗口输入：

```
z=[40;36];
A=[-5 -3;1 0;0 1];
b=[-45;9;15];
Aeq=[];              % 等式约束下限为空
```

```
beq=[];                % 等式约束上限为空
lb=[0;0];
ub=[];
[x,fval] = linprog(c,A,b,Aeq,beq,lb,ub)
```

结果为：

```
x =
      9.0000
      0.0000
fval  =360
```

所以只需聘用 9 个一级检验员，可使总检验费用最省.

扫码获取
拓展资源

第八章 数理统计初步

数理统计以概率论为理论基础，但其研究重点与概率论不同．例如，从口袋中摸彩球的试验，概率论关心的是在彩球情况已知的条件下，摸出某种颜色的彩球的概率是多大；而数理统计研究的是在彩球情况部分已知或全部未知的条件下摸出的彩球样本，通过观察分析样本，估计或检验口袋中彩球的颜色分布．

可以说，数理统计研究的对象是带有随机性的数据．数理统计学是一门应用性很强的学科，它是研究怎样以有效的方式收集、整理和分析所获得的有限的资料，以便对所考察的问题尽可能地做出精确而可靠的推断和预测，直至为采取一定的决策和行动提供依据和建议．这也正是数理统计的任务．

8.1 总体与随机样本

前面我们已经提到，在概率论中所研究和讨论的随机变量，它的分布都是已知的，在这一前提下去研究它的性质、特点和规律性．而在数理统计中所研究和讨论的随机变量，它的分布是未知的或部分未知的．于是就必须通过对所研究和讨论的随机变量进行重复独立的观察和试验，得到所需的观察值(数据)，对这些数据进行分析后才能对其分布做出种种判断.得到这些数据最常用的方法是“随机抽样法”，它是一种从局部推断整体的方法．

本章后续所讨论的统计问题主要属于下面这种类型：从所研究的随机量变的某个集合中抽取一部分元素，对这部分元素的某些数量指标进行试验和观察，根据试验与观察获得的数据来推断这集合中全体元素的数量指标的分布情况或数字特征．

定义 8.1.1 称研究对象的某项数量指标的值的全体为总体(母体)；称总体中的每个元素为个体．

比如，我们要研究某大学的学生的身高情况，则该大学的全体学生的身高构成问题的总体，而每一个学生的身高即是一个个体；又如，研究某批灯泡的质量，则该批灯泡寿命的全体构成了问题的总体，而每个灯泡的寿命就是个体．如此看来，若不考虑问题的实际背景，总体就是一推数，这堆数中有大有小，有的出现的机会多，有的出现的机会少．因此用一个概率分布去描述和归纳总体是恰当的．

从这个意义上看，**总体就是一个概率分布**，而其数量指标就是服从这个分布的随机变量. 所以今后说“从总体中抽样”和“从某分布中抽样”是同一个意思.

总体中的每一个个体是随机试验的一个观察值，因此它是某一随机变量 X 的值，从而一个整体对应于一个随机变量. 由此可见，对总体的研究就是对一个随机变量 X 的研究，随机变量 X 的分布函数和数字特征就可作为总体的分布函数和数字特征，所以今后将不再区分总体和相应的随机变量，统称为**总体** X 或**总体** $F(X)$.

例 8.1.1 若要考察某厂的产品质量，现将该厂的产品只分为合格品和不合格品两类，并以 0 记为合格品，以 1 记为不合格品.

则总体 = {该厂生产的全部合格品与不合格品} = {由 0 与 1 组成的一堆数}.

若以 P 表示这堆数中的比例（不合格品率），则该总体 X 可由一个二点分布来表示：

X	0	1
P	$1-p$	p

不同的 P 反映了总体间的差异. 譬如，两个生产同类产品的工厂的产品总体分布分别为：

X	0	1
P	0.915	0.085

X	0	1
P	0.983	0.017

显然，第一个工厂的产品质量优于第二个工厂. 实际中，分布中的不合格品率是未知的，如何对它进行估计正是数理统计要研究的问题.

定义 8.1.2 为推断总体分布及各种特征，按一定规则从总体中抽取若干个体进行试验观察，以获得有关总体的信息，这一抽取过程称为**抽样**，所抽取的部分个体称为**样本**，样本中所包含的个体数目称为**样本容量**.

例 8.1.2 某饮料厂生产的瓶装可乐规定净含量为 750 g，由于随机性，事实上在生产过程中不可能使得所有的瓶装可乐净含量均为 750 g. 现从该厂生产的可乐中随机抽取 10 瓶测定其净含量，得到结果如下：

751　　745　750　747　752　748　756　753　749　750

这是一个容量为 10 的样本的观测值，对应的总体为该厂生产的瓶装可乐的净含量.

从总体中抽取样本可以有不同的抽法，为了能由样本对总体做出较可靠的推断，就希望所抽取的样本能很好的代表总体.

这就需要对抽取方法提出要求，最常用的是**简单随机抽样**，它有如下两点要求：

第一，样本具有随机性，即要求总体中每一个个体都有同等机会被选入样本，这就意味着每一样品 X_i 与总体 X 有相同的分布.

第二，样本具有**独立性**，即要求样本中的每一样品的取值不影响其他样品的取值，这就意味着 $X_1, X_2, \cdots, X_n$ 相互独立.

基于上述的简单随机抽样，我们可以知道，从总体中抽取一个个体就是对总体 X 进行一次观察（试验）并记录其结果. 若在相同的条件下对总体 H_1 进行 n 次重复的独立观察，其观察的结果记为 $X_1,X_2,\cdots,X_n$，则可认为 $X_1,X_2,\cdots,X_n$ 相互独立的并与总体 X 具有同的分布. 一般称为来自总体 X 的一个**简单随机样本**.

定义 8.1.3 设 X 是具有分布函数 F 的随机变量，若 $X_1,X_2,\cdots,X_n$ 是具有同一分布函数 F 的、相互独立的随机变量，则称 $X_1,X_2,\cdots,X_n$ 为从总体 X 中得到的容量为 n 的**简单随机样本**，简称**样本**.它们的观察值 $x_1,x_2,\cdots,x_n$ 为**样本值**，又称为 X 的 n 个独立的**观察值**.

特别要指出，样本是随机变量，但它具有二重性. 样本的所谓二重性是：一方面，由于样本是从总体中随机抽取的，抽取前无法预知它们的数值，因此，样本是随机变量，一般用大写字母 $X_1,X_2,\cdots,X_n$ 来表示；另一方面，样本在抽取以后经观测就有确定的观测值，因此，样本又是一组数值，一般就用小写字母 $x_1,x_2,\cdots,x_n$ 来表示.

由定义 8.1.3 可得，若 $X_1,X_2,\cdots,X_n$ 是总体 X 的一个样本，X 的分布函数为 $F(X)$，概率密度函数为 $f(x)$，则随机变量 $X_1,X_2,\cdots,X_n$ 的联合分布函数为：

$$F(X_1,X_2,\cdots,X_n)=\prod_{i=1}^{n}F(x_i) \tag{8.1.1}$$

随机变量 $(X_1,X_2,\cdots,X_n)$ 的联合概率密度函数为：

$$F(x_1,x_2,\cdots,x_n)=\prod_{i=1}^{n}F(x_i) \tag{8.1.2}$$

以后没有特殊声明，本书中的样本皆为简单随机样本.

8.2 统计量及其分布

8.2.1 统计量

样本是进行统计推断的依据，它含有总体各方面的信息，但这些信息常常较为分散，通常不能够直接用于解决我们所要研究的问题. 所以在实际应用中，人们需要从样本获得对总体更深入的认识，往往不是直接使用样本本身，而是需要对样本进行加工和计算，把样本中所包含的信息集中起来，针对不同问题构造出样本的适当函数，利用这些样本函数进行统计推断.

定义 8.2.1 设 $X_1,X_2,\cdots,X_n$ 是总体 X 的样本，样本函数 $g(X_1,X_2,\cdots,X_n)$ 是样本的实体函数，且不含有任何未知参数，则称这类样本函数 $g(X_1,X_2,\cdots,X_n)$ 为统计量. 若 $(x_1,x_2,\cdots,x_n)$ 是一组样本观测值，则称 $g(x_1,x_2,\cdots,x_n)$ 为统计量 $g(X_1,X_2,\cdots,X_n)$ 的观测值.

由于样本具有二重性，统计量作为样本的函数也具有二重性，即对一次具体的观测或试验，它们都是具体的数值，但当脱离开具体的某次观测或试验，样本是随机变量，因此统计量也是随机变量.

统计量是用来对总体分布参数进行估计或检验的，它包含了样本中有关参数的信息，在数理统计中，根据不同的目的构造了许多不同的统计量. 下面介绍几种常见的统计量.

设 $X_1, X_2, \cdots, X_n$ 是总体 X 的样本，则可定义统计量：

(1)样本均值

$$\overline{X}=\frac{1}{n}\sum_{i=1}^{n}X_i. \tag{8.2.1}$$

它的观测值记为 $\overline{x}=\frac{1}{n}\sum_{i=1}^{n}x_i$.

(2)样本方差

$$S^2=\frac{1}{n-1}\sum_{i=1}^{n}(X_i-\overline{X})^2=\frac{1}{n-1}\left(\sum_{i=1}^{n}X_i^2-n\overline{X}^2\right). \tag{8.2.2}$$

它的观测值记为 $s^2=\frac{1}{n-1}\sum_{i=1}^{n}(x_i-\overline{x})^2=\frac{1}{n-1}\left(\sum_{i=1}^{n}x_i^2-n\overline{x}^2\right)$.

(3)样本标准差

$$S=\sqrt{S^2}=\sqrt{\frac{1}{n-1}\sum_{i=1}^{n}(X_i-\overline{X})^2}. \tag{8.2.3}$$

它的观测值记为 $s=\sqrt{s^2}=\sqrt{\frac{1}{n-1}\sum_{i=1}^{n}(x_i-\overline{x})^2}$.

8.2.2 三个重要分布

在使用统计量进行统计推断时常需要知道它的分布. 当总体的分布函数已知时，抽样分布是确定的，然而要求出统计量的精确分布，一般是比较困难的. 本节介绍三个常用的重要统计量，它们是以标准正态变量为基石而构造的，加上正态分布本身，它们就构成了数理统计中的“四大抽样分布”，这四大分布在实际中有着广泛的应用，这是因为这四个统计量不仅有明确背景，而且其抽样分布的密度函数有明显表达式.为了后面的讨论，首先引进数理统计中占有重要地位的三大分布：χ^2 分布，t 分布和 F 分布.

1.χ^2 分布

定义 8.2.2 设 $X_1, X_2, \cdots, X_n$ 为独立同分布的随机变量，且都服从标准正态分布，则称统计量

$$Y=X_1^2+X_2^2+\cdots+X_n^2 \tag{8.2.4}$$

服从自由度为 n 的 χ^2 分布，记为 $Y\sim\chi^2(n)$. 定义中的自由度指的是 Y 中所包含的独立变量的个数.

$\chi^2(n)$分布的概率密度为

$$f(x)=\begin{cases}\dfrac{1}{2^{\frac{n}{2}}\Gamma(\frac{n}{2})}x^{\frac{n}{2}-1}e^{-\frac{x}{2}}, & x>0,\\ 0, & 其他.\end{cases} \tag{8.2.5}$$

其中伽玛函数 $\Gamma(x)=\int_0^{+\infty}e^{-t}t^{x-1}dt, x>0$，$\chi^2$ 分布的密度函数的图形是一个只取非负值的偏态分布，如图 8-1 所示.

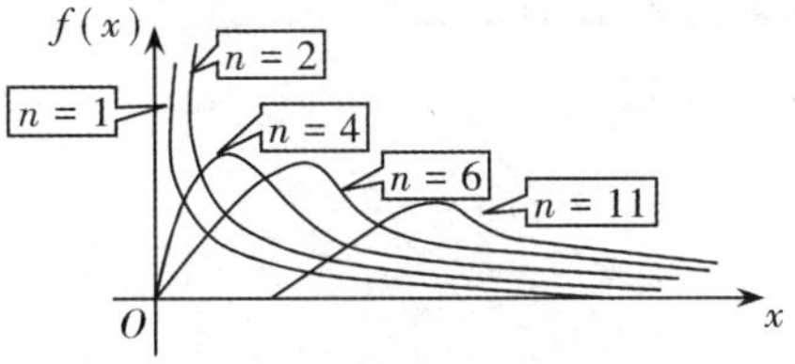

图 8-1　χ^2 分布的密度函数

χ^2 分布是由正态分布派生出来的一种分布.

χ^2 分布的数学期望与方差：

若 $Y\sim\chi^2(n)$，则有

$$E(\chi^2)=n, D(\chi^2)=2n. \tag{8.2.6}$$

2.t 分布

定义 8.2.3　设 $X\sim N(0,1)$，$Y\sim\chi^2(n)$，且 X，Y 独立，则称随机变量

$$t=\frac{X}{\sqrt{\frac{Y}{n}}} \tag{8.2.7}$$

服从自由度为 n 的 t 分布. 记为 $t\sim t(n)$.

$t(n)$分布的概率密度函数为：

$$t(x;n)=\frac{\Gamma(\frac{n+1}{2})}{\sqrt{\pi n}\,\Gamma(\frac{n}{2})}\left(1+\frac{x^2}{n}\right)^{-\frac{n+1}{2}}, -\infty<x<+\infty \tag{8.2.8}$$

t 分布的密度函数是一个关于 y 轴对称的分布图，它与标准正态分布的密度函数图形非常类似，只是峰比标准正态分布的密度函数低一些，尾部的概率比标准正态分布大一些. 其图形如下图 8-2 所示：

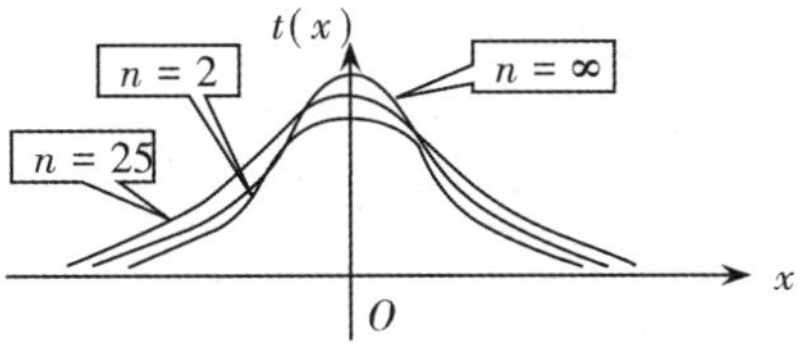

图 8-2　t 分布的密度函数

由图 8-2 可看出，t 分布的密度函数的图形确实与正态分布的密度函数图形非常相象，我们要指出的是，当 n 充分大时，t 分布可以近似看作是标准正态分布，即有

$$\lim_{n\to\infty} t(x;n)=\frac{1}{\sqrt{2\pi}}e^{-\frac{x^2}{2}}.$$

但当 n 较小时,t 分布与正态分布的差异是不能忽略的.

t 分布的数学期望与方差:

若 $t\sim t(n)$,则

当 $n=1$,t 分布即为标准柯西分布,其均值不存在;

当 $n>1$,t 分布的数学期望存在且 $E(t)=0$;

当 $n>2$,t 分布的方差存在且

$$D(t)=\frac{n}{n-2}. \tag{8.2.9}$$

3.F 分布

定义 8.2.4 设 $X\sim\chi^2(n_1)$,$Y\sim\chi^2(n_2)$,且 X,Y 独立,则称随机变量

$$F=\frac{\frac{X}{n_1}}{\frac{Y}{n_2}} \tag{8.2.10}$$

服从自由度为(n_1,n_2)的 F 分布,记为 $F\sim F(n_1,n_2)$.

$F(n_1,n_2)$的概率密度为

$$\varphi(x;n_1,n_2)=\begin{cases}\dfrac{\Gamma\left(\dfrac{n_1+n_2}{2}\right)\left(\dfrac{n_1}{n_2}\right)^{\frac{n_1}{2}}x^{\frac{n_1}{2}-1}}{\Gamma(n_1/2)\Gamma(n_2/2)\left[1+(n_1x/n_2)\right]^{(n_1+n_2)/2}}, & x>0,\\ 0, & x\leqslant 0.\end{cases} \tag{8.2.11}$$

F 分布的密度函数的图形与 χ^2 分布的密度函数的图形类似,是一个只取非负值的偏态分布,如图 8-3 所示.

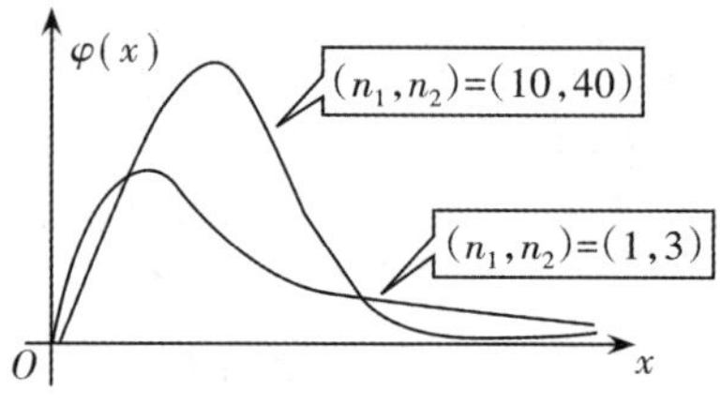

图 8-3 F 分布的密度函数

显然,由定义可知,若 $F\sim F(n_1,n_2)$,则

$$\frac{1}{F}\sim F(n_2,n_1). \tag{8.2.12}$$

8.2.3 抽样分布的分位点

下面我们再介绍一下抽样分布的分位点概念.

1.标准正态分布的上 α 分位点

定义 8.2.5　设 $X\sim N(0,1)$，对于任意给定的 $\alpha(0<\alpha<1)$，如果 u_α 满足条件

$$P(X>u_\alpha)=\int_{u_\alpha}^{+\infty}\varphi(x)\mathrm{d}x=\alpha \tag{8.2.13}$$

则称 u_α 为标准正态分布的上 α 分位点(或分位数)(如图 8-4 所示).

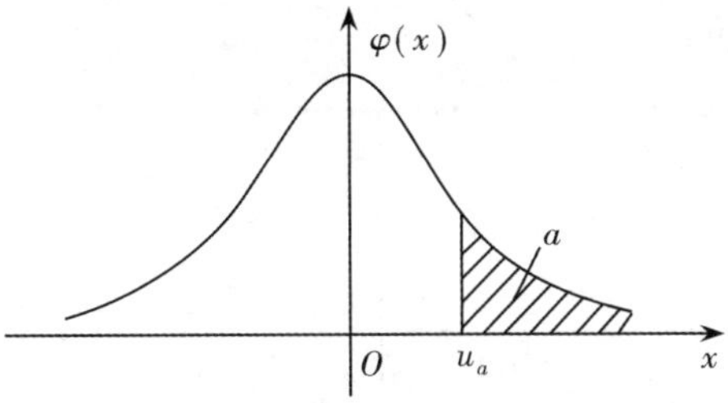

图 8-4　标准正态分布 $N(0,1)$的上 α 分位点

由上 α 分位点定义可知 $P\{X\leqslant u_\alpha\}=1-P\{X>u_\alpha\}=1-\alpha$，所以 $\varphi(u_\alpha)=1-\alpha$.

由图 8-4 可看出，

$$u_{1-\alpha}=-u_\alpha. \tag{8.2.14}$$

从正态分布的函数表求上 α 分位点的方法是:对于给定的 α，点 u_α 的值等于概率 $1-\alpha$ 所对应的 u 值. 例如,求 $u_{0.025}$ 的值.

因为 $\alpha=0.025,1-\alpha=0.975,u_{0.025}=u(1-\alpha)=u(0.975)$，由标准正态分布表可查得，$\varphi(1.96)=0.975$，所以 $u_{0.025}=1.96$.类似地，$u_{0.05}=1.645$.

2.χ^2 分布的上 α 分位点

定义 8.2.6　对于给定的 $\alpha(0<\alpha<1)$，若 $\chi_\alpha^2(n)$满足条件：

$$P(\chi^2>\chi^2(n)_\alpha)=\int_{\chi_\alpha^2(n)}^{\infty}f(x)\mathrm{d}x=\alpha \tag{8.2.15}$$

则称点 $\chi_\alpha^2(n)$为 χ^2 分布的上 α 分布点.

其图形如图 8-5 所示：

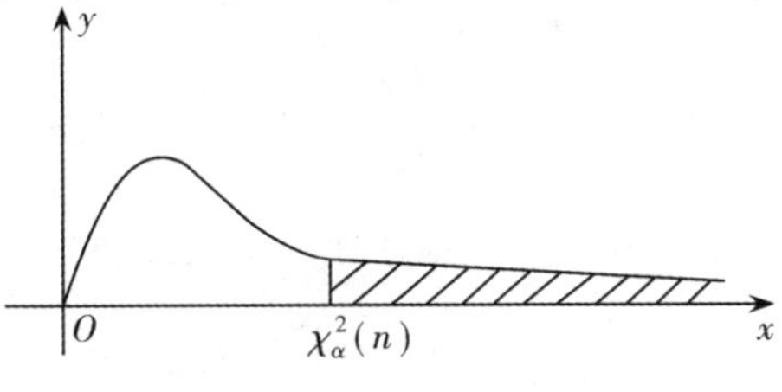

图 8-5 χ^2 分布的上 α 分位点

对于不同的 α 与 n 上 α 分布点 $\chi_\alpha^2(n)$的值可以通过查表得到.

例如　$\chi_{0.1}^2(25)=34.382\Leftrightarrow P(\chi^2(25)>34.382)=0.1$；

$\chi_{0.95}^2(10)=18.31\Leftrightarrow P(\chi^2(10)>18.31)=0.95$.

3.t 分布的上 α 分位点

定义 8.2.7 对于给定的 $\alpha(0<\alpha<1)$，若点 $t_\alpha(n)$ 满足条件：

$$P(t>t_\alpha(n))=\int_{t_\alpha(n)}^{+\infty} f(t)\mathrm{d}t=\alpha. \tag{8.2.16}$$

则称点 $t_\alpha(n)$ 为 t 分布的上 α 分位点.

其图形如图 8-6 所示：

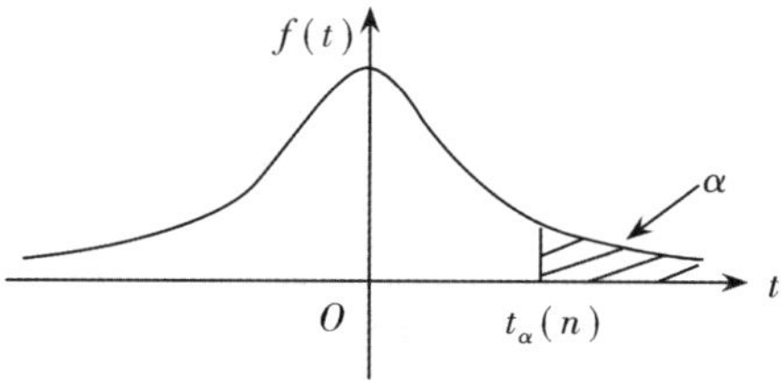

图 8-6 **分布的上 α 分位点**

由图 8-6 及 t 分布的上 α 分位点的定义，可得到 t 分布的对称性：

$$t_{1-\alpha}(n)=-t_\alpha(n). \tag{8.2.17}$$

对于不同的 α 与 n，上 α 分位点 $t_\alpha(n)$ 的值可以通过查表得到.

例如 $t_{0.1}(25)=1.3163 \Leftrightarrow P(t(25)>1.3163)=0.1$；

$t_{0.95}(10)=-t_{0.05}(10)=-1.8125 \Leftrightarrow P(t(10)>-1.8125)=0.95$.

4.F 分布的分位点：

定义 8.2.8 对于给定的 $\alpha(0<\alpha<1)$，若点 $F_\alpha(n_1,n_2)$ 满足条件：

$$P(F>F_\alpha(n_1,n_2))=\int_{F_\alpha(n_1,n_2)}^{\infty} \varphi(x)\mathrm{d}x=\alpha. \tag{8.2.18}$$

则称点 $F_\alpha(n_1,n_2)$ 为 F 分布的上 α 分布点.

其图形如图 8-7 所示：

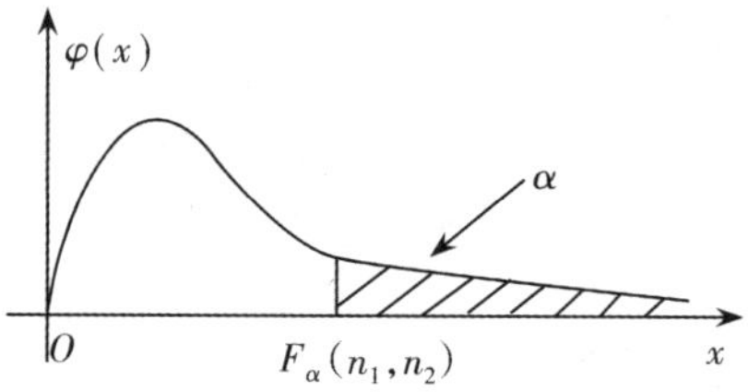

图 8-7 F **分布的上 α 分位点**

对于不同的 α 与 n，上 α 分位点 $F_\alpha(n_1,n_2)$ 的值可以通过查表得到.

8.2.4 正态总体的抽样分布

对于正态总体，关于样本均值和样本方差以及某些重要统计量的抽样分布具有非常完善的理论成果，它们为讨论参数评估和假设检验奠定了坚实的基础. 我们将这些内容归纳成下面的定理.

定理 8.2.1　设 $X_1, X_2, \cdots, X_n$ 是来自正态总体 $X \sim N(\mu, \sigma^2)$ 的样本，则

(1) $\overline{X} \sim N(\mu, \frac{\sigma^2}{n})$；　　(2) $\frac{(n-1)S^2}{\sigma^2} \sim \chi^2(n-1)$；

(3) $\overline{X}$ 与 S^2 相互独立；　　(4) $\frac{\sqrt{n}(\overline{X}-\mu)}{S} \sim t(n-1)$.

这里 $\overline{X}$ 为样本均值，S^2 为样本方差，即

$$\overline{X} = \frac{1}{n}\sum_{i=1}^{n} X_i, S^2 = \frac{1}{n-1}\sum_{i=1}^{n}(X_i - \overline{X})^2.$$

本节所介绍的几个分布以及几个重要结论，在下面各章中都起着重要的作用. 应注意，它们都是在总体为正态分布这一基本假定下得到的.

习题 8.2

1.设总体 X 服从 $N(\mu, \sigma^2)$ 分布，μ, σ^2 是已知常数，$X_1, X_2, \cdots, X_n$ 是来自总体 X 的一个简单随机样本，证明：统计量 $\chi^2 = \frac{1}{\sigma^2}\sum_{i=1}^{n}(X_i - \mu)^2$ 服从自由度为 n 的 χ^2 分布.

2.已知 $X \sim t(n)$，求证 $X^2 \sim F(1, n)$.

3.设 $T \sim t(10)$，求常数 c，使 $P(T > c) = 0.95$.

4.总体 X 服从正态分布 $N(0, 4)$，$X_1, X_2, \cdots, X_n$ 是来自总体 X 的一个样本，则随机变量 $Y = \frac{X_1^2 + X_2^2 + \cdots + X_{10}^2}{2(X_{11}^2 + X_{12}^2 + \cdots + X_{15}^2)}$ 服从什么分布?

8.3　参数的点估计及评价标准

数理统计的基本问题就是根据样本所提供的信息，对总体的分布或分布的数字特征等做出统计推断.即在总体所服从的分布类型已知的条件下，估计某些未知的参数，如数学期望、方差等.这类问题称为**参数估计**.参数估计的方式有两种，一种是参数的值估计，另一种是参数的范围估计. 本节主要介绍参数值的点估计.

定义 8.3.1　设 θ 为总体 X 的待估计参数，用样本 $X_1, X_2, \cdots, X_n$ 的一个统计量 $\hat{\theta} = \hat{\theta}(X_1, X_2, \cdots, X_n)$ 来估计 θ，则称 $\hat{\theta}(X_1, X_2, \cdots, X_n)$ 是 θ 的一个**点估计量**，对应于样本观测值 $x_1, x_2, \cdots, x_n$，称 $\hat{\theta}(x_1, x_2, \cdots, x_n)$ 为 θ 的**点估计值**.

在不至于混淆的情况下，统称估计量和估计值为估计.

那么，如何构造一个统计量 $\hat{\theta}(X_1, X_2, \cdots, X_n)$ 作为 θ 的估计量呢？对于点估计问题，关键是找一个合适的统计量.这里只介绍两种常用的点估计方法：矩估计法和极大似然估计法.

8.3.1 矩估计法

矩估计是一种简单且直观的估计方法,是由统计学家皮尔逊在19世纪末引进的.

设总体 X 的一阶原点矩(总体均值)为 $\mu = EX$,二阶中心距(总体方差)为 $\sigma^2 = DX$.记 $(X_1, X_2, \cdots, X_n)$ 为样本.于是有:

1.用样本的一阶原点矩(样本均值)$\overline{X}$ 作为 μ 的估计,即

$$\hat{\mu} = \overline{X} = \frac{1}{n}\sum_{i=1}^{n} X_i. \tag{8.3.1}$$

2.用样本的二阶原点矩(样本方差)S^2 作为 σ^2 的估计,即

$$\hat{\sigma}^2 = S^2 = \frac{1}{n}\sum_{i=1}^{n} (X_i - \overline{X})^2. \tag{8.3.2}$$

对于总体方差 σ^2,有时也可用样本修正方差 S^{*2} 作为它的估计,即

$$\hat{\sigma}^2 = S^{*2} = \frac{1}{n-1}\sum_{i=1}^{n} (X_i - \overline{X})^2. \tag{8.3.3}$$

例 8.3.1 设总体 X 具有概率密度 $f_X(x) = \begin{cases} \dfrac{2}{\theta^2}(\theta - x), & 0 < x < \theta, \\ 0 & ,\text{其他}, \end{cases}$ 参数 θ 未知, $X_1, X_2, \cdots, X_n$ 是来自 X 的样本,求 θ 的矩法估计量.

解 总体 X 的数学期望为

$$E(X) = \int_0^{\theta} \frac{2x}{\theta^2}(\theta - x)\mathrm{d}x = \frac{\theta}{3},$$

由(8.3.1)式,令 $E(X) = \frac{1}{n}\sum_{i=1}^{n} X_i = \overline{X}$ 可得 θ 的矩法估计量为 $\hat{\theta} = 3\overline{X}$.

例 8.3.2 设总体 $X \sim B(m, p)$,其中 m 已知. 求 p 的矩估计量.

解 由二项分布的性质可知

$$E(X) = mp,$$

设 $X_1, X_2, \cdots, X_n$ 为总体 X 的样本,根据(8.3.1)式可得

$$E(X) = mp = \frac{1}{n}\sum_{i=1}^{n} X_i = \overline{X}.$$

解方程得 p 的矩估计量为 $\hat{p} = \dfrac{\overline{X}}{m}$.

8.3.2 极大似然估计法

在随机试验中,许多事件都有可能发生,概率大的事件发生的可能性也大,若在一次试验中,某事件 A 发生了,则有理由认为事件 A 比其他事件发生的概率大,这就是所谓的极大似然原理,极大似然估计法就是依据这一原理得到的一种参数估计方法.

下面先介绍似然函数的概念.

定义 8.3.2　设总体 X 的分布律或概率密度为 $f(x;\theta)$，$\theta=(\theta_1,\theta_2,\cdots,\theta_k)$ 是未知参数，$X_1,X_2,\cdots,X_n$ 是总体 X 的样本，则称 $X_1,X_2,\cdots,X_n$ 的联合分布律或概率密度函数

$$L(x_1,x_2,\cdots,x_n;\theta)=\prod_{i=1}^{n} f(x_i;\theta). \tag{8.3.4}$$

为样本的似然函数，简记为 $L(\theta)$.

注　(1)当总体 X 为离散型随机变量时，$f(x;\theta)$ 为 X 的分布律 $P(x;\theta)$；

(2)当总体 X 为连续型随机变量时，$f(x;\theta)$ 为 X 的概率密度.

下面结合例子来介绍极大似然估计法的基本思想.

例 8.3.3　设在一个箱子中装有若干个白色和黄色乒乓球，且已知两种球的数目之比为 1∶3，但不知是白球多还是黄球多. 现从中有放回地任取 3 个球，发现有两个白球. 问：白球所占的比例是多少？

解　设白球所占的比例为 p，则 $p=\frac{1}{4}$或$\frac{3}{4}$. 又设 X 为任取 3 个球中所含白球的个数，则 $X\sim B(3,p)$，所以

$$P(X=2)=C_3^2p^2(1-p)=3p^2(1-p).$$

于是，当 $p=\frac{1}{4}$时，$P(X=2)=\frac{9}{64}$；当 $p=\frac{3}{4}$时，$P(X=2)=\frac{27}{64}$.

因为$\frac{9}{64}<\frac{27}{64}$，这就意味着使$\{X=2\}$的样本来自 $p=\frac{3}{4}$的总体比来自 $p=\frac{1}{4}$的总体的可能性要大，因而取$\frac{3}{4}$作为 p 的估计值比取$\frac{1}{4}$作为 p 的估计值更合理，故我们认为白球所占的比例是$\frac{3}{4}$.

上例中选取 p 的估计值 $\hat{p}$ 的原则是：对每个样本观测值，选取 $\hat{p}$ 使得样本观测值出现的概率最大. 这种选择使得概率最大的那个 $\hat{p}$ 作为参数 p 的估计的方法，就是极大似然估计法.这种方法的基本思想是利用"概率最大的事件最可能出现"这一直观想法. 为此引入下面的定义.

定义 8.3.3　如果样本似然函数 $L(\theta_1,\theta_2,\cdots,\theta_k)$在 $\theta_i(x_1,x_2,\cdots,x_n)$ $(i=1,2,\cdots,k)$ 处达到最大值，则称 $\hat{\theta}_i(x_1,x_2,\cdots,x_n)(i=1,2,\cdots,k)$为参数 θ_i 的极大似然估计值，而称相应的统计量 $\hat{\theta}_i(X_1,X_2,\cdots,X_n)$为参数 θ_i 的极大似然估计量.

由定义可知，求参数的极大似然估计问题，其实就是求似然函数 L 的最大值问题. 因此，求极大似然估计量的一般步骤：

(1)根据总体 X 的分布律或概率密度 $f(x;\theta)$，由(8.3.4)式得出似然函数

$$L(\theta)=\prod_{i=1}^{n} f(x_i;\theta);$$

(2)对似然函数取对数

$$\ln L(\theta)=\sum_{i=1}^{n}\ln f(x_i;\theta)\ ; \tag{8.3.5}$$

(3)写出似然方程

$$\frac{\mathrm{d}L(\theta)}{\mathrm{d}\theta}=0. \tag{8.3.6}$$

若方程有解，则求出 $L(\theta)$ 的最大值点 $\theta=\hat{\theta}(x_1,x_2,\cdots,x_k)$，于是 $\hat{\theta}=\hat{\theta}(X_1,X_2,\cdots,X_n)$ 即为 θ 的极大似然估计量. 设 $x_1,x_2,\cdots,x_n$ 为样本的观测值，则 $\hat{\theta}(x_1,x_2,\cdots,x_n)$ 为 θ 的极大似然估计值.

例 8.3.4 设 $X_1,X_2,\cdots,X_n$ 是总体 X 的一个样本，$x_1,x_2,\cdots,x_n$ 为一相应的样本值. 总体 X 的概率密度函数为 $f(x)=\begin{cases}\frac{x}{\theta^2}\mathrm{e}^{-\frac{x}{\theta}}, & x>0,\\ 0, & 其他,\end{cases}$ $0<\theta<\infty$，求参数 θ 的极大似然估计量和估计值.

解 (1)样本的似然函数为

$$L(\theta)=\prod_{i=1}^{n}\left[\frac{x_i}{\theta^2}\mathrm{e}^{-\frac{x_i}{\theta}}\right];$$

(2)对似然函数取对数得

$$\ln L(\theta)=\sum_{i=1}^{n}\ln\frac{x_i}{\theta^2}\mathrm{e}^{-\frac{x_i}{\theta}}=\sum_{i=1}^{n}\ln x_i-2n\ln\theta-\sum_{i=1}^{n}\frac{x_i}{\theta};$$

(3)似然方程为

$$\frac{\mathrm{d}}{\mathrm{d}\theta}[\ln L(\theta)]=-\frac{2n}{\theta}+\frac{1}{\theta^2}\sum_{i=1}^{n}x_i=0;$$

解得

$$\hat{\theta}=\frac{1}{2n}\sum_{i=1}^{n}x_i=\frac{\bar{x}}{2}.$$

相应的极大似然估计量为 $\hat{\theta}=\dfrac{\overline{X}}{2}$.

例 8.3.5 设总体 X 服从参数为 λ 的泊松分布，$x_1,x_2,\cdots,x_n$ 为一样本取值，求参数 λ 的极大似然估计.

解 似然函数为

$$L(\lambda)=\prod_{i=1}^{n}P(X_i=x_i)=\prod_{i=1}^{n}\left(\frac{\lambda^{x_i}}{x_i!}\mathrm{e}^{-\lambda}\right)=\frac{\lambda^{\sum\limits_{i=1}^{n}x_i}}{\prod\limits_{i=1}^{n}(x_i!)}\mathrm{e}^{-n\lambda},$$

取对数得

$$\ln[L(\lambda)]=\left(\sum_{i=1}^{n}x_i\right)\ln\lambda-n\lambda-\sum_{i=1}^{n}\ln(x_i!),$$

故似然方程为

$$\frac{\mathrm{d}}{\mathrm{d}\lambda}[\ln L(\lambda)] = \frac{1}{\lambda}\sum_{i=1}^{n} x_i - n = 0,$$

解得 λ 的极大似然估计值为

$$\hat{\lambda} = \frac{1}{n}\sum_{i=1}^{n} x_i = \overline{x}.$$

极大似然估计量为

$$\hat{\lambda} = \overline{X}.$$

8.3.3　估计量的评价标准

对于总体 X 的同一参数，用不同的估计方法求出的估计量可能不相同，而且即使用相同的方法也可能得到不同的估计量. 原则上来说，任何统计量都可以作为未知参数的估计量. 那么到底采用哪个估计量较好呢？确定估计量好坏必须在大量观察的基础上从统计的意义来评价. 也就是说，估计量的好坏取决于估计量的统计性质. 设总体未知参数 θ 的估计量为 $\hat{\theta} = \hat{\theta}(X_1, X_2, \cdots, X_n)$，我们认为一个“好”的估计量应该用**无偏性**、**有效性**、**一致性**的标准来衡量. 下面就这三条性质分别予以介绍.

1.无偏性

由于 $\hat{\theta}$ 是随机变量，它有一定的波动性，因此只能在统计的意义上要求 $\hat{\theta}$ 的平均值离 θ 的真值越近越好，最好是能满足所有加权和为零，即没有系统误差，公式为 $E(\hat{\theta}) = \theta$，这就是无偏性的要求. 为此，引入了如下无偏性的概念：

定义 8.3.4　设 $\hat{\theta} = \hat{\theta}(X_1, X_2, \cdots, X_n)$ 是未知参数 θ 的估计量. 若

$$E(\hat{\theta}) = \theta, \tag{8.3.7}$$

则称 $\hat{\theta} = \hat{\theta}(X_1, X_2, \cdots, X_n)$ 是 θ 的无偏估计量.

我们并称 $E(\hat{\theta}) - \theta$ 为估计量 $\hat{\theta}(X_1, X_2, \cdots, X_n)$ 的**系统误差**. 有系统误差的估计称为有偏估计. 因此，无偏估计的实际意义就是无系统误差. 显然，样本均值 $\overline{X}$、样本方差 S^2 分别是总体均值 μ、总体方差 σ^2 的无偏估计.

例 8.3.6　设 $X_1, X_2, \cdots, X_n$.来自有限数学期望 μ 和方差 σ^2 的总体. 证明：

(1) $\hat{\mu} = \overline{X} = \frac{1}{n}\sum_{i=1}^{n} X_i$ 是总体均值 μ 的无偏估计量；

(2) $\sigma^2 = S^2 = \frac{1}{n-1}\sum_{i=1}^{n}(X_i - \overline{X})^2$ 是总体方差 σ^2 的无偏估计量；

证　(1) 由于 $E(X_i) = \mu (i = 1, 2, \cdots, n)$，因此

$$E(\hat{\mu}) = E(\overline{X}) = \frac{1}{n}E(\sum_{i=1}^{n} X_i) = \frac{1}{n}\sum_{i=1}^{n} E(X_i) = \mu.$$

由无偏估计量的定义可知，$\hat{\mu} = \overline{X}$ 是 μ 的无偏估计量.

(2)由于 $D(X_i)=\sigma^2, D(\overline{X})=\frac{\sigma^2}{n}$,所以

$$E(X_i^2)=D(X_i)+[E(X_i)]^2=\sigma^2+\mu^2(i=1,2,\cdots,n);$$

$$E(\overline{X}^2)=D(\overline{X})+[E(\overline{X})]^2=\frac{\sigma^2}{n}+\mu^2.$$

因此

$$\begin{aligned}E(\hat{\sigma}^2)=E(S^2)&=\frac{1}{n-1}E(\sum_{i=1}^{n}X_i^2-n\overline{X}^2)\\&=\frac{1}{n-1}\left[\sum_{i=1}^{n}E(X_i^2)-nE(\overline{X}^2)\right]\\&=\frac{1}{n-1}\left[n(\sigma^2+\mu^2)-n(\frac{\sigma^2}{n}+\mu^2)\right]\\&=\frac{1}{n-1}(n\sigma^2-n\frac{\sigma^2}{n})\\&=\sigma^2.\end{aligned}$$

由无偏估计量的定义可知,$\hat{\sigma}^2=S^2$ 是 σ^2 的无偏估计量.

2.有效性

无偏性只对估计量波动的平均值提出了要求,但是对波动的"振幅"(即估计量的方差)没有提出进一步的要求. 当然,我们希望估计量方差尽可能的小. 这就是无偏估计量的有效性要求. 为此,引入了如下有效性的概念:

定义 8.3.5 设 $\hat{\theta}_1(X_1,X_2,\cdots,X_n)$ 和 $\hat{\theta}_2(X_1,X_2,\cdots,X_n)$ 均是未知参数 θ 的无偏估计量. 若

$$D(\hat{\theta}_1)<D(\hat{\theta}_2). \tag{8.3.8}$$

则称 $\hat{\theta}_1$ 比 $\hat{\theta}_2$ 有效.

由有效性的定义容易看出,在 θ 的无偏估计量中,方差越小者越有效.

例 8.3.7 设 X_1,X_2 来自具有有限数学期望 μ 和方差 σ^2 的总体,μ_1,μ_2,μ_3 皆为 μ 的估计量,试问:以下哪个估计量较好?

(1)$\mu_1=\frac{1}{2}X_1+\frac{1}{2}X_2$;

(2)$\mu_2=\frac{1}{3}X_1+\frac{2}{3}X_2$;

(3)$\mu_3=\frac{1}{4}X_1+\frac{3}{4}X_2$.

解 $E(\mu_1)=E(\frac{1}{2}X_1+\frac{1}{2}X_2)=\frac{1}{2}E(X_1)+\frac{1}{2}E(X_2)=\frac{1}{2}\mu+\frac{1}{2}\mu=\mu$;

$E(\mu_2)=E(\frac{1}{3}X_1+\frac{2}{3}X_2)=\frac{1}{3}E(X_1)+\frac{2}{3}E(X_2)=\frac{1}{3}\mu+\frac{2}{3}\mu=\mu$;

$$E(\mu_3)=E(\frac{1}{4}X_1+\frac{3}{4}X_2)=\frac{1}{4}E(X_1)+\frac{3}{4}E(X_2)=\frac{1}{4}\mu+\frac{3}{4}\mu=\mu.$$

因为估计量 μ_1,μ_2,μ_3 都为 μ 的无偏估计，故比较 μ_1,μ_2,μ_3 的方差：

$$D(\mu_1)=D(\frac{1}{2}X_1+\frac{1}{2}X_2)=\frac{1}{4}D(X_1)+\frac{1}{4}D(X_2)=\frac{1}{2}D(X)=\frac{1}{2}\sigma^2;$$

$$D(\mu_2)=D(\frac{1}{3}X_1+\frac{2}{3}X_2)=\frac{1}{9}D(X_1)+\frac{4}{9}D(X_2)=\frac{5}{9}D(X)=\frac{5}{9}\sigma^2;$$

$$D(\mu_3)=D(\frac{1}{4}X_1+\frac{3}{4}X_2)=\frac{1}{16}D(X_1)+\frac{9}{16}D(X_2)=\frac{5}{8}D(X)=\frac{5}{5}\sigma^2.$$

由于 $D(\mu_1)<D(\mu_2)<D(\mu_3)$ 根据有效性的定义可知，估计量 μ_1 比较有效.

3.一致性

当样本容量越来越大时，$\hat{\theta}$ 靠近 θ 的真值的可能性也应该越来越大，最好是当样本容量趋于无穷时，$\hat{\theta}$ 在概率的意义上收敛于 θ 的真值. 这就是一致性的要求. 为此，引入了如下一致性的概念：

定义 8.3.6　设 $\hat{\theta}$ 是未知参数 θ 的估计量. 若对 $\forall\varepsilon>0$，有

$$\lim_{n\to\infty}P(|\hat{\theta}-\theta|<\varepsilon)=1 \tag{8.3.9}$$

恒成立，则称 $\hat{\theta}$ 是 θ 的**一致估计量**.

估计量的一致性是对于极限性质而言的，它只在样本容量 n 较大时才起作用.

对于上述三个评价“好”的估计量的标准，在实际问题中难以同时兼顾. 无偏性在直观上比较合理，但并不是每个参数都有无偏估计量.而有效性又要建立在无偏估计量的前提下；用一致性评价估计量好坏时要求样本容量适当地大，它的优越性才明显. 因此，应该根据实际情况合理地选择评价标准.

习题 8.3

1.设总体 X 具有分布律，如下表.

X	0	1	2
P	θ^2	$2\theta(1-\theta)$	$(1-\theta)^2$

其中 $\theta(0<\theta<1)$ 为未知参数. 已知取得了样本值 $x_1=1,x_2=2,x_3=1$. 试求 θ 的矩估计值和极大似然估计值.

2.设总体 X 具有概率密度 $f(x)=\begin{cases}(\theta+1)x^{\theta}, & 0<x<1,\\ 0, & 其他,\end{cases}(\theta>-1)$.

(1)求 θ 的矩估计；(2)求 θ 的极大似然估计.

3.设 X_1,X_2,X_3，为总体 $X\sim N(\mu,\sigma^2)$ 的样本，证明 $\hat{\mu}_1=\frac{1}{6}X_1+\frac{1}{3}X_2+\frac{1}{2}X_3$，

$\hat{\mu}_2=\frac{2}{5}X_1+\frac{1}{5}X_2+\frac{2}{5}X_3$都是总体均值 μ 的无偏估计，并进一步判断哪一个估计较有效.

8.4 区间估计

由参数的点估计可知，可以用样本的均值与方差来估计总体的均值与方差. 但是有时对总体参数估计不满足于只是一个具体值，而是要估计总体参数落入某一区域，以及参数落入这一区域的概率. 这样的区域通常用区间的形式给出，同时给出此区间包含参数真实值的概率，这种形式的估计称为区间估计.

8.4.1 区间估计的概念

定义 8.4.1 设总体 X 的分布函数是 $F(x;\theta)$，其中 θ 是未知参数. 给定 $\alpha(0<\alpha<1)$，若由样本 $X_1,X_2,\cdots,X_n$ 确定的两个统计量 $\hat{\theta}_1(X_1,X_2,\cdots,X_n)$ 和 $\hat{\theta}_2(X_1,X_2,\cdots,X_n)$ 满足 $p(\hat{\theta}_1<\theta<\hat{\theta}_2)=1-\alpha$，则称随机区间$(\hat{\theta}_1,\hat{\theta}_2)$是参数 θ 的置信度为 $1-\alpha$ 的置信区间. 其中 $\hat{\theta}_1$ 和 $\hat{\theta}_2$ 称为置信度为 $1-\alpha$ 的双侧置信区间的置信下限和置信上限，$1-\alpha$ 称为置信度.

α 是事前给定的一个比较小的正数，它是指参数估计不准的概率，即参数 θ 未被区间$(\hat{\theta}_1,\hat{\theta}_2)$涵盖的概率，一般取 $\alpha=0.05$ 或 $\alpha=0.01$.

例如，设参数 θ 满足条件 $P(35.72<\theta<53.47)=96\%$，则参数 θ 的置信度为 96% 的置信区间为$(35.72,53.47)$，其中置信下限 $\hat{\theta}_1=35.72$，置信上限 $\hat{\theta}_2=53.47$.

对于给定的置信度，根据样本来确定未知参数 θ 的置信区间，称为参数 θ 的区间估计.

8.4.2 正态总体均值与方差的区间估计

由于服从正态分布的总体广泛存在，而且很多统计量的极限分布是正态分布，因此，下面专门介绍正态总体 $N(\mu,\sigma^2)$中的参数 μ 和 σ^2 的区间估计.

设总体 $X\sim N(\mu,\sigma^2)$，$X_1,X_2,\cdots,X_n$ 是正态总体 X 的样本.

1.正态总体均值 μ 的区间估计

(1)σ^2 已知时 μ 的置信区间

根据统计量的抽样分布定理知

$$U=\frac{\overline{X}-\mu}{\sigma/\sqrt{n}}\sim N(0,1). \tag{8.4.1}$$

因方差 σ^2 已知，于是，对给定置信度 $1-\alpha$ 必存在 $\mu_{\alpha/2}$ 使

$$P\left(\left|\frac{\overline{X}-\mu}{\sigma/\sqrt{n}}\right|<\mu_{\alpha/2}\right)=1-\alpha,$$

将上式括号内的不等式作等价变换得

$$P\left(\overline{X}-\mu_{\alpha/2}\frac{\sigma}{\sqrt{n}}<\mu<\overline{X}+\mu_{\alpha/2}\frac{\sigma}{\sqrt{n}}\right)=1-\alpha,$$

即得 μ 的置信区间

$$\left(\overline{X}-\mu_{\alpha/2}\frac{\sigma}{\sqrt{n}},\overline{X}+\mu_{\alpha/2}\frac{\sigma}{\sqrt{n}}\right). \tag{8.4.2}$$

例 8.4.1　现随机地从一批服从正态分布 $N(\mu,0.02^2)$ 的零件中抽取 16 个，分别测得其长度(单位：cm)如下：

2. 14，2. 10，2. 13，2. 15，2. 13，2. 12，2. 13，2. 10，

2. 15，2. 12，2. 14，2. 10，2. 13，2. 11，2. 14，2. 11.

估计该批零件的平均长度 μ，并求 μ 的置信度为 95%的置信区间.

解　根据矩估计法得 μ 的矩估计值为

$$\hat{\mu}=\overline{X}=\frac{2.14+\cdots+2.11}{16}=2.125.$$

由题意，$\alpha=0.05$，查正态分布表得相应的上侧分位点 $u_{\alpha/2}=u_{0.025}=1.96$. 又 $\sigma=0.02$，$n=16$，所以

$$\overline{X}-u_{\alpha/2}\frac{\sigma}{\sqrt{n}}=2.125-1.96\times\frac{0.02}{4}=2.115,$$

$$\overline{X}+u_{\alpha/2}\frac{\sigma}{\sqrt{n}}=2.125+1.96\times\frac{0.02}{4}=2.135.$$

故由(8.4.2)式可得 μ 的置信度为 95% 的置信区间为(2.115，2.135).

(2) σ^2 未知时 μ 的置信区间

由于方差 σ^2 未知，所以不能再像方差已知一样，用 U 的分布导出 μ 的区间估计. 根据统计量的抽样分布定理知

$$T=\frac{(\overline{X}-\mu)}{S/\sqrt{n}}\sim t(n-1). \tag{8.4.3}$$

于是，利用 T 的分布可导出方差 σ^2 未知时正态总体的区间估计，给定置信度 $1-\alpha$，则必存在 $t_{\alpha/2}(n-1)$ 使

$$P\left(\left|\frac{(\overline{X}-\mu)}{S/\sqrt{n}}\right|<t_{\alpha/2}(n-1)\right)=1-\alpha.$$

对上式作等价变换得

$$\left(\overline{X}-t_{\alpha/2}(n-1)\frac{S}{\sqrt{n}}<\mu<\overline{X}+t_{\alpha/2}(n-1)\frac{S}{\sqrt{n}}\right)=1-\alpha.$$

因此，μ 的置信区间为

$$\left(\overline{X}-t_{\alpha/2}(n-1)\frac{S}{\sqrt{n}},\overline{X}+t_{\alpha/2}(n-1)\frac{S}{\sqrt{n}}\right). \tag{8.4.4}$$

例 8.4.2 从一批零件中抽取 16 个零件，测得它们的直径(单位：mm)如下：

12.15，12.12，12.01，12.08，12.09，12.16，12.03，12.01，

12.06，12.13，12.07，12.11，12.08，12.01，12.03，12.06.

设这批零件的直径服从正态分布 $N(\mu,\sigma^2)$. 求零件直径的均值 μ 对应于置信度为 0.95 的置信区间.

解 因为 σ^2 未知，因此由(8.4.4)式可知，μ 的置信度为 $1-\alpha$ 的置信区间为

$$\left(\overline{X}-t_{\alpha/2}(n-1)\frac{S}{\sqrt{n}},\overline{X}+t_{\alpha/2}(n-1)\frac{S}{\sqrt{n}}\right).$$

由题设给定的样本值可得

$$n=16,\overline{X}=12.075,S^2=0.00244.$$

当置信度 $1-\alpha=0.95$ 时，$\alpha=0.05$，查 t 分布表得 $t_{\alpha/2}(n-1)=t_{0.025}(15)=2.13$，所以

$$\overline{X}-t_{\alpha/2}(n-1)\frac{S}{\sqrt{n}}=12.075-2.13\,\frac{\sqrt{0.00244}}{4}=12.049,$$

$$\overline{X}+t_{\alpha/2}(n-1)\frac{S}{\sqrt{n}}=12.075+2.13\,\frac{\sqrt{0.00244}}{4}=12.101,$$

故所求的置信区间为(12.049，12.101).

2.正态总体方差 α 的区间估计

在 μ 未知的情况下，可以用 X 作为 μ 的估计量，并用 $(n-1)S^2$ 代替 $\sum\limits_{i=1}^{n}(X_i-\mu)^2$，根据统计量的抽样分布定理知

$$\chi^2=\frac{(n-1)S^2}{\sigma^2}\sim\chi^2(n-1). \tag{8.4.5}$$

同 μ 已知的一样，给定置信度 $1-\alpha$，可在 χ^2 分布表中查得自由度为 $n-1$ 的上侧分位点 $\chi^2_{\alpha/2}(n-1)$，$\chi^2_{1-\alpha/2}(n-1)$ 使

$$P\left(\frac{(n-1)S^2}{\sigma^2}\geqslant\chi^2_{\alpha/2}(n-1)\right)=\frac{\alpha}{2},$$

$$P\left(\frac{(n-1)S^2}{\sigma^2}\leqslant\chi^2_{1-\alpha/2}(n-1)\right)=\frac{\alpha}{2}.$$

于是有

$$P\left(\chi^2_{1-\alpha/2}(n-1)<\frac{(n-1)S^2}{\sigma^2}<\chi^2_{\alpha/2}(n-1)\right)=1-\alpha.$$

将上式作等价变换得

$$P\left(\frac{(n-1)S^2}{\chi^2_{\alpha/2}(n-1)}<\sigma^2<\frac{(n-1)S^2}{\chi^2_{1-\alpha/2}(n-1)}\right)=1-\alpha.$$

因此，正态总体在 μ 未知时方差 σ^2 的置信度为 $1-\alpha$ 的置信区间为

$$P\left(\frac{(n-1)S^2}{\chi^2_{\alpha/2}(n-1)},\frac{(n-1)S^2}{\chi^2_{1-\alpha/2}(n-1)}\right),\tag{8.4.6}$$

而标准差 σ 的置信度为 $1-\alpha$ 的置信区间为

$$\left(\sqrt{\frac{(n-1)S}{\chi^2_{\alpha/2}(n-1)}},\sqrt{\frac{(n-1)S}{\chi^2_{\alpha/2}(n-1)}}\right).\tag{8.4.7}$$

例 8.4.3 从某厂生产的滚珠中随机抽取 10 个，测得滚珠的直径(单位:mm)如下：

14. 6,15. 0,14. 7,15. 1,14. 9,14. 8,15. 0,15. 1,15. 2,14. 8,

若滚珠直径服从正态分布 $N(\mu,\sigma^2)$ 且 μ 未知，求滚珠直径方差 σ^2 的置信水平为 95%的置信区间.

解 计算样本方差 $S^2=0.0373$；

给定的置信水平 $1-\alpha=0.95$，可得 $\alpha=0.05$；自由度 $n-1=10-1=9$.

查 χ^2 分布表得

$$\chi^2_{0.095}=(9)=2.70,\chi^2_{0.025}(9)=19.0.$$

所以，由(8.4.7)式求得滚珠直径方差 σ^2 置信区间为 $\left(\frac{9\times0.0373}{19.0},\frac{9\times0.0373}{2.70}\right)$ 即 $(0.0177,0.1243)(\text{mm}^2)$.

习题 8.4

1.设电子元件的寿命服从正态分布 $N(\mu,\sigma^2)$，抽样检查 10 个元件，得到样本均值 $\bar{x}=1200(\text{h})$，样本标准差 $s=14(\text{h})$，求：

(1)总体均值 μ 的置信水平为 99% 的置信区间；

(2)用 $\bar{x}$ 作为 μ 的估计值，误差绝对值不大于 10(h)的概率.

2.用机器装罐头，已知罐头质量服从正态分布 $N(\mu,0.02^2)$.随机抽取 25 个罐头进行测量，算得其样本均值 $\overline{X}=1.05$ kg.试求总体期望 μ 的置信度为 95%的置信区间.

3.从某商店一年来的发票存根中随机抽取 25 张，算得平均金额为 78.5 元，样本标准差为 20 元.假定发票金额服从正态分布.试求该商店一年来发票平均的置信度为 95 %的置信区间.

4.随机取某种炮弹 9 发做实验，得炮口的速度的样本标准差 $S=11$ m/s.设炮口的速度服从正态分布.求这种炮弹炮口的速度方差 σ^2 的置信度为 0.95 的置信区间.

8.5 假设检验

前面讲了对总体参数的估计问题，包括参数的点估计和区间估计，本节主要介绍假设检验，是另一大类统计推断问题.它是先假设总体具有某种特征(例如总体的参数为多少)，然后再通过构造统计量，推断出假设的结论是否合理.

8.5.1 假设检验的概念

假设检验有它独特的统计思想，我们来考虑下面的例子.

例 8.5.1 某厂家向一百货商店长期供应某种货物，双方根据厂家的传统生产水平，定出质量标准，即若次品率超过 3%，则百货商店拒收该批货物.今有一批货物，随机抽 43 件检验，发现有次品 2 件，问应如何处理这批货物？

如果双方商定用点估计方法作为验收方法，显然$\frac{2}{43}>3\%$，这批货物是要被拒收的.但是厂家有理由反对用这种方法验收.他们认为，由于抽样是随机的，在这次抽样中，次品的频率超过 3%，不等于说这批产品的次品率 p（概率）超过了 3%.事实上，对于这类问题，通常就是采用假设检验的方法. 具体来说就是先假设次品率 $p\leqslant 3\%$，然后从抽样的结果来说明 $p\leqslant 3\%$ 这一假设是否合理.

还有一类问题实际上很难用参数估计的方法去解决.

例 8.5.2 某研究所推出一种感冒特效新药，为证明其疗效，选择 200 名患者为志愿者. 将他们均分为两组，分别不服药或服药，观察三日后痊愈的情况，得出下列数据.

服何种药	是否痊愈		
	痊愈者	未痊愈者	合计
未服药者	48	52	100
服药者	56	44	100
合计	104	96	200

问新药是否确有明显疗效？

这个问题就不存在估计什么的问题. 从数据来看，新药似乎有一定疗效，但效果不明显，服药者在这次试验中的情况比未服药者好，完全可能是随机因素造成的. 这就需要用一种统计方法来检验药效，假设检验就是在这种场合下的常用手段.

具体来说，我们先不轻易地相信新药的作用，因此可以提出假设“新药无效”，除非抽样结果显著地说明这假设不合理，否则，将不能认为新药有明显的疗效. 这种提出假设然后做出否定或不否定的判断通常称为**假设检验**.

在假设检验中，常把一个被检验的假设称为**原假设或零假设**，并以 H_0 表示，而其对立面就称为**对立假设**或者**备择假设**，并以 H_1 表示.在假设检验中，检验的目的就是通过实测资料来判断是接受还是拒绝这个原假设.如果检验的结果否定了原假设，就说（假设与实际）差异显著；如果检验的结果不能否定原假设，就说（假设与实际）无差异显著.

如何利用从总体中抽取的样本来检验一个关于总体的假设是否成立呢？由于样本与总体分布相同，样本包含了总体的信息，因而也包含了原假设 H_0 是否成立的信息，如何来获取并利用样本信息是解决问题的关键.统计学中常用“小概率原理”和“概率反证法”来解决这一问题.

小概率原理 概率很小的事件在一次试验中不会发生.如果小概率事件在一次试验中发生了,则属于不正常现象,有理由怀疑试验的原定条件不成立.

概率反证法 欲判断假设 H_0 的真假,首先假定 H_0 为真,在此前提下构造一个能说明问题的小概率事件 A.试验取样,根据样本信息确定 A 是否发生,若 A 发生,这与小概率原理相违背,说明试验的前定条件 H_0 不成立,拒绝 H_0,接受备择假设 H_1;若小概率事件 A 没有发生,则没有理由拒绝 H_0,就只能接受 H_0."概率反证法"依据的是"小概率原理".那么多小的概率才算小概率呢?这要由实际问题的不同需要来决定.以后用符号 α 记小概率,一般取 $\alpha=0.01,0.05,0.1$ 等.在假设检验中,若小概率事件的概率不超过 α,则称 α **为检验水平或显著性水平**.

在假设检验中,只能在拒绝 H_0 或接受 H_0 中作出选择,两者必居其一.而判断的唯一依据是样本信息,由于样本的随机性,因此在进行判断时,还是有可能犯错误,归纳起来,可能犯以下两类错误.

第Ⅰ类错误,当原假设 H_0 为真时,却作出拒绝 H_0 的判断,通常称为**弃真错误**.若将犯这一类错误的概率记为 α,则有 P(拒绝 $H_0|H_0$ 为真)$=\alpha$.

第Ⅱ类错误,当原假设 H_0 不成立时,却作出接受 H_0 的决定,这类错误称为**取伪错误**.若将犯这类错误的概率记为 β,则有 P(接受 $H_0|H_0$ 为假)$=\beta$.

为保证检验效果,当然希望犯这两类错误的概率都尽可能地小.而事实上,在样本容量 n 固定的情况下,当 α 减小时,β 就增大;反之,当 β 减小时,α 就增大.因此两类错误是互相关联的.一般在实际中,往往倾向于保护 H_0,也就是将犯弃真错误的概率限制在事先给定的 α 范围内,因此这类假设检验通常又称为显著性假设检验.

下面介绍几种常见的假设检验方法.

8.5.2 单个正态总体均值的检验

1.总体方差 σ^2 已知

设 $X_1,X_2,\cdots,X_n$,是来自正态分布 $N(\mu,\sigma^2)$ 的总体,其样本平均值服从正态分布 $N\left(\mu,\dfrac{\sigma^2}{n}\right)$.于是有如下统计量:

$$U=\frac{\overline{X}-\mu}{\sigma/\sqrt{n}}\sim N(0,1). \tag{8.5.1}$$

因此,若总体方差 σ^2 已知,就可用 U 作为检验正态总体平均值的统计量,称 U 检验.

对于此类单个正态总体均值的检验,可归纳为:

原假设 $H_0:\mu=\mu_0$,备择假设 $H_1:\mu\neq\mu_0$,拒绝域为:$|U|>u_{\alpha/2}$.

例 8.5.3 上海 76 年间 7 月平均气温为 27.2℃,均方差 $\sigma=1.09$,为绘制 7 月平均

气温等温线图，试以显著性水平 $\alpha=0.05$ 检验 27.0 ℃等温线通过上海是否可信？

解 检验 27.0 ℃等温线通过上海是否可信，即检验上海 7 月平均气温是否等于 27.0 ℃.

原假设 H_0：上海 7 月平均气温等于 27.0 ℃，即 $\mu=\mu_0=27.0$ ℃；

备择假设 H_1：上海 7 月平均气温不等于 27.0 ℃，即 $\mu\neq\mu_0$.

由于 $\sigma=1.09$ 已知，故取统计量

$$U=\frac{\overline{X}-\mu_0}{\sigma/\sqrt{n}}\sim N(0,1).$$

给定的显著性水平 $\alpha=0.05$，查正态分布表得 $u_{\alpha/2}=u_{0.025}=1.96$，使得

$$P(|U|>u_{\alpha/2})=\alpha.$$

取拒绝域 W：$|U|>1.96$.

将 $\overline{X}=27.2$，$\sigma=1.09$，$\mu_0=27.0$，$n=76$ 代入(8.5.1)式得：

$$|U|=\left|\frac{27.2-27.0}{1.09/\sqrt{76}}\right|\approx1.60<1.96.$$

不属于拒绝域，所以不能否定原假设，只能接受原假设，即在 $\alpha=0.05$ 的显著性水平上，可认为上海 7 月平均气温等于 27.0 ℃.

2.总体方差 σ^2 未知

若正态总体方差 σ^2 未知，要检验总体的均值，可用样本方差 S^2 代替总体方差 σ^2. 此时我们取统计量

$$t=\frac{\overline{X}-\mu}{S/\sqrt{n}}\sim t(n-1). \tag{8.5.2}$$

据此，可用 t 分布来检验有关正态总体平均值的统计假设，称为 **t 检验法**.

对于这类单个正态总体的检验，可归纳为：

原假设 H_0：$\mu=\mu_0$，备择假设 H_1：$\mu\neq\mu_0$，拒绝域为：$|t|>t_{\alpha/2}(n-1)$.

例 8.5.4 某地区 10 岁儿童的平均体重为 $\mu_0=34$ kg，现选择某一小学随机抽取 8 个儿童测量他们的体重，分别为(kg)：35.6，37.6，33.4，35.1，32.7，36.8，35.9，34.6，问这所小学 10 岁儿童的体重与当地有无显著差异？显著水平 $\alpha=0.05$.

解 提出假设，原假设 H_0：这所小学 10 岁儿童的体重与当地相同，即 $\mu=\mu_0=34$ kg，备择假设 H_1：$\mu\neq\mu_0\neq34$ kg.

由于总体方差 σ^2 未知，取统计量

$$t=\frac{\bar{X}-\mu_0}{S/\sqrt{n}}\sim t(n-1).$$

对于给定的显著性水平 $\alpha=0.05$，查表得 $t_{\alpha/2}(n-1)=t_{0.025}(7)=2.365$，使得

$$P(|t|>t_{\alpha/2}(n-1))=\alpha.$$

取拒绝域 W：$|t|>2.365$.

由所给样本计算得

$$\overline{X} = (35.6 + 37.6 + \cdots + 34.6)/8 = 35.2 \text{ (kg)}$$

$$S = \sqrt{\frac{(35.6-35.2)^2 + (37.6-35.2)^2 + \cdots + (34.6-35.2)^2}{8-1}} = 1.64 \text{ (kg)}$$

把 $\overline{X}, S, \mu_0, n = 8$ 带入得

$$|t| = \left|\frac{35.2 - 34}{1.64/\sqrt{8}}\right| = 2.069 < 2.365.$$

位于接受域，所以接受原假设，拒绝备择假设，即这所小学 10 岁儿童的体重与当地指定值没有显著差异.

8.5.3 单个正态总体方差检验

设总体服从正态分布 $N(\mu,\sigma^2)$，方差 σ^2 未知.$X_1, X_1, \cdots, X_n$ 是来自此正态总体的样本，样本方差为 S^2.对于给定的显著性水平 α，检验假设

$$H_0: \sigma^2 = \sigma_0^2,\ H_1: \sigma^2 \neq \sigma_0^2 (\sigma_0^2 \text{ 为已知常数}).$$

若总体数学期望 μ 未知，由于 S^2 是 σ^2 的无偏估计，此时可选取统计量：

$$\chi^2 = \frac{(n-1)S^2}{\sigma^2}. \tag{8.5.3}$$

该统计量服从自由度为 $v = n-1$ 的 χ^2 分布，式中 S^2 为抽样样本方差.这类总体方差的检验也叫作 χ^2 **检验法**.

对于这样的单个正态总体方差检验，可归纳为：

原假设 $H_0: \sigma^2 = \sigma_0^2$，备择假设 $H_1: \sigma^2 \neq \sigma_0^2$，拒绝域上限为：$\chi^2 > \chi^2_{\alpha/2}(n-1)$，下限为：$\chi^2 < \chi^2_{1-\alpha/2}(n-1)$.

例 8.5.5 某厂生产的某种型号电池，其寿命长期以来服从方差 $\sigma^2 = 5000$ 的正态分布.今有一批这种电池，从它的生产情况来看，寿命波动性比较大.为判断这种想法是否合乎实际，随机抽取了 26 只电池，测出其寿命的样本方差为 $S^2 = 9200$.问根据这个数据能否判定这批电池的波动性较以往的有显著的变化(取 $\alpha = 0.02$)?

解 提出假设，原假设 $H_0: \sigma^2 = \sigma_0^2 = 5000$，备择假设 $H_1: \sigma^2 \neq \sigma_0^2$，

取统计量 $\chi^2 = \dfrac{(n-1)S^2}{\sigma_0^2} \sim \chi^2(n-1)$.

对于给定的显著水平 $\alpha = 0.02$，样本容量 $n = 26$，查表得查表得：

$\chi^2_{\alpha/2}(n-1) = \chi^2_{0.01}(25) = 44.314$，$\chi^2_{1-\alpha/2}(n-1) = \chi^2_{0.99}(25) = 11.524$.

使得 $P(\{\chi^2 > \chi^2_{\alpha/2}\} \cup \{\chi^2 < \chi^2_{1-\alpha/2}\}) = \alpha$.

因为 $\alpha = 0.02$，$v = n-1 = 26-1 = 25$，

再计算 χ^2 统计量的值为：

$$\chi^2 = \frac{(n-1)S^2}{\sigma^2} = \frac{(26-1)}{5000} \times 7200 = 46.$$

由于46>44.314，应接受检验.即在水平0.02下认为这批电池抽样的波动性较以往无显著的变化.

习题8.5

1. 已知某炼铁厂铁水含碳量服从正态分布 $N(4.55,0.108^2)$.现在测定了9炉铁水，其平均含碳量为4.484.如果认为方差没有变化，可否认为现在生产的铁水的平均含碳量仍为4.55？（$\alpha=0.05$）

2.某厂生产乐器用合金弦线，其抗拉强度服从均值为10560（kg/cm²）的正态分布，现从一批产品中抽取10根，测得其抗拉强度（kg/cm²）10512，10623，10668，10554，10776，10707，10557，10581，10666，10670问这批产品的抗拉强度有无显著变化？（$\alpha=0.01$）

3.某种导线的电阻服从正态分布 $N(\mu,0.005^2)$，今从新生产的一批导线中随机抽取9根，测其电阻，然后计算出样本标准差 $s=0.004\ \Omega$，能否认为这批导线电阻的标准差仍为0.005？（$\alpha=0.05$）

8.6 一元线性回归分析

在实际工作中，我们会经常碰到一些互相联系，互相制约的变量，它们之间的关系一般说来可分为两类：一类是确定性的函数关系，这是大家所熟知的；另一类是非确定性的关系，称为**相关关系**. 例如小麦的单位面积施肥量 x 与单位面积产量 Y 的关系是不确定性的.数理统计中研究变量之间相关关系的一种有效方法就是**回归分析**.

8.6.1 一元线性回归模型

反映 Y 与 x 之间关系的最重要的当然是 Y 的数学期望与 x 之间的关系. 我们称 $\mu(x)=E(Y)$ 为 Y 对 x 的回归函数. 回归分析的一个重要内容就是估计 $\mu(x)$，然后利用估计结果做预测和控制. 为估计 $\mu(x)$，通常是指定 n 个 x 的值 $x_1,x_2,\cdots,x_n$，做 n 次独立试验，取得 Y 的相应的观察值 $y_1,y_2,\cdots,y_n$，再由 n 对数据 (x_1,y_1)，(x_2,y_2)，$\cdots$，(x_n,y_n) 来估计 $\mu(x)$.

实际中常先用近似作图法描绘 $\mu(x)$ 的图形. 将 n 对观察数据 $(x_i,y_i)(i=1,2,\cdots,n)$ 看成 n 个点，并把它们描点在坐标平面 xOy 上，这种图称为**散点图**；然后在平面上引一条直线或曲线，使它最好地与这些散点额分布相符合. 一直线或曲线就近似地描绘了 $y=\mu(x)$ 的图形.

例 8.6.1 某广告公司为了研究某一类产品的广告费 x 与其销售额 Y 之间的关系，对多个厂家进行调查，获得如下数据：

厂家	1	2	3	4	5	6	7	8	9
广告费 x	6	10	21	40	62	62	90	100	120
销售额 Y	31	58	124	220	229	190	320	406	380

画出散点图如图 8－8 所示. 从图中可以看出,随着广告投入费 x 的增加,销售额 Y 基本上也呈上升趋势,图中的点大致分布在一条向右上方延伸的直线附近. 但各点不完全在一条直线上,这是由于 Y 还受到其他一些随机因素的影响. 这样,Y 可以看成是由两部分叠加而成,一部分是 x 的线性函数 $a+bx$,另一部分是随机因素引起的误差 ε,即

$$Y=a+bx+\varepsilon,$$

这就是所谓的一元线性回归模型.

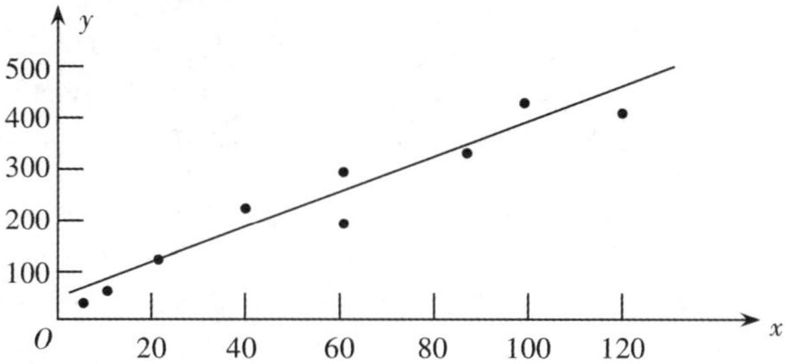

图 8-8

一般地,假设 x 与 Y 之间的相关关系可表示为

$$Y=a+bx+\varepsilon, \tag{8.6.1}$$

其中 a,b 为未知常数,ε 为随机误差,且 $\varepsilon\sim N(0,\sigma^2)$,$\sigma^2$ 未知,x 与 Y 的这种关系称为一元线性回归模型. $y=a+bx$ 称为回归直线,b 称为回归系数,此时 $Y\sim N(a+bx,\sigma^2)$. 对于(x,Y)的样本$(x_1,y_1),(x_2,y_2),\cdots,(x_n,y_n)$,有:

$$\begin{cases} y_i=a+bx_i+\varepsilon_i, & i=1,2,\cdots,n, \\ \varepsilon_i\sim N(0,\sigma^2), & \varepsilon_1,\cdots,\varepsilon_n \text{ 相互独立}. \end{cases}$$

如果由样本得到式(8.6.1)中 a,b 的估计值 $\hat{a},\hat{b}$,则称 $\hat{y}=\hat{a}+\hat{b}x$ 为拟合直线或经验回归直线,它可作为回归直线的估计.

8.6.2　参数 a,b 的估计

已知变量 x,Y 的 n 对试验数据$(x_i,y_i)(i=1,2,\cdots,n)$,其中 x_i 不全相同,做差平方和

$$Q(a,b)=\sum_{i=1}^{n}(y_i-a-bx_i)^2. \tag{8.6.2}$$

选择参数 a,b 的估计 $\hat{a},\hat{b}$,使得 $Q(a,b)$达到最小,这种方法叫最小二乘法.

为了求 $Q(a,b)$的最小值,分别求 $Q(a,b)$关于 a,b 的一阶偏导数,并令它们等于零

$$\begin{cases}\dfrac{\partial Q}{\partial a}=-2\sum\limits_{i=1}^{n}(y_i-a-x_i)=0,\\ \dfrac{\partial Q}{\partial b}=-2\sum\limits_{i=1}^{n}(y_i-a-x_i)x_i=0.\end{cases}\tag{8.6.3}$$

整理后得方程组

$$\begin{cases}na+b\sum\limits_{i=1}^{n}x_i=\sum\limits_{i=1}^{n}y_i,\\ a\sum\limits_{i=1}^{n}x_i+b\sum\limits_{i=1}^{n}x_i^2=\sum\limits_{i=1}^{n}x_iy_i.\end{cases}\tag{8.6.4}$$

(8.6.4)式称为正规方程组.

解正规方程组,得 a,b 的估计值为

$$\hat{b}=\frac{n\sum\limits_{i=1}^{n}x_iy_i-(\sum\limits_{i=1}^{n}x_i)(\sum\limits_{i=1}^{n}y_i)}{n\sum\limits_{i=1}^{n}x_i{}^2-(\sum\limits_{i=1}^{n}x_i)^2}=\frac{\sum\limits_{i=1}^{n}(x_i-\overline{x})(y_i-\overline{y})}{\sum\limits_{i=1}^{n}(x_i-\overline{x})^2},\tag{8.6.5}$$

$$\hat{a}=\overline{y}-\hat{b}\ \overline{x},\tag{8.6.6}$$

其中 $\overline{x}=\dfrac{1}{n}\sum\limits_{i=1}^{n}x_i$,$\overline{y}=\dfrac{1}{n}\sum\limits_{i=1}^{n}y_1$.

于是,所求的经验回归直线方程为

$$\hat{y}=\hat{a}+\hat{b}x.\tag{8.6.7}$$

若把 $\hat{a}=\overline{y}-\hat{b}\ \overline{x}$ 代入(8.6.7)式,则经验回归直线方程为

$$\hat{y}=\overline{y}+\hat{b}(x-\overline{x}).\tag{8.6.8}$$

(8.6.8)式表明经验回归直线总是过散点图的几何中心$(\overline{x},\overline{y})$.

例 8.6.2 设例 8.6.1 中的随机变量 Y 与可控变量 x 之间的关系符合(8.6.2)式所述的条件. 求 Y 关于 x 的经验回归直线方程.

解 按题意 $n=9$ 计算可得

$$\sum_{i=1}^{9}x_i=511,\qquad \sum_{i=1}^{9}x_i^2=42365,$$

$$\sum_{i=1}^{9}y_i=2028,\qquad \sum_{i=1}^{9}y_i^2=605238,$$

$$\sum_{i=1}^{9}x_iy_i=157488.$$

因而由(8.6.5),(8.6.6)两式,得

$$\hat{b}=\frac{n\sum\limits_{i=1}^{n}x_iy_i-(\sum\limits_{i=1}^{n}x_i)(\sum\limits_{i=1}^{n}y_i)}{n\sum\limits_{i=1}^{n}x_i{}^2-(\sum\limits_{i=1}^{n}x_i)^2}=\frac{9\times 157\ 488-511\times 2\ 028}{9\times 42\ 365-511^2}\approx 3.17,$$

$$\hat{a}=\overline{y}-\overline{\hat{b}x}\approx\frac{1}{9}\times 2\,028-\frac{1}{9}\times 511\times 3.17=45.27.$$

于是得到经验回归直线方程

$\hat{y}=45.27+3.17x.$

习题 8.6

1.为了研究钢线含碳量 x(单位:%)对于电阻 Y(单位:$\mu\Omega$)在 20℃ 下的影响,做了 7 次试验,得数据如下:

x_i	0.10	0.30	0.40	0.55	0.70	0.80	0.95
y_i	15	18	19	21	22.6	23.8	26

(1)画出散点图;

(2)求出经验回归方程.

2.某种产品在生产时产生的有害物质的质量 y(单位:g)与它的燃料消耗量 x(单位:kg)之间存在某种相关关系.由以往的生产记录得到如下数据:

x_i	289	298	316	327	329	329	331	250
y_i	43.5	42.9	42.1	39.1	38.5	38.0	38.0	37.0

试求出经验回归方程.

本章知识小结

- 数理统计初步
  - 总体与随机样本
  - 统计量及其分布
    - 统计量
    - 三个重要分布
    - 抽样分布的分位点
    - 正态总体的抽样分布
  - 参数的点估计及评价标准
    - 矩估计法
    - 极大似然估计法
    - 估计量的评价标准
  - 区间估计
    - 区间估计的概念
    - 正态总体均值与方差的区间估计
  - 假设检验
    - 假设检验的概念
    - 单个正态总体均值的检验
    - 单个正态总体方差检验
  - 一元线性回归分析
    - 一元线性回归模型
    - 参数 a,b 的估计

单元综合测验

1.填空题

(1)若 $P(\lambda<\chi^2(5)<9.24)=0.9$,则 $\lambda=$__________.

(2)设随机变量 $X\sim N(0,1)$,$Y\sim\chi^2(5)$,且 X,Y 独立,则当 $A=$__________时,$Z=A\dfrac{X}{\sqrt{Y}}$服从自由度为__________的 t 分布.

(3)设总体 X 在区间$\left[\theta-\dfrac{1}{2},\theta+\dfrac{1}{2}\right]$上服从均匀分布,$X_1,X_2,\cdots,X_n$ 是总体 X 的样本,则未知参数 θ 的矩法估计量为____________.

(4)设总体 X 服从二项分布,它的概率分布为 $P(X=k)=(1-p)^{k-1}p,k=1,2,\cdots$ 其中 $0<p<1$. 又设 $X_1,X_2,\cdots,X_n$ 是总体 X 的样本,则未知参数 p 的极大似然估计量为____________.

(5)设来自总体 $X\sim N(\mu,0.9^2)$容量为 9 的简单随机样本的样本均值为 $\overline{x}=5$,则未知参数的置信度为 0.95 的置信区间为____________.

(6)设总体 $X\sim N(\mu,\sigma^2)$,待检的原假设 $H_0:\sigma^2=\sigma_0^2$,对于给定的显著性水平 α,若拒绝域为$(0,\chi^2_{1-\frac{\alpha}{2}}(n-1))\cup(\chi^2_{\frac{\alpha}{2}}(n-1),+\infty)$,则相应的备择假设 H_1:__________.

(7) 设 $X_1,X_2,\cdots,X_n$ 是来自正态总体 $N(\mu,\sigma^2)$的简单随机样本,其中参数 μ 和 σ^2 未知,记 $\overline{X}=\dfrac{1}{n}\sum\limits_{i=1}^{n}X_i$,$Q=\sum\limits_{i=1}^{n}(X_i-\overline{X})^2$ 则假设 $H_0:\mu=0$ 的 T 检验使用的统计量 $T=$______________.

(8)由容量 $n=9$ 的样本,计算得 $\overline{X}=5$,$\sum\limits_{i=1}^{9}X_i^2=285$,则 $S^2=$______________.

2.对容量为 n 的样本,求概率密度为 $f(x)=\begin{cases}\dfrac{2x}{\theta^2}, & 0<x<\theta,\\ 0, & \text{其他},\end{cases}$的总体 X 的参数 α 的矩法估计量.

3.一地质学家为研究密歇根湖湖滩地区的岩石成分,随机地自该地区取 100 个样品,每个样品有 10 块石子,记录了每个样品中属石灰石的石子数。假设这 100 次观察相互独立,并且由过去经验知,它们都服从参数为 $n=10,p$ 的二项分布。p 是这地区一块石子是石灰石的概率,求 p 极大似然估计值,该地质学家所得的数据如下:

样品中的石子数	0	1	2	3	4	5	6	7	8	9	10
观察到石灰石的样品个数	0	1	6	7	23	26	21	12	3	1	0

4.从一批火箭推力装置中抽取 10 个进行试验,测得燃烧时间的样本均值 $\overline{X}=$

51.89,样本方差 $S^2=111.14$.设燃烧时间服从正态分布,求燃烧时间方差 σ^2 的置信水平为 90% 的置信区间.

5.设某次考试的学生成绩服从正态分布,从中随机抽取 36 名学生的成绩,算得平均成绩为 66.5 分,标准差为 15 分,问在显著水平 $\alpha=0.05$ 下,是否可以认为这次考试考生的平均成绩为 70 分?

6.某车间用一台包装机包装精盐,额定标准每袋净重 500 g,设包装机包装出的盐每袋净重量 $X\sim N(\mu,15^2)$,为检验包装机的工作情况,随机抽取 9 袋,称得净重量为(单位:g):497,506,518,524,488,511,510,515,512.问此时包装机工作是否正常?($\alpha=0.05$)

7.某铁路货运站统计了一段时间的零担货运量如下表:

天数 x	180	200	235	270	285	290	300
百吨数 y	36	47	64	78	85	87	90

求经验回归方程.

8.对铜线的碳含量对电阻效应的研究中,得到如下一批数据:

碳含量 x	0.01	0.30	0.40	0.55	0.70	0.80	0.95
电阻 y	15	18	19	21	22.6	23.8	26

求经验回归方程.

数学实验八　MATLAB 在统计中的应用

1.样本均值、样本方差、标准差

(1)计算样本均值:mean(X);

(2)求样本方差:var(X);

(3)求标准差:std(X).

例　求下列样本的样本方差和样本标准差,方差和标准差.

14.70　15.21　14.90　15.32　15.32

输入:

```
>>X=[14.70 15.21 14.90 15.32 15.32];
>>DX=var(X,1) %方差
```

输出:

```
DX=
    0.0559
```

输入:

```
>>σ=std(X,1)  %标准差
```

输出:

σ =

0.2364

输入:

>>DX = var(X) %样本方差

输出:

DX1 =

0.0671

输入:

>>σ1 = std(X) %样本标准差

输出:

σ1 =

0.2590

2.一元线性回归分析

①b = regress(y,x)

②[b,bint] = regress(y,x,alpha).

其中 x、y 是拟合数据,b 为回归系数估计值,alpha 为显著性水平

例 合金的强度 y 和其中的炭含量 x 有密切的关系,如下给出一系列数据,请拟合出一个一元线性回归函数.

X:0.10 0.11 0.12 0.13 0.14 0.15 0.16 0.17 0.18 0.19 0.20 0.21

Y: 42.0 41.6 44.0 45.5 45.6 46.1 48.0 49.2 50.2 52.1 53.8 55.01

输入:

>>X = [0.10:0.01:0.21]

>>Y = [42.0 41.6 44.045.5 45.6 46.1 48.0 49.2 50.2 52.1 53.8 55.01]

>>x1 = [ones(12,1),x]

>>[b,bint] = regress(Y,x1)

输出:

b =

29.0177

120.9126 %回归方程为 $\hat{Y} = a + bx = 29.0177 + 120.9126x$

扫码获取
拓展资源

附录 1

常用数学公式

一、代数

1.绝对值与不等式.

绝对值定义：$|a|=\begin{cases}a, & a\geqslant 0,\\ -a, & a<0.\end{cases}$

(1) $\sqrt{a^2}=|a|$，$|-a|=|a|$；

(2) $-|a|\leqslant a\leqslant |a|$；

(3) 若$|a|\leqslant b$ $(b>0)$，则$-b\leqslant a\leqslant b$；

(4)若$|a|\geqslant b$ $(b>0)$，则 $a\geqslant b$ 或 $a\leqslant -b$；

(5)（三角不等式）$|a+b|\leqslant |a|+|b|$，$|a-b|\geqslant |a|-|b|$；

(6) $|ab|=|a|\cdot|b|$；

(7) $\left|\dfrac{a}{b}\right|=\dfrac{|a|}{|b|}(b\neq 0)$.

2.指数运算.

(1) $a^x\cdot a^y=a^{x+y}$；

(2) $\dfrac{a^x}{a^y}=a^{x-y}$；

(3) $(a^x)^y=a^{xy}$；

(4) $(ab)^x=a^x b^x$；

(5) $\left(\dfrac{a}{b}\right)^x=\dfrac{a^x}{b^x}$；

(6) $a^{\frac{x}{y}}=\sqrt[y]{a^x}$；

(7) $a^{-x}=\dfrac{1}{a^x}$；

(8) $a^0=1$.

3.对数运算$(a>0,a\neq 1)$.

(1) 零和负数没有对数；

(2) $\log_a a=1$；

(3) $\log_a 1=0$；

(4) $\log_a(xy)=\log_a x+\log_a y$；

(5) $\log_a\dfrac{x}{y}=\log_a x-\log_a y$；

(6) $\log_a x^b=b\log_a x$；

(7) 对数恒等式 $a^{\log_a y}=y$；

(8) 换底公式$\log_a y=\dfrac{\log_b y}{\log_b a}$.

(9) $\mathrm{e}=2.718281828459\cdots$；

(10) $\lg \mathrm{e}=\log_{10}\mathrm{e}=0.434294481903\cdots$；

(11) $\ln 10=\log_{\mathrm{e}}10=2.30258509299\cdots$.

4.乘法及因式分解公式.

(1) $(x+a)(x+b)=x\ +(a+b)x+ab$；

(2) $(x \pm y)^2 = x^2 \pm 2xy + y^2$;

(3) $(x \pm y)^3 = x^3 \pm 3x^2y + 3xy^2 \pm y^3$;

(4) $(x+y+z)^2 = x^2 + y^2 + z^2 + 2xy + 2yz + 2xz$;

(5) $(x+y+z)^3 = x^3 + y^3 + z^3 + 3x^2y + 3xy^2 + 3y^2z + 3yz^2 + 3x^2z + 3xz^2 + 6xyz$;

(6) $x^2 - y^2 = (x+y)(x-y)$;

(7) $x^3 \pm y^3 = (x \pm y)(x^2 \mp xy + y^2)$;

(8) $x^n - y^n = (x-y)(x^{n-1} + x^{n-2}y + x^{n-3}y^2 + \cdots + xy^{n-2} + y^{n-1})$;

(9) $x^n - y^n = (x+y)(x^{n-1} - x^{n-2}y + x^{n-3}y^2 - \cdots + xy^{n-2} - y^{n-1})$($n$ 为偶数);

(10) $x^n + y^n = (x+y)(x^{n-1} - x^{n-2}y + x^{n-3}y^2 - \cdots - xy^{n-2} + y^{n-1})$($n$ 为奇数);

(11) $x^3 + y^3 + z^3 - 3xyz = (x+y+z)(x^2 + y^2 + z^2 - xy - yz - xz)$;

(12) $x^4 + x^2y^2 + y^4 = (x^2 + xy + y^2)(x^2 - xy + y^2)$.

5.数列.

(1) 等差数列.

通项公式 $a_n = a_1 + (n-1)d$(a_1 为首项,d 为公差)

前 n 项和 $S_n = \dfrac{(a_1 + a_n)n}{2} = na_1 + \dfrac{n(n-1)}{2}d$.

特例:

$$1 + 2 + 3 + \cdots + (n-1) + n = \frac{n(n+1)}{2}$$

$$1 + 3 + 5 + \cdots + (2n-3) + (2n-1) = n^2$$

$$2 + 4 + 6 + \cdots + (2n-2) + 2n = n(n+1).$$

(2)等比数列.

通项公式 $a_n = a_1q^{n-1}$(a_1 为首项,q 为公比,$q \neq 1$)

前 n 项和 $S_n = \dfrac{a_1(1-q^n)}{1-q} = \dfrac{a_1 - a_nq}{1-q}$.

(3) $1^2 + 2^2 + 3^2 + \cdots + n^2 = \dfrac{1}{6}n(n+1)(2n+1)$.

(4) $1^3 + 2^3 + 3^3 + \cdots + n^3 = \dfrac{n^2(n+1)^2}{4}$.

(5) $1^2 + 3^2 + 5^2 + \cdots + (2n-1)^2 = \dfrac{n(4n^2-1)}{3}$.

(6) $1^3 + 3^3 + 5^3 + \cdots + (2n-1)^3 = n^2(2n^2-1)$.

(7) $1 - 2 + 3 - \cdots + (-1)^{n-1}n = \begin{cases} \dfrac{1}{2}(n+1), & n \text{ 为奇数}, \\ -\dfrac{n}{2}, & n \text{ 为偶数}. \end{cases}$

(8) $1 \cdot 2 + 2 \cdot 3 + 3 \cdot 4 + \cdots + n(n-1) = \dfrac{1}{3}n(n+1)(n+2)$.

6.二项式定理(牛顿二项公式).

$$(a+b)^n=a^n+na^{n-1}b+\frac{n(n-1)}{2!}a^{n-2}b^2+\frac{n(n-1)(n-2)}{3!}a^{n-3}b^3+\cdots$$

$$+\frac{n(n-1)\cdots(n-k+1)}{k!}a^{n-k}b^k+\cdots+nab^{n-1}+b^n=\sum_{k=0}^{n}C_n^k a^{n-k}b^k.$$

二、三角公式

1.同角关系.

(1) $\tan\alpha=\dfrac{\sin\alpha}{\cos\alpha}$;

(2) $\cot\alpha=\dfrac{\cos\alpha}{\sin\alpha}$;

(3) $\tan\alpha=\dfrac{1}{\cot\alpha}$;

(4) $\sec\alpha=\dfrac{1}{\cos\alpha}$;

(5) $\csc\alpha=\dfrac{1}{\sin\alpha}$;

(6) $\sin^2\alpha+\cos^2\alpha=1$;

(7) $1+\tan^2\alpha=\sec^2\alpha$;

(8) $1+\cot^2\alpha=\csc^2\alpha$.

2.诱导公式.

函数	角 A			
	$A=\frac{\pi}{2}\pm\alpha$	$A=\pi\pm\alpha$	$A=\frac{3}{2}\pi\pm\alpha$	$A=2\pi-\alpha$
$\sin A$	$\cos\alpha$	$\mp\sin\alpha$	$-\cos\alpha$	$-\sin\alpha$
$\cos A$	$\mp\sin\alpha$	$-\cos\alpha$	$\pm\sin\alpha$	$\cos\alpha$
$\tan A$	$\mp\cot\alpha$	$\pm\tan\alpha$	$\mp\cot\alpha$	$-\tan\alpha$
$\cot A$	$\mp\tan\alpha$	$\pm\cot\alpha$	$\mp\tan\alpha$	$-\cot\alpha$

3.和差公式.

(1) $\sin(\alpha\pm\beta)=\sin\alpha\cos\beta\pm\cos\alpha\sin\beta$;

(2) $\cos(\alpha\pm\beta)=\cos\alpha\cos\beta\mp\sin\alpha\sin\beta$;

(3) $\tan(\alpha\pm\beta)=\dfrac{\tan\alpha\pm\tan\beta}{1\mp\tan\alpha\cdot\tan\beta}$;

(4) $\cot(\alpha\pm\beta)=\dfrac{\cot\alpha\cot\beta\mp1}{\cot\beta\pm\cot\alpha}$;

(5) $\sin\alpha+\sin\beta=2\sin\dfrac{\alpha+\beta}{2}\cos\dfrac{\alpha-\beta}{2}$;

(6) $\sin\alpha-\sin\beta=2\cos\dfrac{\alpha+\beta}{2}\sin\dfrac{\alpha-\beta}{2}$;

(7) $\cos\alpha+\cos\beta=2\cos\dfrac{\alpha+\beta}{2}\cos\dfrac{\alpha-\beta}{2}$;

(8) $\cos\alpha-\cos\beta=-2\sin\dfrac{\alpha+\beta}{2}\sin\dfrac{\alpha-\beta}{2}$;

(9) $\sin\alpha\cos\beta=\frac{1}{2}[\sin(\alpha+\beta)+\sin(\alpha-\beta)]$;

(10) $\cos\alpha\sin\beta=\frac{1}{2}[\sin(\alpha+\beta)-\sin(\alpha-\beta)]$;

(11) $\cos\alpha\cos\beta=\frac{1}{2}[\cos(\alpha+\beta)+\cos(\alpha-\beta)]$;

(12) $\sin\alpha\sin\beta=-\frac{1}{2}[\cos(\alpha+\beta)-\cos(\alpha-\beta)]$.

4.倍角和半角公式.

(1) $\sin 2\alpha=2\sin\alpha\cos\alpha$;

(2) $\cos 2\alpha=\cos^2\alpha-\sin^2\alpha$,

$\cos2\alpha=2\cos^2\alpha-1$

$\cos2\alpha=1-2\sin^2\alpha$;

(3) $\tan 2\alpha=\frac{2\tan\alpha}{1-\tan^2\alpha}$;

(4) $\cot 2\alpha=\frac{\cot^2\alpha-1}{2\cot\alpha}$;

(5) $\sin\frac{\alpha}{2}=\pm\sqrt{\frac{1-\cos\alpha}{2}}$;

(6) $\cos\frac{\alpha}{2}=\pm\sqrt{\frac{1+\cos\alpha}{2}}$;

(7) $\tan\frac{\alpha}{2}=\pm\sqrt{\frac{1-\cos\alpha}{1+\cos\alpha}}$;

(8) $\cot\frac{\alpha}{2}=\pm\sqrt{\frac{1+\cos\alpha}{1-\cos\alpha}}$.

5.特殊角的三角函数值.

函数值	角 A				
	0	$\frac{\pi}{6}$	$\frac{\pi}{4}$	$\frac{\pi}{3}$	$\frac{\pi}{2}$
$\sin A$	0	$\frac{1}{2}$	$\frac{\sqrt{2}}{2}$	$\frac{\sqrt{3}}{2}$	1
$\cos A$	1	$\frac{\sqrt{3}}{2}$	$\frac{\sqrt{2}}{2}$	$\frac{1}{2}$	$\frac{\pi}{6}$
$\tan A$	0	$\frac{\sqrt{3}}{3}$	1	$\sqrt{3}$	—
$\cot A$	—	$\sqrt{3}$	1	$\frac{\sqrt{3}}{3}$	0

三、初等几何

在下列公式中,字母 R,r 表示半径,h 表示高,l 表示斜高,s 表示弧长.

1.圆;圆扇形.

圆周长 $=2\pi r$;圆面积 $=\pi r^2$;

圆弧长$(s)=r\theta$(圆心角 θ 以弧度计)

$=\frac{\pi r\theta}{180}$(圆心角 θ 以度计);

扇形面积 $=\frac{1}{2}rs=\frac{1}{2}r^2\theta$.

2.正圆锥;正棱锥.

正圆锥:体积 $=\frac{1}{3}\pi r^2 h$;

侧面积 $=\pi rl$;

全面积 $=\pi r(r+l)$.

正棱锥:体积 $=\frac{1}{3}\times$底面积$\times$高;

侧面积 $=\frac{1}{2}\times$斜高$\times$底周长.

3.圆台:体积 $=\frac{\pi h}{3}(R^2+r^2+Rr)$;侧面积 $=\pi l(R+r)$.

4.球:体积 $=\frac{4}{3}\pi r^3$;表面积 $=4\pi r^2$.

四、导数和微分

1.基本求导公式.

(1) $(C)'=0$(C 为常数).

(2) $(x^n)'=nx^{n-1}$;一般地,$(x^\alpha)'=\alpha x^{\alpha-1}$.

特别地:$(x)'=1$,$(x^2)'=2x$,$(\frac{1}{x})'=-\frac{1}{x^2}$,$(\sqrt{x})'=\frac{1}{2\sqrt{x}}$.

(3) $(e^x)'=e^x$;一般地,$(a^x)'=a^x\ln a(a>0,a\neq1)$.

(4) $(\ln x)'=\frac{1}{x}$;一般地,$(\log_a x)'=\frac{1}{x\ln a}(a>0,a\neq1)$.

(5) $(\sin x)'=\cos x$,$(\cos x)'=-\sin x$,$(\tan x)'=\sec^2 x$,

$(\cot x)'=-\csc^2 x$,$(\sec x)'=\tan x\sec x$,$(\csc x)'=-\cot x\csc x$.

(6) $(\arcsin x)'=\frac{1}{\sqrt{1-x^2}}$,$(\arccos x)'=-\frac{1}{\sqrt{1-x^2}}$,

$(\arctan x)'=\frac{1}{1+x^2}$,$(\text{arccot } x)'=-\frac{1}{1+x^2}$,

$(\text{arcsec } x)'=\frac{1}{x\sqrt{x^2-1}}$,$(\text{arccsc } x)'=-\frac{1}{x\sqrt{x^2-1}}$.

2.求导法则.

(1) 四则运算法则.

设 $f(x)$,$g(x)$均在点 x 可导,则有:

(Ⅰ)$(f(x)\pm g(x))'=f'(x)\pm g'(x)$;

(Ⅱ)$(f(x)g(x))'=f'(x)g(x)+f(x)g'(x)$,

特别$(Cf(x))'=Cf'(x)$(C 为常数);

（Ⅲ）$\left(\frac{f(x)}{g(x)}\right)'=\frac{f'(x)g(x)-f(x)g'(x)}{g^2(x)}$，$(g(x)\neq 0)$，

特别$\left(\frac{1}{g(x)}\right)'=-\frac{g'(x)}{g^2(x)}$.

(2)复合函数求导法则.

设函数 $y=f(u)$，$u=\varphi(x)$均可导，则 $y=f(\varphi(x))$关于 x 的导数恰为 $f(u)$ 及 $\varphi(x)$的导数的乘积：

$$\frac{dy}{dx}=\frac{df(\varphi(x))}{dx}=\frac{dy}{du}\cdot\frac{du}{dx}=f'(u)\varphi'(x)\,(y'_x=y'_u\cdot u'_x).$$

推广　若 $y=f(u)$，$u=g(v)$，$v=h(x)$，则：

$$\frac{dy}{dx}=\frac{dy}{du}\cdot\frac{du}{dv}\cdot\frac{dv}{dx}=f'(u)\cdot g'(v)\cdot h'(x)\,(y'_x=y'_u\cdot u'_v\cdot v'_x).$$

3.微分.

(1) 函数 $y=f(x)$在点 x 处的微分：$dy=y'dx=f'(x)dx$；

(2) 微分规则.

设函数 $u=u(x)$，$v=v(x)$均可微，C 为常数，则有

（Ⅰ）$d(Cu)=Cdu$；$d(u\pm v)=du\pm dv$；

（Ⅱ）$d(uv)=vdu+udv$；

（Ⅲ）$d\left(\frac{u}{v}\right)=\frac{vdu-udv}{v^2}$ $(v\neq 0)$.

若函数 $y=f(u)$，$u=\varphi(x)$均可微，则复合函数 $y=f(\varphi(x))$也可微，且有 $dy=f'(u)du=f'(u)\varphi'(x)dx$.

五、不定积分

1.常用的不定积分公式.

(1) $\int k\,dx=kx+C$（k 为常数）；

(2) $\int x^\alpha dx=\frac{1}{\alpha+1}x^{\alpha+1}+C\,(\alpha\neq-1)$；

(3) $\int\frac{1}{x}dx=\ln|x|+C$；

(4) $\int e^x dx=e^x+C$；

(5) $\int a^x dx=\frac{a^x}{\ln a}+C\,(a>0,a\neq 1)$；

(6) $\int\cos x\,dx=\sin x+C$；

(7) $\int\sin x\,dx=-\cos x+C$；

(8) $\int \sec^2 x \mathrm{d}x = \tan x + C$;

(9) $\int \csc^2 x \mathrm{d}x = -\cot x + C$;

(10) $\int \frac{1}{\sqrt{1-x^2}} \mathrm{d}x = \arcsin x + C = -\arccos x + C$;

(11) $\int \frac{1}{1+x^2} \mathrm{d}x = \arctan x + C = -\operatorname{arccot} x + C$.

2.不定积分的性质和法则.

(1) $(\int f(x)\mathrm{d}x)' = f(x)$或$\mathrm{d}\int f(x)\mathrm{d}x = f(x)\mathrm{d}x$;

(2) $\int F'(x)\mathrm{d}x = F(x) + C$ 或$\int \mathrm{d}F(x) = F(x) + C$;

(3) $\int (f(x) \pm g(x))\mathrm{d}x = \int f(x)\mathrm{d}x \pm \int g(x)\mathrm{d}x$;

(4) $\int kf(x)\mathrm{d}x = k\int f(x)\mathrm{d}x$($k$ 为常数);

(5) 凑微分法

设$F(u)$是$f(u)$的原函数,$u=\varphi(x)$可导,则$F[\varphi(x)]$是$f[\varphi(x)]\varphi'(x)$的原函数.即若$\int f(x)\mathrm{d}x = F(x) + C$,则

$$\int f[\varphi(x)]\varphi'(x)\mathrm{d}x = \int f[\varphi(x)]\mathrm{d}\varphi(x) = F[\varphi(x)] + C;$$

(6) 换元积分法

设$x=\varphi(t)$可导,且$\varphi'(t)\neq 0$,又$f[\varphi(t)]\varphi'(t)$有原函数$F(t)$,则

$$\int f(x)\mathrm{d}x = \int f[\varphi(t)]\varphi'(t)\mathrm{d}t = F(t) + C = F[\varphi^{-1}(x)] + C,$$

其中$t=\varphi^{-1}(x)$是$x=\varphi(t)$的反函数;

(7)分部积分法

$$\int u(x)v'(x)\mathrm{d}x = u(x)v(x) - \int v(x)u'(x)\mathrm{d}x$$

或简写成$\int u\mathrm{d}v = uv - \int v\mathrm{d}u$.

六、定积分

1.定积分性质和运算.

(1) $\int_a^b [k_1 f(x) + k_2 g(x)]\mathrm{d}x = k_1\int_a^b f(x)\mathrm{d}x + k_2\int_a^b g(x)\mathrm{d}x$,

其中k_1,k_2为任意常数;

(2) $\int_a^b f(x)\mathrm{d}x = \int_a^c f(x)\mathrm{d}x + \int_c^b f(x)\mathrm{d}x$;

(3) 若 $f(x)\leqslant g(x), x\in[a,b]$,则 $\int_a^b f(x)\mathrm{d}x\leqslant\int_a^b g(x)\mathrm{d}x$;

(4)若 $m\leqslant f(x)\leqslant M, x\in[a,b]$,则 $m(b-a)\leqslant\int_a^b f(x)\mathrm{d}x\leqslant M(b-a)$;

(5) 定积中值定理

设 $f(x)$在区间$[a,b]$上连续,则在$[a,b]$上至少存在一点 ξ,使

$$\int_a^b f(x)\mathrm{d}x = f(\xi)\cdot(b-a)$$

由上式,得 $f(\xi)=\frac{1}{b-a}\int_a^b f(x)\mathrm{d}x$,此值称为函数 $f(x)$在区间$[a,b]$上的平均值.

2.牛顿—莱布尼兹公式

若函数 $f(x)$在区间$[a,b]$上连续,$F(x)$是 $f(x)$的一个原函数,即 $F'(x)=f(x)$,则

$$\int_a^b f(x)\mathrm{d}x = F(x)\big|_a^b = F(b)-F(a).$$

3.积分法

(1) 换元积分法.

设函数 $f(x)$在区间$[a,b]$上连续,做变换 $x=\varphi(t)$,如果

① $\varphi'(t)$在区间$[\alpha,\beta]$上连续;

② 当 t 从 α 变到 β 时,$\varphi(t)$从 $\varphi(\alpha)=a$ 单调地变到 $\varphi(\beta)=b$,则有

$$\int_a^b f(x)\mathrm{d}x = \int_\alpha^\beta f[\varphi(t)]\varphi'(t)\mathrm{d}t.$$

(2)分部积分法

设 $u(x),v(x)$在$[a,b]$上具有连续导数 $u'(x),v'(x)$,则

$$\int_a^b u(x)\mathrm{d}v(x) = u(x)v(x)\big|_a^b - \int_a^b v(x)\mathrm{d}u(x).$$

附录 2

基本初等函数的图像及性质

	函数	定义域和值域	图像	性质
幂函数	$y = x$	定义域:**R** 值域:**R**	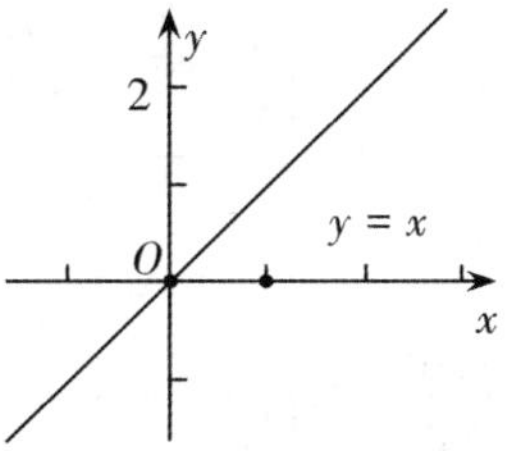	奇函数 增函数
	$y = x^2$	定义域:**R** 值域:$y \in [0, +\infty)$	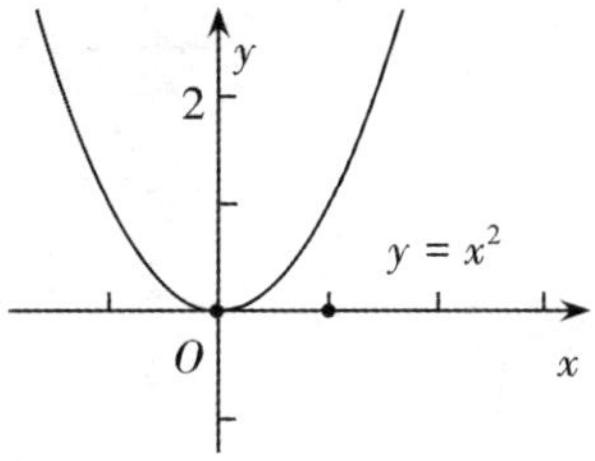	偶函数 在 R^+ 内增加 在 R^- 内下降
	$y = x^3$	定义域:**R** 值域:**R**	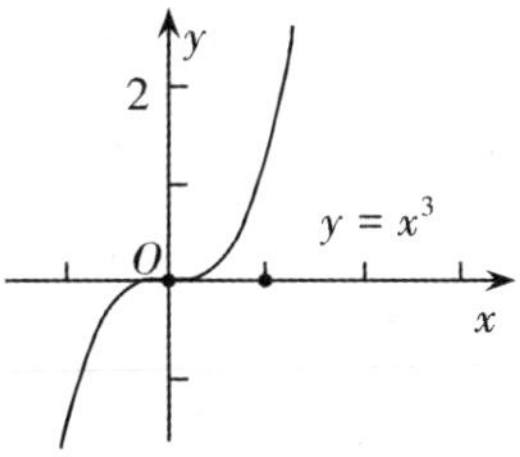	奇函数 增函数
	$y = \frac{1}{x}$	定义域:$x \neq 0$ 值域:$y \neq 0$	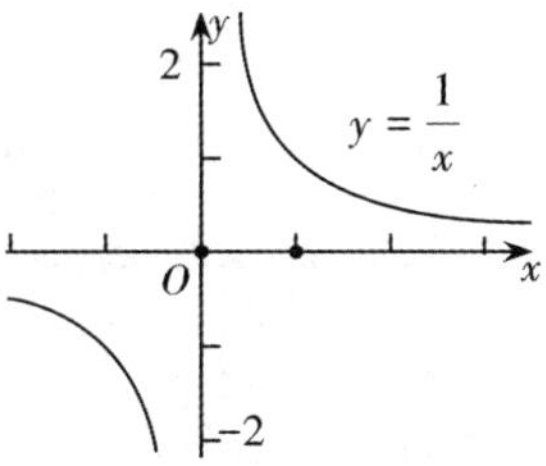	奇函数 在 R^+ 内下降 在 R^- 内下降
	$y = \sqrt{x}$	定义域: 非负实数集 值域:非负实数集	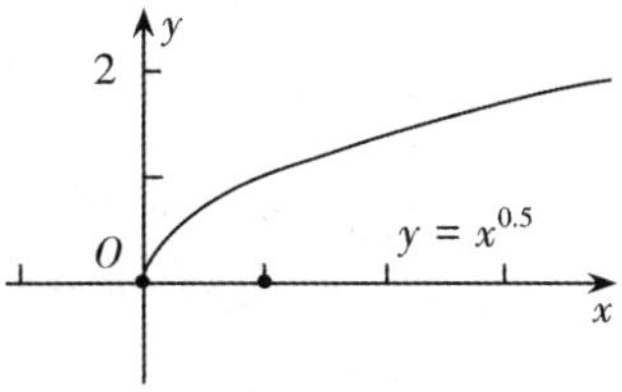	增函数

续表

	函数	定义域和值域	图像	性质
指数函数	$y=a^x$ $(a>1)$	定义域:R 值域: R^+	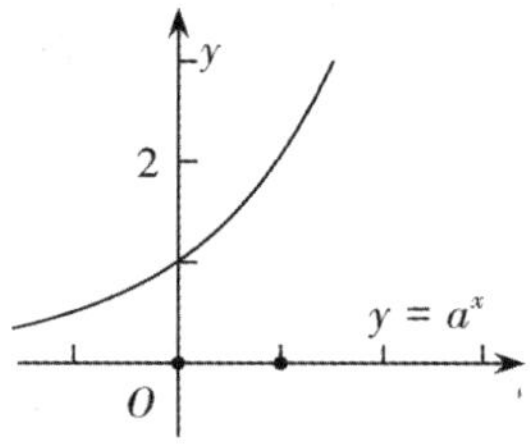	增函数
	$y=a^x$ $(0<a<1)$	定义域:R 值域: R^+	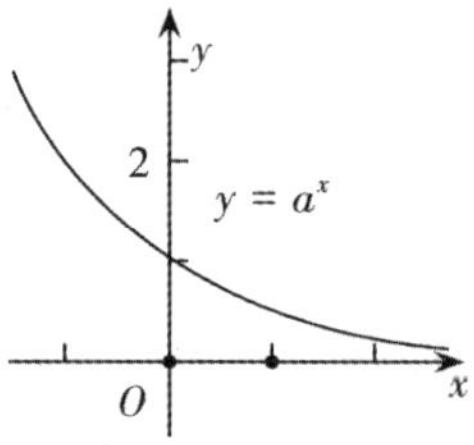	减函数
对数函数	$y=\log_a x$ $(a>1)$	定义域:R^+ 值域:R	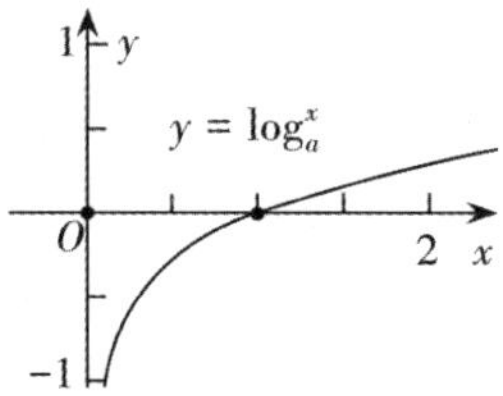	增函数
	$y=\log_a x$ $(0<a<1)$	定义域:R^+ 值域:R	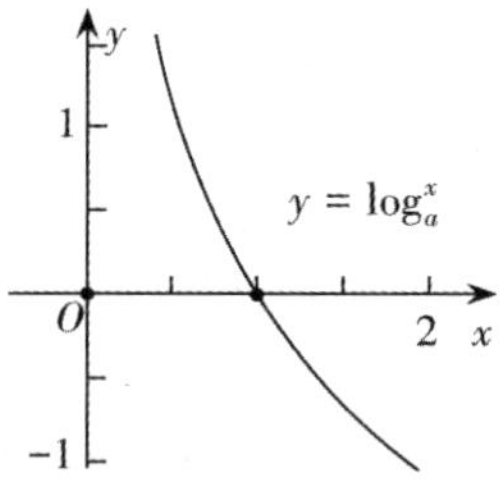	减函数
三角函数	$y=\sin x$	定义域:R 值域:[−1, 1]	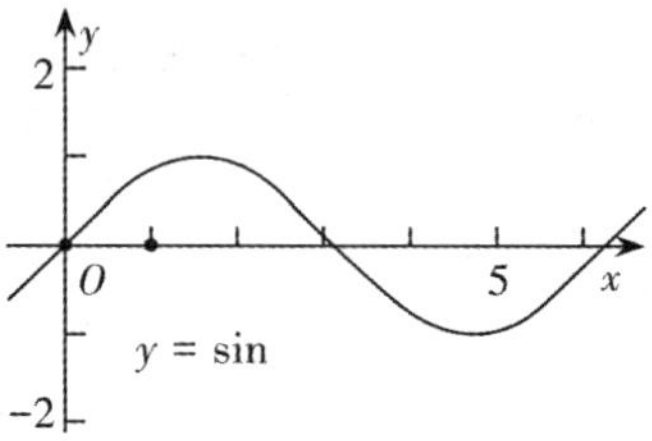	奇函数 有界函数 在 $\left(2k\pi-\frac{\pi}{2},2k\pi+\frac{\pi}{2}\right)$ 内上升;在 $\left(2k\pi+\frac{\pi}{2},2k\pi+\frac{3\pi}{2}\right)$ 内下降.$(k\in z)$
	$y=\cos x$	定义域:R 值域:[−1, 1]	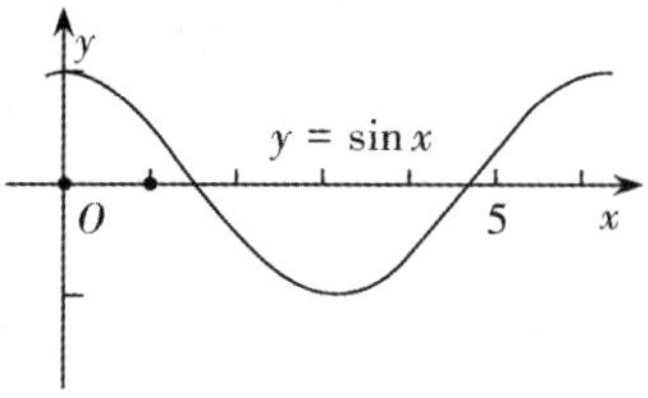	偶函数 在$(2k\pi,k\pi+\pi)$ 内下降 在区间 $(2k\pi+\pi,2k\pi+2\pi)$ 内上升$(k\in z)$

续表

	函数	定义域和值域	图像	性质
三角函数	$y=\tan x$	定义域：$x\neq k\pi+\dfrac{\pi}{2}$ $(k\in z)$ 值域：**R**	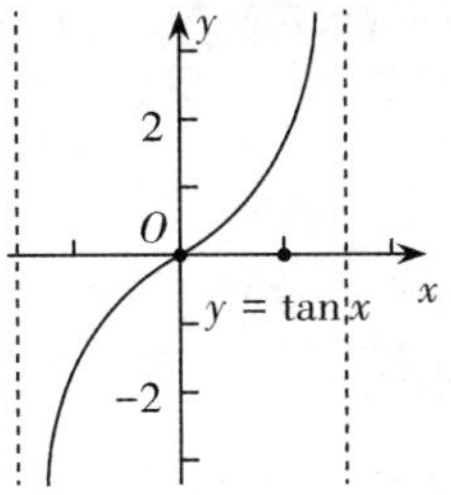	奇函数 在区间 $\left(k\pi+\dfrac{\pi}{2},k\pi+\dfrac{\pi}{2}\right)$ 上升$(k\in z)$
反三角函	$y=\arcsin x$	定义域：$[-1,1]$ 值域：$\left[-\dfrac{\pi}{2},\dfrac{\pi}{2}\right]$	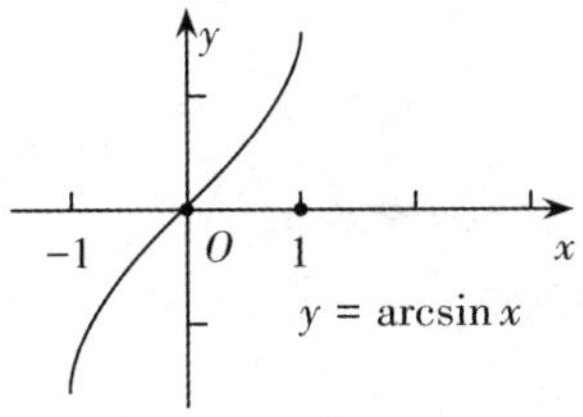	奇函数 增函数 有界函数
	$y=\arcsin x$	定义域：$[-1,1]$ 值域：$[0,\pi]$	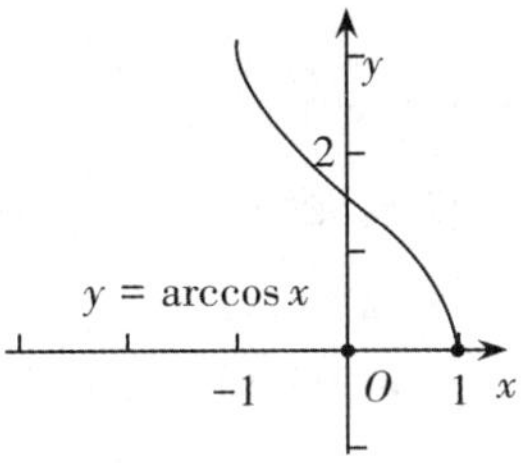	奇函数 减函数 有界函数
	$y=\arcsin x$	定义域：R 值域：$\left[-\dfrac{\pi}{2},\dfrac{\pi}{2}\right]$	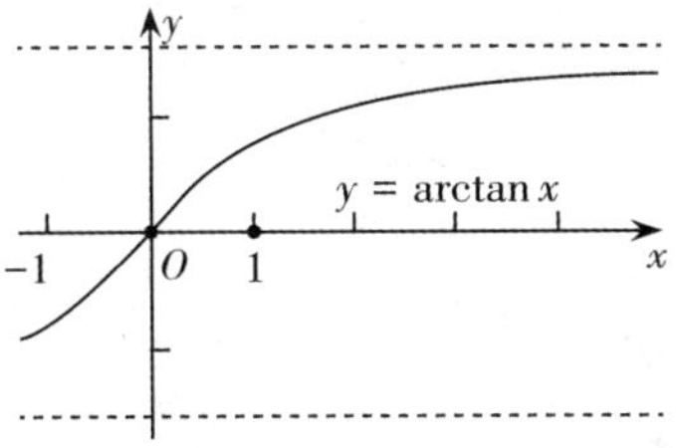	奇函数 增函数 有界函数

附录 3

常用 MATLAB 命令

一、管理命令和函数

help	在线帮助文件
doc	装入超文本说明
what	M、MAT、MEX 文件的目录列表
type	列出 M 文件
lookfor	通过 help 条目搜索关键字
which	定位函数和文件
Demo	运行演示程序
Who	列出当前变量
Whos	列出当前变量(长表)
Load	从磁盘文件中恢复变量
Save	保存工作空间变量
Clear	从内存中清除变量和函数
Pack	整理工作空间内存
Size	矩阵的尺寸
Length	向量的长度
Cedit	设置命令行编辑
Clc	清命令窗口
Home	光标置左上角
Format	设置输出格式
Echo	底稿文件内使用的回显命令
more	在命令窗口中控制分页输出
Quit	退出 MATLAB

二、操作符和特殊字符

+	加
—	减
*	矩阵乘法
.*	数组乘法
^	矩阵幂
.^	数组幂
\	左除或反斜杠
/	右除或斜杠
./	数组除
Kron	Kronecker 张量积
:	冒号
( )	圆括号
[ ]	方括号
.	小数点
..	父目录
…	继续
,	逗号
;	分号
%	注释
!	感叹号
‘	转置或引用
=	赋值
= =	相等
< >	关系 * 作符
&	逻辑与
|	逻辑或
～	逻辑非

三、三角函数

sin　正弦
asin　反正弦
cos　余弦
acos　反余弦
tan　正切
tanh　双曲正切
atan　反正切
sec　正割
csc　余割
cot　余切
acot　反余切

四、其他函数

Exp　指数
Log　自然对数
Log10　常用对数
Sqrt　平方根{{分页}}
Abs　绝对值
Conj　复共轭
Image　复数虚部
Real　复数实部
Fix　朝零方向取整
Floor　朝负无穷大方向取整
Ceil　朝正无穷大方向取整
Round　朝最近的整数取整
Rem　除后取余
Sign　符号函数
Roots　求多项式根
Poly　构造具有指定根的多项式
Polyvalm　带矩阵变量的多项式计算
Residue　部分分式展开(留数计算)
Polyfit　数据的多项式拟合
Polyder　微分多项式
Conv　多项式乘法
Deconv　多项式除法

五、矩阵

Zeros　零矩阵
Ones　全“1”矩阵
Eye　单位矩阵
Rand　均匀分布的随机数矩阵
Randn　正态分布的随机数矩阵
Diag　建立和提取对角阵
Fliplr　矩阵作左右翻转
Flipud　矩阵作上下翻转
Reshape　改变矩阵大小
Rot90　矩阵旋转 90 度
Tril　提取矩阵的下三角部分
Triu　提取矩阵的上三角部分
Magic　魔方矩阵
Rank　计算矩阵秩
Det　计算矩阵行列式值
Null　零矩阵
Fplot　函数绘图

六、特殊变量和常数

Ans	当前的答案	Inf	无穷大
Eps	相对浮点精度	Nan	非数值
Realmax	最大浮点数	Flops	浮点运算次数
Realmin	最小浮点数	Nargin	函数输入变量数
Pi	圆周率	Nargout	函数输出变量数
I,j	虚数单位	Version	MATLAB 版本号

七、时间和日期

Clock	挂钟	Tic	秒表开始计时
Date	日历	Toc	计时函数
Etime	计时函数	Cputime	CPU 时间(以秒为单位)

八、X—Y 图形

Plot	线性图形	Feather	箭头图
Polar	极坐标图	Fplot	绘图函数
Bar	条形图	Comet	星点图
Stem	离散序列图或杆图	Title	图形标题
Stairs	阶梯图	Xlabel	X 轴标记
Errorbar	误差条图	Ylabel	Y 轴标记
Hist	直方图	Text	文本注释
Rose	角度直方图	Gtext	用鼠标放置文本
Compass	区域图	Grid	网格线

九、MATLAB 编程语言

If	条件执行语句	Return	返回引用的函数
Else	与 if 命令配合使用	Error	显示信息并终止函数的执行
Elseif	与 if 命令配合使用	Input	提示用户输入
End	For，while 和 if 语句的结束	Keyboard	像底稿文件一样使用键盘输入
For	重复执行指定次数(循环)	Menu	产生由用户输入选择的菜单
WhileV	重复执行不定次数(循环)	Pause	等待用户响应
Break	终止循环的执行		

主要参考书目

1.霍伊等.《经济数学(第 2 版)》[M].张伟等译.中国人民大学出版社,2006.

2.张孝理,李宏平.《经济应用数学》[M].湖南科技出版社,2008.

3.陈笑缘.《经济数学》[M].高等教育出版社,2009.

4. 徐沈新.《经济数学(上下)》[M].中南大学出版社,2007.

5.曾庆柏.《高等数学(下)第二版》[M].中国财政经济出版社,2006.

6.宣明.《数学建模与数学实验》[M].浙江大学出版社,2016.

7.穆尔.《MATLAB 实用教程(第二版)》[M].高会生,刘童娜,李聪聪译. 电子工业出版社,2016.

8.胡秀平,魏俊领,齐晓东.《高职应用数学》[M].上海交通大学出版社,2017.

9.王丹丹.《高职数学(案例教学版)》[M].上海交通大学出版社,2018.

10.赵晓.《应用线性代数》[M].上海交通大学出版社,2017.

11.颜文勇.《数学建模》[M].高等教育出版社,2011.

12.胡桐春.《应用高等数学练习册》[M].浙江大学出版社,2011.

13.斯科特.《数学史》[M].候德润,张兰译.中国人民大学出版社,2010.